21世纪高等学校规划教材 | 计算机科学与技术

计算机导论

（第2版）

张 凯 编著

清华大学出版社
北京

内 容 简 介

本书包括基础理论知识和基本操作能力两部分。该课程的重点是让计算机科学与技术专业本科新生了解本科阶段需要学习的课程结构和学科体系,并且培养其基本的动手能力,为下一步的学习做好准备。书中内容主要包括:计算机专业知识体系,计算机发展史,计算机体系结构,计算机网络,操作系统,软件与程序设计,数据库与大数据,软件工程,计算机图形学,人工智能,信息安全,计算机新技术和应用,Windows 10 及 Office 10 的基本内容。

本书可作为普通高等学校计算机科学与技术专业本科生的教材,也可以作为相关专业技术人员的参考书。

本书封面贴有清华大学出版社防伪标签,无标签者不得销售。
版权所有,侵权必究。举报: 010-62782989,beiqinquan@tup.tsinghua.edu.cn。

图书在版编目(CIP)数据

计算机导论/张凯编著.—2 版.—北京:清华大学出版社,2020.9(2023.8重印)
21 世纪高等学校规划教材.计算机科学与技术
ISBN 978-7-302-56036-4

Ⅰ.①计… Ⅱ.①张… Ⅲ.①电子计算机-高等学校-教材 Ⅳ.①TP3

中国版本图书馆 CIP 数据核字(2020)第 127050 号

责任编辑:闫红梅　薛　阳
封面设计:傅瑞学
责任校对:徐俊伟
责任印制:刘海龙

出版发行:清华大学出版社
　　　　网　　址:http://www.tup.com.cn,http://www.wqbook.com
　　　　地　　址:北京清华大学学研大厦 A 座　　　邮　编:100084
　　　　社 总 机:010-83470000　　　　　　　　　　邮　购:010-62786544
　　　　投稿与读者服务:010-62776969,c-service@tup.tsinghua.edu.cn
　　　　质量反馈:010-62772015,zhiliang@tup.tsinghua.edu.cn
　　　　课件下载:http://www.tup.com.cn,010-83470236
印 装 者:北京鑫海金澳胶印有限公司
经　　销:全国新华书店
开　　本:185mm×260mm　　　　印　张:18.5　　　　字　数:459 千字
版　　次:2012 年 3 月第 1 版　　2020 年 10 月第 2 版　　印　次:2023 年 8 月第 4 次印刷
印　　数:4501～6500
定　　价:49.80 元

产品编号:083837-01

出版说明

随着我国改革开放的进一步深化,高等教育也得到了快速发展,各地高校紧密结合地方经济建设发展需要,科学运用市场调节机制,加大了使用信息科学等现代科学技术提升、改造传统学科专业的投入力度,通过教育改革合理调整和配置了教育资源,优化了传统学科专业,积极为地方经济建设输送人才,为我国经济社会的快速、健康和可持续发展以及高等教育自身的改革发展做出了巨大贡献。但是,高等教育质量还需要进一步提高以适应经济社会发展的需要,不少高校的专业设置和结构不尽合理,教师队伍整体素质亟待提高,人才培养模式、教学内容和方法需要进一步转变,学生的实践能力和创新精神亟待加强。

教育部一直十分重视高等教育质量工作。2007年1月,教育部下发了《关于实施高等学校本科教学质量与教学改革工程的意见》,计划实施"高等学校本科教学质量与教学改革工程"(简称"质量工程"),通过专业结构调整、课程教材建设、实践教学改革、教学团队建设等多项内容,进一步深化高等学校教学改革,提高人才培养的能力和水平,更好地满足经济社会发展对高素质人才的需要。在贯彻和落实教育部"质量工程"的过程中,各地高校发挥师资力量强、办学经验丰富、教学资源充裕等优势,对其特色专业及特色课程(群)加以规划、整理和总结,更新教学内容、改革课程体系,建设了一大批内容新、体系新、方法新、手段新的特色课程。在此基础上,经教育部相关教学指导委员会专家的指导和建议,清华大学出版社在多个领域精选各高校的特色课程,分别规划出版系列教材,以配合"质量工程"的实施,满足各高校教学质量和教学改革的需要。

为了深入贯彻落实教育部《关于加强高等学校本科教学工作,提高教学质量的若干意见》精神,紧密配合教育部已经启动的"高等学校教学质量与教学改革工程精品课程建设工作",在有关专家、教授的倡议和有关部门的大力支持下,我们组织并成立了"清华大学出版社教材编审委员会"(以下简称"编委会"),旨在配合教育部制定精品课程教材的出版规划,讨论并实施精品课程教材的编写与出版工作。"编委会"成员皆来自全国各类高等学校教学与科研第一线的骨干教师,其中许多教师为各校相关院、系主管教学的院长或系主任。

按照教育部的要求,"编委会"一致认为,精品课程的建设工作从开始就要坚持高标准、严要求,处于一个比较高的起点上。精品课程教材应该能够反映各高校教学改革与课程建设的需要,要有特色风格、有创新性(新体系、新内容、新手段、新思路,教材的内容体系有较高的科学创新、技术创新和理念创新的含量)、先进性(对原有的学科体系有实质性的改革和发展,顺应并符合21世纪教学发展的规律,代表并引领课程发展的趋势和方向)、示范性(教材所体现的课程体系具有较广泛的辐射性和示范性)和一定的前瞻性。教材由个人申报或各校推荐(通过所在高校的"编委会"成员推荐),经"编委会"认真评审,最后由清华大学出版社审定出版。

目前，针对计算机类和电子信息类相关专业成立了两个编委会，即"清华大学出版社计算机教材编审委员会"和"清华大学出版社电子信息教材编审委员会"。推出的特色精品教材包括：

(1) 21世纪高等学校规划教材·计算机应用——高等学校各类专业，特别是非计算机专业的计算机应用类教材。

(2) 21世纪高等学校规划教材·计算机科学与技术——高等学校计算机相关专业的教材。

(3) 21世纪高等学校规划教材·电子信息——高等学校电子信息相关专业的教材。

(4) 21世纪高等学校规划教材·软件工程——高等学校软件工程相关专业的教材。

(5) 21世纪高等学校规划教材·信息管理与信息系统。

(6) 21世纪高等学校规划教材·财经管理与应用。

(7) 21世纪高等学校规划教材·电子商务。

(8) 21世纪高等学校规划教材·物联网。

清华大学出版社经过三十多年的努力，在教材尤其是计算机和电子信息类专业教材出版方面树立了权威品牌，为我国的高等教育事业做出了重要贡献。清华版教材形成了技术准确、内容严谨的独特风格，这种风格将延续并反映在特色精品教材的建设中。

清华大学出版社教材编审委员会
联系人：魏江江
E-mail：weijj@tup.tsinghua.edu.cn

第二版前言

本书 2011 年第一版发行后得到了广大师生的认可,发行量不断增加。为感谢读者的厚爱,现决定修改再版。这次改版在保持原有特色的基础上,总体结构不变,局部结构微调,适度增补新内容,同时删改过时的章节。这次全书的修改工作由张凯独立完成,其他人员未参加。

本次修改的内容涉及以下几个章节:

第 2 章修改了 2.3.2 节赶超世界先进水平。

第 3 章修改了 3.3.1 节超级计算机。

第 4 章增加了 4.3.5 节无线通信与 WiFi 和 4.3.6 节 GSM 全球移动通信系统与 5G。

第 5 章增加了 5.2.4 节其他操作系统。

第 7 章增加了 7.5 节大数据及其技术,包括 7.5.1 节大数据概述,7.5.2 节大数据技术,7.5.3 节大数据平台框架,7.5.4 节大数据整合和 7.5.5 节大数据共享与开放。

第 9 章的 9.1 节计算机图形学概述改为了图形学与数字图像处理,并补充了 9.1.1 节图形学和 9.1.2 节数字图像处理。另外第 9 章增加了 9.2.8 节计算机仿真。

第 10 章的 10.2.4 节机器翻译改为了深度学习与推荐系统。

第 11 章的内容全部重写,新的内容包括 11.1 节信息安全威胁,下设 11.1.1 节计算机病毒,11.1.2 节计算机犯罪,11.1.3 节计算机黑客和 11.1.4 节系统漏洞与后门;11.2 节信息安全技术,下设 11.2.1 节密码学,11.2.2 节数字签名,11.2.3 节身份认证技术,11.2.4 节防火墙,11.2.5 节入侵检测,11.2.6 节访问控制和 11.2.7 节网络安全策略。

第 12 章增加了 12.2.4 节量子通信,12.2.5 节第六代移动通信技术和 12.3.4 节可信计算。

第 13~17 章全面升级介绍 Windows 10 和 Office 10 版有关 Word、Excel 和 PowerPoint 的内容。另外,对其他章节的错别字或遗漏进行了修改和补缺。删除了第 18、19 章。

本书第二版面世后,敬请读者提出宝贵意见。

本书的教学课件可以从清华大学出版社网站(www.tup.com.cn)下载。

编 者

2020 年 6 月 30 日

第一版前言

"计算机导论"是计算机科学与技术专业本科生的一门专业基础课程,也是该专业的导入课程。其目的是引导学生对计算机科学与技术学科有一个全面的、概括性的了解。本书在构思上有三个想法:一是介绍计算机科学与技术本科专业所开的课程和这些课程涉及的知识点;二是介绍计算机科学技术的发展前沿;三是介绍计算机的一些基本操作。

全书有两大部分,第一部分是基础理论知识,第二部分是基本操作能力。全书共 19 章,内容如下所述。

第 1 章为计算机专业知识体系,介绍计算机学科概述、课程体系和专业能力要求。

第 2 章为计算机发展史,介绍早期计算机、计算机发展史和中国计算机发展。

第 3 章为计算机体系结构,介绍计算机系统的组成、存储系统组织结构、输入/输出系统和计算机系统分类。

第 4 章为计算机网络,介绍计算机网络概述、Internet 和未来的计算机网络。

第 5 章为操作系统,介绍操作系统概述、主要操作系统和操作系统的新发展。

第 6 章为软件与程序设计,介绍软件概述、程序设计、数据结构、编译原理和计算机语言发展。

第 7 章为数据库,介绍数据库概述、关系数据库、常用数据库系统和数据库新发展。

第 8 章为软件工程,介绍软件工程概述、软件开发模型、软件开发方法、软件开发环境与工具和软件新的开发方法。

第 9 章为计算机图形学,介绍计算机图形学和计算机图形学应用。

第 10 章为人工智能,介绍人工智能概述和人工智能应用。

第 11 章为计算机安全,介绍计算机安全概述、计算机病毒、计算机犯罪与道德伦理。

第 12 章为计算机新技术和应用,介绍硬件新技术、网络新技术、软件开发新技术、生物计算、智慧环境与生活。

第 13 章为微机操作与实验。

第 14 章为 Windows 操作与实验。

第 15 章为 Word 基本操作。

第 16 章为 Excel 操作与实验。

第 17 章为 PowerPoint 演示文稿制作。

第 18 章为 Internet 操作与实验。

第 19 章为网页制作。

本书由张凯教授主编。张凯编写第 1~12 章,杨薇编写第 13~15 章,张雯婷编写第 16 章,李立双编写第 17~19 章,张雯婷对全书的文字进行了校对。本书的讲稿在三届本科生中进行过试讲,效果较好,一届学生参加了试读并提出了一些宝贵意见。在此,对所有关心本书的学者、同仁和学生表示感谢。

本书在编写过程中,参考和引用了大量国内外的著作、论文和研究报告。由于篇幅有限,本书仅列举了主要文献。作者向所有被参考和引用论著的作者表示由衷的感谢,他们的辛勤劳动成果为本书提供了丰富的资料。如果有的资料没有查到出处或因疏忽而未列出,请原作者原谅,并告知我们,以便于在再版时补上。

由于作者水平有限,望读者对本书的不足之处提出宝贵意见。

本教材的课件可以到清华大学出版社网站下载,或直接与作者联系,我们将尽量满足您的要求。谢谢!

张 凯

2011 年 10 月 10 日

目 录

第一部分 基础理论知识

第1章 计算机专业知识体系 ... 3
- 1.1 计算机学科概述 ... 3
  - 1.1.1 学科概述 ... 3
  - 1.1.2 计算机专业定位 ... 4
- 1.2 课程体系 ... 4
  - 1.2.1 课程体系概述 ... 4
  - 1.2.2 知识点要求 ... 5
  - 1.2.3 学习方法 ... 7
- 1.3 能力要求 ... 9
  - 1.3.1 基本能力要求 ... 9
  - 1.3.2 创新能力要求 ... 9
  - 1.3.3 工程素质要求 ... 10
- 思考题 ... 11

第2章 计算机发展史 ... 12
- 2.1 早期计算机 ... 12
  - 2.1.1 早期计算工具 ... 12
  - 2.1.2 机械式计算机 ... 13
  - 2.1.3 电子计算机准备 ... 18
- 2.2 电子计算机发展史 ... 19
  - 2.2.1 电子计算机发展史概述 ... 19
  - 2.2.2 计算机发展趋势 ... 22
- 2.3 中国计算机发展史 ... 23
  - 2.3.1 起步与发展 ... 23
  - 2.3.2 赶超世界先进水平 ... 25
- 思考题 ... 28

第3章 计算机体系结构 ... 29
- 3.1 计算机系统的组成 ... 29
  - 3.1.1 图灵模型 ... 29

　　　　3.1.2　冯·诺依曼模型 ………………………………………………… 29
　　　　3.1.3　计算机系统的工作原理 ……………………………………… 30
　　　　3.1.4　微型计算机的结构 …………………………………………… 30
　　3.2　计算机组成原理 ……………………………………………………… 31
　　　　3.2.1　系统总线 ……………………………………………………… 31
　　　　3.2.2　CPU …………………………………………………………… 33
　　　　3.2.3　存储器 ………………………………………………………… 34
　　　　3.2.4　输入/输出系统 ………………………………………………… 36
　　3.3　计算机系统分类 ……………………………………………………… 37
　　　　3.3.1　超级计算机 …………………………………………………… 37
　　　　3.3.2　小型计算机与工作站 ………………………………………… 40
　　　　3.3.3　台式计算机与笔记本电脑 …………………………………… 41
　　　　3.3.4　平板电脑与掌上电脑 ………………………………………… 42
　　　　3.3.5　计算机化手机 ………………………………………………… 43
　　思考题 ………………………………………………………………………… 43

第 4 章　计算机网络 …………………………………………………………… 44

　　4.1　计算机网络概述 ……………………………………………………… 44
　　　　4.1.1　计算机网络的概念 …………………………………………… 44
　　　　4.1.2　计算机网络结构 ……………………………………………… 45
　　　　4.1.3　计算机网络的发展历史 ……………………………………… 47
　　4.2　Internet ………………………………………………………………… 48
　　　　4.2.1　Internet 概述 …………………………………………………… 48
　　　　4.2.2　TCP/IP ………………………………………………………… 49
　　　　4.2.3　IP 地址 ………………………………………………………… 50
　　4.3　未来计算机网络 ……………………………………………………… 51
　　　　4.3.1　万兆以太网 …………………………………………………… 51
　　　　4.3.2　第二代 Internet ………………………………………………… 52
　　　　4.3.3　全光网 ………………………………………………………… 54
　　　　4.3.4　物联网 ………………………………………………………… 55
　　　　4.3.5　无线通信与 WiFi ……………………………………………… 56
　　　　4.3.6　GSM 与 5G …………………………………………………… 57
　　思考题 ………………………………………………………………………… 59

第 5 章　操作系统 ……………………………………………………………… 60

　　5.1　操作系统概述 ………………………………………………………… 60
　　　　5.1.1　操作系统的概念 ……………………………………………… 60
　　　　5.1.2　操作系统的历史 ……………………………………………… 60
　　　　5.1.3　操作系统的功能 ……………………………………………… 61

5.1.4 操作系统的分类 …………………………………………………… 61
　5.2 主要的操作系统 …………………………………………………………… 63
　　　5.2.1 Windows 操作系统 …………………………………………………… 63
　　　5.2.2 UNIX 操作系统 ……………………………………………………… 63
　　　5.2.3 Linux 操作系统 ……………………………………………………… 64
　　　5.2.4 其他操作系统 ………………………………………………………… 65
　5.3 操作系统的新发展 ………………………………………………………… 66
　思考题 …………………………………………………………………………… 68

第 6 章 软件与程序设计 …………………………………………………………… 69

　6.1 软件 ………………………………………………………………………… 69
　　　6.1.1 软件概述 ……………………………………………………………… 69
　　　6.1.2 软件分类 ……………………………………………………………… 69
　6.2 程序设计 …………………………………………………………………… 70
　　　6.2.1 程序设计原则与过程 ………………………………………………… 70
　　　6.2.2 程序的基本结构 ……………………………………………………… 71
　　　6.2.3 程序的执行方式 ……………………………………………………… 72
　6.3 数据结构 …………………………………………………………………… 72
　　　6.3.1 基本概念和术语 ……………………………………………………… 72
　　　6.3.2 几种典型的数据结构 ………………………………………………… 73
　6.4 编译原理 …………………………………………………………………… 76
　6.5 计算机语言的发展 ………………………………………………………… 78
　　　6.5.1 计算机语言的发展历史 ……………………………………………… 78
　　　6.5.2 第四代语言 …………………………………………………………… 79
　思考题 …………………………………………………………………………… 80

第 7 章 数据库与大数据 …………………………………………………………… 81

　7.1 数据库概述 ………………………………………………………………… 81
　　　7.1.1 数据库的基本概念 …………………………………………………… 81
　　　7.1.2 数据管理技术的发展 ………………………………………………… 81
　　　7.1.3 数据模型 ……………………………………………………………… 82
　7.2 关系数据库 ………………………………………………………………… 83
　　　7.2.1 关系数据库的设计原则 ……………………………………………… 83
　　　7.2.2 关系数据库的设计步骤 ……………………………………………… 84
　　　7.2.3 查询语言 ……………………………………………………………… 84
　7.3 常用数据库系统 …………………………………………………………… 85
　　　7.3.1 Oracle ………………………………………………………………… 85
　　　7.3.2 DB2 …………………………………………………………………… 85
　　　7.3.3 Informix ……………………………………………………………… 86

7.3.4　Sybase ……………………………………………………… 86
7.3.5　SQL Server …………………………………………………… 86
7.3.6　Access ………………………………………………………… 87
7.3.7　Visual FoxPro ………………………………………………… 87
7.4　数据库新发展 ……………………………………………………………… 87
7.4.1　数据仓库 ……………………………………………………… 87
7.4.2　工程数据库 …………………………………………………… 88
7.4.3　统计数据库 …………………………………………………… 89
7.4.4　空间数据库 …………………………………………………… 89
7.4.5　多媒体数据库 ………………………………………………… 90
*7.4.6　并行数据库 …………………………………………………… 91
*7.4.7　主动数据库 …………………………………………………… 92
*7.4.8　移动数据库 …………………………………………………… 92
7.5　大数据及其技术 …………………………………………………………… 93
7.5.1　大数据概述 …………………………………………………… 93
7.5.2　大数据技术 …………………………………………………… 95
7.5.3　大数据平台框架 ……………………………………………… 96
7.5.4　大数据整合 …………………………………………………… 98
7.5.5　大数据共享与开放 …………………………………………… 99
思考题 ……………………………………………………………………………… 100

第8章　软件工程 …………………………………………………………………… 101

8.1　软件工程概述 ……………………………………………………………… 101
8.1.1　软件工程的概念 ……………………………………………… 101
8.1.2　软件工程过程 ………………………………………………… 101
8.1.3　软件生命周期 ………………………………………………… 102
8.2　软件开发模型 ……………………………………………………………… 103
8.2.1　瀑布模型 ……………………………………………………… 103
8.2.2　快速原型法模型 ……………………………………………… 103
8.2.3　螺旋模型 ……………………………………………………… 104
8.2.4　喷泉模型 ……………………………………………………… 105
8.3　软件开发方法 ……………………………………………………………… 106
8.3.1　结构化方法 …………………………………………………… 106
8.3.2　面向对象方法 ………………………………………………… 107
8.3.3　软件复用和构件技术 ………………………………………… 108
8.4　软件开发环境与工具 ……………………………………………………… 109
8.4.1　软件开发环境 ………………………………………………… 109
8.4.2　软件开发工具 ………………………………………………… 110
8.4.3　CASE ………………………………………………………… 112

*8.5 软件新的开发方法 ··· 113
    8.5.1 敏捷设计 ··· 113
    8.5.2 软件产品线 ·· 115
    8.5.3 知识工程与知件 ··· 116
思考题 ·· 118

第9章 计算机图形学 ··· 119

9.1 图形学与数字图像处理 ·· 119
    9.1.1 图形学 ·· 119
    9.1.2 数字图像处理 ·· 120

9.2 计算机图形学应用 ··· 122
    9.2.1 计算机辅助设计 ··· 122
    9.2.2 多媒体 ·· 123
    9.2.3 计算机动画艺术 ··· 126
    9.2.4 虚拟现实 ·· 127
    9.2.5 计算机美术 ·· 131
    *9.2.6 计算机可视化 ·· 132
    *9.2.7 医学成像 ·· 136
    9.2.8 计算机仿真 ·· 139

思考题 ·· 141

第10章 人工智能 ··· 142

10.1 人工智能概述 ·· 142
    10.1.1 人工智能的概念 ··· 142
    10.1.2 人工智能的历史 ··· 142
    10.1.3 人类智能学派 ·· 143

10.2 人工智能应用 ·· 143
    10.2.1 机器人 ·· 143
    10.2.2 决策支持系统 ·· 147
    10.2.3 专家系统 ··· 149
    10.2.4 深度学习与推荐系统 ·· 150
    *10.2.5 机器学习 ·· 152
    *10.2.6 模式识别 ·· 153

思考题 ·· 154

第11章 信息安全 ··· 155

11.1 信息安全威胁 ·· 155
    11.1.1 计算机病毒 ··· 155
    11.1.2 计算机犯罪 ··· 157

　　　　11.1.3　计算机黑客 ··· 158
　　　　11.1.4　系统漏洞与后门 ··· 161
　　11.2　信息安全技术 ··· 162
　　　　11.2.1　密码学 ··· 162
　　　　11.2.2　数字签名 ··· 164
　　　　11.2.3　身份认证技术 ··· 166
　　　　11.2.4　防火墙 ··· 167
　　　　11.2.5　入侵检测 ··· 169
　　　　11.2.6　访问控制 ··· 171
　　　　11.2.7　网络安全策略 ··· 172
　思考题 ··· 173

*第12章　计算机新技术和应用 ··· 174

　　12.1　硬件新技术 ··· 174
　　　　12.1.1　信息材料 ··· 174
　　　　12.1.2　SoC技术 ··· 176
　　　　12.1.3　纳米器件 ··· 177
　　12.2　网络新技术 ··· 179
　　　　12.2.1　网格计算 ··· 179
　　　　12.2.2　云计算 ··· 181
　　　　12.2.3　普适计算 ··· 182
　　　　12.2.4　量子通信 ··· 185
　　　　12.2.5　第六代移动通信技术 ··· 187
　　12.3　软件开发新技术 ··· 190
　　　　12.3.1　遗传程序设计 ··· 190
　　　　12.3.2　基因编程 ··· 191
　　　　12.3.3　软件开发工具酶 ·· 193
　　　　12.3.4　可信计算 ··· 195
　　12.4　生物计算 ··· 198
　　　　12.4.1　生物计算机 ·· 198
　　　　12.4.2　生物信息学 ·· 199
　　　　12.4.3　生物芯片 ··· 201
　　　　12.4.4　人工免疫 ··· 204
　　　　12.4.5　人工生命 ··· 205
　　　　12.4.6　大脑思维下载与上载 ··· 206
　　　　12.4.7　生物电子造人 ··· 209
　　12.5　智慧环境与生活 ··· 210
　　　　12.5.1　智慧城市 ··· 210
　　　　12.5.2　智能交通 ··· 211

    12.5.3 智能交通工具 ……………………………………………………………… 213
    12.5.4 智能家居 …………………………………………………………………… 214
    12.5.5 数字生活 …………………………………………………………………… 215
  思考题 ………………………………………………………………………………………… 216

第二部分　基本操作能力

第 13 章　微机操作与实验 ……………………………………………………………… 219

  13.1 微机操作 ……………………………………………………………………………… 219
    13.1.1 微机操作方法 ……………………………………………………………… 219
    13.1.2 指法练习 …………………………………………………………………… 221
    13.1.3 打字软件介绍 ……………………………………………………………… 222
  13.2 实验　微机基本操作 ………………………………………………………………… 225

第 14 章　Windows 操作与实验 ………………………………………………………… 226

  14.1 Windows 基本操作 …………………………………………………………………… 226
    14.1.1 Windows 桌面与配置 ……………………………………………………… 226
    14.1.2 Windows 文档与磁盘管理 ………………………………………………… 228
    14.1.3 Windows 打印机管理 ……………………………………………………… 232
    14.1.4 Windows 多媒体功能 ……………………………………………………… 233
  14.2 实验　Windows 10 基本操作 ………………………………………………………… 234

第 15 章　Word 基本操作与实验 ………………………………………………………… 235

  15.1 Word 基本操作 ……………………………………………………………………… 235
    15.1.1 文档与文本的操作 ………………………………………………………… 235
    15.1.2 文档排版 …………………………………………………………………… 241
    15.1.3 表格处理 …………………………………………………………………… 244
    15.1.4 图片编辑 …………………………………………………………………… 245
    15.1.5 文档打印 …………………………………………………………………… 247
  15.2 实验　Word 基本操作 ………………………………………………………………… 248

第 16 章　Excel 操作与实验 ……………………………………………………………… 249

  16.1 Excel 操作 ……………………………………………………………………………… 249
    16.1.1 Excel 基本操作 …………………………………………………………… 249
    16.1.2 工作表的编辑 ……………………………………………………………… 253
    16.1.3 数据图表 …………………………………………………………………… 258
    16.1.4 页面设置和打印 …………………………………………………………… 262
  16.2 实验　Excel 基本操作 ………………………………………………………………… 266

第 17 章　PowerPoint 演示文稿制作 ………………………………………… 267

17.1　PowerPoint 操作 …………………………………………………………… 267
17.1.1　PowerPoint 启动和退出 ……………………………………………… 267
17.1.2　PowerPoint 窗口界面 ………………………………………………… 267
17.1.3　演示文稿的组成 ……………………………………………………… 268
17.1.4　演示文稿视图 ………………………………………………………… 268
17.2　文稿制作 …………………………………………………………………… 269
17.2.1　演示文稿创建方式 …………………………………………………… 269
17.2.2　演示文稿创建步骤 …………………………………………………… 270
17.2.3　演示文稿编辑 ………………………………………………………… 270
17.2.4　幻灯片编辑 …………………………………………………………… 271
17.3　实验　演示文稿制作 ……………………………………………………… 272

参考文献 …………………………………………………………………………… 277

* 为选讲内容

基础理论知识

- 第1章　计算机专业知识体系
- 第2章　计算机发展史
- 第3章　计算机体系结构
- 第4章　计算机网络
- 第5章　操作系统
- 第6章　软件与程序设计
- 第7章　数据库与大数据
- 第8章　软件工程
- 第9章　计算机图形学
- 第10章　人工智能
- 第11章　信息安全
- *第12章　计算机新技术和应用

第1章 计算机专业知识体系

1.1 计算机学科概述

1.1.1 学科概述

计算机科学与技术是研究信息过程,并用于表达此过程的信息结构和规则及其在信息处理系统中实现的学科。计算机科学与技术研究的对象是现代计算机及其相关的现象。该学科是将计算机系统的结构和操作、计算机系统的设计和程序设计的基本原则集于一体并将其运用于各种信息加工任务的有效方法。该学科包括计算机科学与工程技术两方面,二者相互作用、相互影响。

半个多世纪以来,计算机科学技术迅猛发展,成为当代非常重要的学科。随着电子技术的发展,计算机的逻辑器件不断更新换代,目前已经进入了超大规模纳微集成电路时代。微电子技术的变化发展,直接带动了计算机系统结构的发展,许多行之有效的理论和方法得以应用。计算机已经从早期的单一计算装置发展成多计算机系统、并行分布式计算机系统、计算机网络等多种形式的高性能系统。微型计算机的产生与发展,改变了人类社会的生产和生活方式。软件理论和技术的发展及软件工程方法导致了软件设计和开发方法的根本变革。理论研究已经从单纯的对计算模型的研究发展到计算机系统理论、软件理论、计算理论和应用技术理论等多个研究分支,并拓展到人工智能等方面。

计算机科学与技术学科涉及理论计算机科学、计算机软件、计算机系统结构、计算机应用技术等领域以及与其他学科交叉的研究领域。

计算机软件理论主要研究软件设计、开发、维护和使用过程中所涉及的软件理论、方法和技术,并探讨计算机科学与技术发展的理论基础。

计算机系统结构研究计算机硬件与软件的功能分配、软硬件界面的划分、计算机硬件结构、组成与实现方法和技术。计算机应用技术研究计算机在各个领域中应用的原理、方法和技术,所涉及的研究内容非常广泛。

计算机应用技术专业是一门应用十分广泛的专业,它以计算机基本理论为基础,突出了计算机和网络在实际生产和生活中的应用。

该专业的学生将系统地学习计算机的软硬件及其应用的基本理论、基本技能与方法,初步具有运用专业基础理论及工程技术方法进行系统开发、应用、管理和维护的能力。

1.1.2 计算机专业定位

根据 2020 版《普通高等学校本科专业目录》，从计算机专业的视角看我国的信息学科，可将信息学科划分为三大类：计算机类专业、相近专业、交叉专业。

1．计算机类专业

计算机类专业下设计算机科学与技术、软件工程、网络工程、信息安全、物联网工程、智能科学与技术、电子与计算机工程、空间信息与数字技术、数字媒体技术、数据科学与大数据技术、网络空间安全、新媒体技术、电影制作、保密技术、服务科学与工程、虚拟现实技术、区块链工程，共 17 个本科专业。

在专业要求与就业方向上，这些专业不但要求学生掌握计算机基本理论和应用开发技术，具有一定的理论基础，同时还要求学生具有较强的实际动手能力。学生毕业后能在企事业单位、政府部门从事计算机应用以及计算机网络系统的开发、维护等工作。

2．相近专业

与计算机相近的专业有很多，如电气工程及自动化、智能电网信息工程、人工智能、电子信息工程、电子科学与技术、通信工程、微电子科学与工程、光电信息科学与工程、信息与计算科学、信息工程和自动化等。

3．交叉专业

与信息科学交叉的专业有很多，如网络与虚拟媒体、地理信息系统、地球信息科学与技术、生物信息学、地理空间信息工程、信息对抗技术、信息管理与信息系统、电子商务、信息资源管理和动画等。

1.2 课程体系

1.2.1 课程体系概述

1．培养目标

本专业旨在培养和造就适应社会主义现代化建设需要、德智体全面发展、基础扎实、知识面宽、能力强、素质高、具有创新精神，系统掌握计算机硬件、软件的基本理论与应用的基本技能，具有较强的实践能力，能在企事业单位、政府机关、行政管理部门从事计算机技术研究和应用、软硬件和网络技术的开发、计算机管理和维护的应用型专业技术人才。修业年限 4 年。授予工学或理学学士学位。

2．专业培养要求

本专业学生主要学习计算机科学与技术方面的基本理论和基本知识，进行计算机研究与应用的基本训练，使其具有研究和开发计算机系统的基本能力。本科毕业生应具备以下几方面的知识和能力。

(1) 掌握计算机科学与技术的基本理论、基本知识。

(2) 掌握计算机系统的分析和设计的基本方法。

(3) 具有研究开发计算机软硬件的基本能力。

(4) 了解与计算机有关的法规。

(5) 了解计算机科学与技术的发展动态。

(6) 掌握文献检索、资料查询的基本方法,具有获取信息的能力。

3. 主要课程

本专业的主干学科和实践性教学环节简介如下。

(1) 主干学科:电路原理、模拟电子技术、数字逻辑、数值分析、计算机原理、微型计算机技术、计算机系统结构、计算机网络、高级语言、汇编语言、数据结构、操作系统、数据库原理、编译原理、图形学、人工智能、计算方法、离散数学、概率统计、线性代数、算法设计与分析、人机交互、面向对象方法、计算机英语等。

(2) 主要实践性教学环节:电子工艺实习、硬件部件设计及调试、计算机基础训练、课程设计、计算机工程实践、生产实习、毕业设计(论文)等。

4. 个人发展方向与定位

计算机科学与技术类专业毕业生的职业发展路线基本上有如下两条。

(1) 第一类路线:纯科学路线,也称科学型。信息产业是朝阳产业,对人才提出了更高的要求。这类人员在本科毕业后,一般想继续深造,攻读硕士或博士学位,甚至进入博士后进行研究工作。其未来的职业定位于计算机科学研究工作。

(2) 第二类路线:纯技术路线,也称工程或应用型。这类人员本科毕业后,开始一般从事编写程序的工作,但这是一项脑力劳动强度非常大的工作,随着年龄的增长,很多从事这个行业的专业人才往往会感到力不从心,因而由技术类人才转型到管理类人才不失为一个很好的选择。

1.2.2 知识点要求

计算机科学的课程大致分为计算机理论、计算机硬件、计算机软件和计算机网络 4 部分。

1. 计算机理论

(1) 离散数学。由于计算机所处理的对象是离散型的,所以离散数学是计算机科学的基础,主要研究数理逻辑、集合论、近世代数和图论等。

(2) 算法分析理论。主要研究算法设计与分析中的数学方法与理论,如组合数学、概率论、数理统计等,用于分析算法的时间复杂性和空间复杂性。

(3) 形式语言与自动机理论。研究程序设计及自然语言的形式化定义、分类、结构等有关理论以及识别各类语言的形式化模型(自动机模型)及其相互关系。

(4) 程序设计语言理论。运用数学和计算机科学的理论研究程序设计语言的基本规律,包括形式语言文法理论、形式语义学(如代数语义、公理语义、指称语义等)和计算机语言学等。

(5) 程序设计方法学。研究如何从好结构的程序定义出发,通过对构成程序的基本结构的分析,给出能保证程序高质量的各种程序设计规范化方法,并研究程序正确性证明理论、形式化规格技术、形式化验证技术等。

2. 计算机硬件

(1) 元器件与存储介质。研究构成计算机硬件的各类电子的、磁性的、机械的、超导的、光学的元器件和存储介质。

(2) 微电子技术。研究构成计算机硬件的各类集成电路、大规模集成电路、超大规模集成电路芯片的结构和制造技术等。

(3) 计算机组成原理。研究通用计算机的硬件组成以及运算器、控制器、存储器、输入和输出设备等各部件的构成和工作原理。

(4) 微型计算机技术。研究目前使用最为广泛的微型计算机的组成原理、结构、芯片、接口及其应用技术。

(5) 计算机体系结构。研究计算机软硬件的总体结构、计算机的各种新型体系结构(如并行处理机系统、精简指令系统计算机、共享存储结构计算机、阵列计算机、集群计算机、网络计算机、容错计算机等)以及进一步提高计算机性能的各种新技术。

3. 计算机软件

(1) 程序设计语言的设计。根据实际需求设计新颖的程序设计语言,即程序设计语言的语法规则和语义规则。

(2) 数据结构与算法。研究数据的逻辑结构和物理结构以及它们之间的关系,并对这些结构做相应的运算,设计出实现这些运算的算法,而且确保经过这些运算后所得到的新结构仍然是原来的结构类型。常用的数据结构包括线性表、栈、队列、串、树、图等。相关的常用算法包括查找、内部排序、外部排序和文件管理等。

(3) 程序设计语言翻译系统。研究程序设计语言翻译系统(如编译语言)的基本理论、原理和实现技术。包括语法规律和语法规律的形式化定义、程序设计语言翻译系统的体系结构及其各模块(如词法分析、语法分析、中间代码生成、优化和目标代码生成)的实现技术。

(4) 操作系统。研究如何自动地对计算机系统的软硬件资源进行有效的管理,并最大限度地方便用户的使用。研究的内容包括进程管理、处理机管理、存储器管理、设备管理、文件管理,以及现代操作系统中的一些新技术(如多任务、多线程、多处理机环境、网络操作系统、图形用户界面等)。

(5) 数据库系统。主要研究数据模型以及数据库系统的实现技术。包括层次数据模型、网络数据模型、关系数据模型、E-R 数据模型、面向对象数据模型、给予逻辑的数据模型、数据库语言、数据库管理系统、数据库的存储结构、查询处理、查询优化、事务管理、数据库安全性和完整性约束、数据库设计、数据库管理、数据库应用、分布式数据库系统、多媒体数据库以及数据仓库等。

(6) 算法设计与分析。研究计算机及其相关领域中常用算法的设计方法,并分析这些算法的实践复杂性和空间复杂性,以评价算法的优劣。主要内容包括算法设计的常用方法、排序算法、集合算法、图和网络的算法、几何问题算法、代数问题算法、串匹配算法、概率算法和并行算法等以及对这些算法的时间复杂性和空间复杂性的分析。

（7）软件工程学。是指导计算机软件开发和维护的工程学科，研究如何采用工程的概念、原理、技术和方法来开发和维护软件。包括：软件生存周期方法学、结构化分析设计方法、快速原型法、面向对象方法、计算机辅助软件工程（CASE）等，并且详细论述了在软件生存周期中各个阶段所使用的技术。

（8）可视化技术。可视化技术是研究如何用图形来直观地表征数据，即用计算机来生成、处理、显示能在屏幕上逼真运动的三维形体，并能与人进行交互式对话。该技术不仅要求计算结果的可视化，而且要求过程的可视化。可视化技术的广泛应用，使人们可以更加直观、全面地观察和分析数据。

4．计算机网络

（1）网络结构。研究局域网、远程网、Internet、Intranet 等各种类型网络的拓扑结构和构成方法及接入方式。

（2）数据通信与网络协议。研究实现网络上计算机之间进行数据通信的连接、原理技术以及通信双方必须共同遵守的各种规约。

（3）网络服务。研究如何为计算机网络的用户提供方便的远程登录、文件传输、电子邮件、信息浏览、文档查询、网络新闻以及全球范围内的超媒体信息浏览服务。

（4）网络安全。研究计算机网络的设备安全、软件安全、信息安全以及病毒防治等技术，以提高计算机网络的可靠性和安全性。

1.2.3　学习方法

计算机专业科目很多、很杂，是一门以实践为主的学科，与其他学科的学习方法有很大差异。所以，该专业的学习方法有其自身的特点。

1．确立学习目标

计算机科学的发展虽然只有短短的 60 年的时间，但其领域之广、内容之多、发展速度之快，是其他众多学科所不能相比的，因此学习和掌握它的难度也就比较大。要学好计算机，必须先为自己定下一个切实可行的目标。计算机科学与技术类专业毕业生的职业发展路线基本上有两条——科学研究型和工程应用型。计算机科学与技术专业的本科生进校的第一天就应该明确自己的职业发展定位，是成为科学研究型人才，还是工程应用型人才，需要较早地确定下来。

2．了解教学体系和课程要求

计算机专业教学计划中的课程分为必修课和选修课。必修课是指为保证人才培养的基本规格，学生必须学习的课程。必修课包括公共必修课、专业必修课和实习实践环节。选修课是指学生根据学院（系）提供的课程目录可以有选择修读的课程，分为专业选修课和公共选修课。具有普通全日制本科学籍的学生，在学校规定的修读年限内，修满专业教学计划规定的内容，达到毕业要求，准予毕业，发给毕业证书并予以毕业注册。符合国家和学校有关学士学位授予规定者,授予学士学位。

学校采用学分绩点和平均学分绩点的方法来综合评价学生的学习质量。学分绩点的计算方法,考核成绩与绩点的关系如表 1-1 所示。

表 1-1 考核成绩与绩点的关系

成绩	绩点	成绩	绩点	成绩	绩点	成绩	绩点
90~100	4.0	86~89	3.7	83~85	3.3	80~82	3.0
76~79	2.7	73~75	2.3	70~72	2.0	66~69	1.7
63~65	1.3	60~62	1.0	<60	0		

在此强调学分绩点的重要性是因为学分绩点与学士学位紧密联系在一起。有些同学,大学 4 年毕业时只能拿到毕业证,不能拿到学士学位证,一个关键的问题是学分绩点不够(当然也可能是毕业论文的问题)。每个学校都对学士学位学分绩点有一个最低要求,请同学们特别注意。

3. 预习和复习课程内容

"预习"是学习中一个很重要的环节。但和其他学科中的"预习"不同的是,计算机学科中的预习不是说要把教材从头到尾地看上一遍,这里的"预习",是指在学习之前,应该粗略地了解一下诸如课程内容是用来做什么的、用什么方式来实现等一些基本问题。

在复习时绝不能死记硬背条条框框,而应该能在理解的基础上灵活运用。所以复习时,首先要把基本概念、基本理论弄懂,其次要把它们串起来,多角度、多层次地进行思考和理解。由于本专业的各门功课之间有着内在的相关性,如果能够做到融会贯通,无论是对于理解还是记忆,都有事半功倍的效果。贯穿整个过程的具体方法是看课件、看书和做练习,以便能够更好地加深理解和触类旁通。

4. 正确把握课程的性质

除数学、英语、政治、体育和公共选修课外,纯计算机专业本科的课程大致可以分为 3 类,一是理论性质的课程,二是动手实践性质的课程,三是理论和实践性都有的课程。因此,学习不同类型的课程时采用的方法有很大的不同。

理论性很强的课程包括离散数学、概率统计、线性代数以及算法设计与分析、计算机原理、人工智能、数字逻辑、操作系统等。这类课程的学习,以理解、证明和分析方法为主。

实践性很强的课程包括电子工艺实习、硬件部件设计及调试、计算机基础训练、课程设计、计算机工程实践、高级语言、汇编语言、面向对象方法等。这类课程的学习,以理解和动手实践为主,力求做到可以应用其知识解决实际问题。

理论和实践性都有的课程包括电路原理、模拟电子技术、数值分析、微型计算机技术、计算机系统结构、计算机网络、数据结构、数据库原理、编译原理、图形学、计算方法、人机交互等。这类课程的学习,既要理解和分析其中的原理和方法,也要动手实践以加深理解。

总之,想在任何学科上学有所成,都必须遵循一定的方法。尤其是计算机这样的学科,有些课程理论性很强,而另外一些课程对动手实践要求很高,这就要求计算机专业的本科生必须方法得当,否则会事倍功半。

1.3 能力要求

1.3.1 基本能力要求

我国的高等教育从 20 世纪末开始步入了规模发展阶段,计算机专业成为中国目前最大的理工科专业,多年来在校学生一直都保持在四十余万人次。在其专业教育过程中,以"趋同性"和"知识型"为主的教育模式不仅降低了教育教学的效率,更成为制约人才培养的重要因素。因此,如何科学施教、有效发挥优势、提高办学质量、培养有特色的计算机人才成为每个有责任感的计算机专业教师必须面对的问题。近年,有些学校已开始了这方面的探索性工作。

计算机专业人才的"专业基本能力"归纳为如下 4 个方面。

(1) 计算思维能力。
(2) 算法设计与分析能力。
(3) 程序设计与实现能力。
(4) 计算系统的认知、开发及应用能力。

其中,科学型人才以第一、第二种能力为主,以第三、第四种能力为辅;工程型和应用型人才则以第三、第四种能力为主,以第一、第二种能力为辅。

1.3.2 创新能力要求

1. 定义

创新能力是运用知识和理论,在科学、艺术、技术和各种实践活动领域中不断提供具有经济价值、社会价值、生态价值的新思想、新理论、新方法和新发明的能力。创新能力是民族进步的灵魂、经济竞争的核心。当今社会的竞争,与其说是人才的竞争,不如说是人的创造力的竞争。

创新能力,按更习惯的说法,也称为创新力。创新能力按主体分,最常提及的有国家创新能力、区域创新能力、企业创新能力等,并且存在多个衡量创新能力的创新指数的排名。

2. "科学研究型"人才计算机专业的要求

研究型人才是指具有坚实的基础知识、系统的研究方法、高水平的研究能力和创新能力,在社会各个领域从事研究工作和创新工作的人才。

研究型人才要面向计算机科学技术的发展前沿,满足人类不断认识和进入新的未知领域的要求;要能够预测计算机科学技术发展的趋势并在基础性、战略性、前瞻性的科学技术问题的发现和创新上有所突破。

研究型人才要有良好的智力因素,具备敏锐的观察力、较好的记忆力、高度的注意力、丰富的想象力和严谨的思维能力,以及在这些能力之上形成的个人创造力,具备能够主动发现并解决问题的能力。

研究型人才同样要具备必要的非智力因素,包括强烈的求知欲和创造欲、好奇和敢于怀疑的精神,必须勤奋好学,有恒心和坚强的毅力,不畏艰险,追求真理。

研究型人才必须具备深厚和宽泛的计算机基础知识,掌握科学的研究方法,具有不断创新的能力,具备宽广的科学视野,具有高尚的情操和较高的科学精神、人文精神。

研究型人才要勤于探索,不断创新,坚持真理,勇于承担时代和社会赋予的责任,积极推动社会重大进步与变革。

1.3.3 工程素质要求

1. 定义

工程素质是指从事工程实践的工程专业技术人员的一种能力,是面对工程实践活动时所具有的潜能和适应性。工程素质的特征是:

(1) 敏捷的思维、正确的判断和善于发现问题;
(2) 理论知识和实践的融会贯通;
(3) 把构思变为现实的技术能力;
(4) 具有综合运用资源、优化资源配置、保护生态环境、实现工程建设活动的可持续发展的能力并能达到预期目标。

工程素质实质上是一种以正确的思维为导向的实际操作,具有很强的灵活性和创造性。工程素质主要包含以下内容:

(1) 广博的工程知识素质;
(2) 良好的思维素质;
(3) 工程实践操作能力;
(4) 灵活运用人文知识的素质;
(5) 扎实的方法论素质;
(6) 工程创新素质。

2. "工程应用型"人才计算机专业的要求

工程素质的形成并非是知识的简单综合,而是一个复杂的渐进过程,将不同学科的知识和素质要素融合在工程实践活动中,使素质要素在工程实践活动中综合化、整体化和目标化。学生工程素质的培养,体现在教育的全过程中,渗透到教学的每一个环节。不同工程专业的工程素质,具有不同的要求和不同的工程环境,要因地制宜、因人制宜、因环境和条件差异进行综合培养。

所谓计算机专业的应用型人才是指能将专业知识和技能应用于所从事的计算机实践的一种专门的人才类型,是熟练掌握社会生产或社会活动的基础知识和基本技能,主要从事计算机一线生产的技术或专业人才,其具体内涵是随着高等教育历史的发展而不断发展的。应用型人才就是把成熟的技术和理论应用到实际的生产生活中的技能型人才。计算机专业"工程应用型"人才的素质应该是:有敏捷的反应能力、有学识和修养、身体状况良好、有团队精神、有领导才能、高度敬业、创新观念强、求知欲望高、对人和蔼可亲、有良好的职业操守、有良好的生活习惯、能适应环境和改善环境。

思考题

1. 什么是计算机学科？
2. 信息学科有几大类？
3. 获得学士学位有什么要求？
4. 简述计算机专业的学习方法。
5. 简述计算机专业本科的能力要求。
6. 你如何定位自己的发展方向？学术型和工程型分别有什么要求？
7. 计算机专业的创新能力有什么要求？
8. 计算机专业的工程素质有什么要求？

第 2 章 计算机发展史

2.1 早期计算机

2.1.1 早期计算工具

1. 算筹与算盘

在世界计算工具的早期发展史上,东方的炎黄子孙所做出的贡献尤为突出。早在商代,中国就开始使用十进制记数法了,领先世界长达一千余年。周朝,算筹问世了。算筹是中国特有的一种计算工具。算筹是一种竹制、木制或骨制的小棍,在棍上刻有数字。把算筹放在地面或盘中,就可以一边摆弄小棍,一边进行运算。"运筹帷幄"中的"运筹"就是指移动筹棍,当然运筹还含有筹划的意思。

珠算盘是一种古老的计算装置。珠算是由算筹演变而来的。在筹算时,上面每一根筹当五,下面每一根筹当一,这与珠算盘上挡一珠当五、下挡每一珠当一完全一致。由于在打算盘时,会遇到某位数字等于或超过十的情况,所以珠算盘采用上二珠下五珠的形式。珠算利用进位制记数,通过拨动算珠进行运算,而且算盘本身能存储数字,因此可以边算边记录结果。打算盘的人,只要熟记运算口诀,就能迅速算出结果,进行加减运算比用电子计算器还快。由于珠算盘结构简单、操作方便迅速、价格低廉又便于携带,在我国的经济生活中长期发挥着重大作用,并盛行不衰,是在电子计算器出现以前,我国最受欢迎、使用最普遍的一种计算工具。

2. 铺地锦与纳皮尔算筹

1617 年,英国数学家纳皮尔在他所著的一本书中,介绍过一种计算工具,后来人们把它称为纳皮尔算筹。它是根据一种称为"格子乘法"的原理制成的。"格子乘法"是用笔算进行乘法时所使用的一种方法。它又称为"写算",据说最早起源于印度,后来传到中亚细亚,到 15 世纪传到我国。由于格子及斜线组成的图像犹如织锦,在中文书中也称为"铺地锦"。后人对纳皮尔算筹进行了全面的改进。纳皮尔发明(纳皮尔)算筹的目的,是使乘法、开平方、开立方甚至一些三角计算实现机械化。在很长一段时间里,一些国家把它作为一种计算工具,由许多学者多次加以改进。后来奥特雷德研究出更加方便、实用的计算工具——计算尺,纳皮尔算筹就逐渐被人冷落了。

3. 对数与计算尺

1614年,纳皮尔著作的《奇妙对数表的说明书》出版了,书上发表了对数的概念,公布了由他编制的正弦函数的对数表。对数表对当时科学的冲击,就如同电子计算机对现代科技的冲击一样。对数与电子计算机有类似的作用,能大大简化例行的计算,从而使人们在进行计算时所花费的大量烦琐、重复的劳动量大大减少。

冈特是一位数学家兼天文学教授。1621年,他在一根长约60cm的木尺上,标上对数刻度(对数坐标纸上所用的就是这种刻度),制造出第一把对数刻度尺。冈特是这种刻度尺的首创者,因此后人把它称为冈特尺。利用两脚规,就可以在冈特尺上实现对数的加减,从而实现数的乘除了。使用冈特尺,给数的乘除带来了方便。这样既可免去查对数表的手续,又能够不用花时间口算来做加减。

2.1.2 机械式计算机

1. 机械式加法机

法国人帕斯卡于17世纪制造出一种机械式加法机,它成为世界上第一台机械式计算机,如图2-1所示。

这台加法机是利用齿轮传动原理,通过手工操作来实现加减运算的。机器中有一组轮子,每个轮子上刻着0~9的10个数字。右边第一个轮子上的数字表示十位数字,以此类推。在两数相加时,先在加法机的轮子上拨出一个数,再按照第二个数在相应的轮子上转动对应的数字,最后就会得到这两个数的和。如果某一位的两个数字之和超过了10,加法机就会自动地通过齿轮进位。因为某一位的小轮转动了10

图2-1 世界上第一台机械式计算机

个数字后,才迫使下一个小轮正好转动一个数字。计算所得的结果在加法机面板上的读数窗上显示,计算完毕要把轮子挨个恢复到零位。

帕斯卡的加法机在法国引起了轰动。这台机器在展出时,前往参观的人川流不息。帕斯卡的加法机给人们的启示是:用一种纯粹机械的装置去代替人们的思考和记忆,是完全可以做到的。

2. 机械式乘法机

德国人莱布尼茨发明了乘法计算机,最早提出二进制运算法则。莱布尼茨的这台乘法机长约1m,宽30cm,高25cm。它由不动的计数器和可动的定位机构内部分组成。整个机器由一套齿轮系统来传动,它的重要部件是阶梯形轴,便于实现简单的乘除运算。图2-2是莱布尼茨发明的乘法计算机,它长约1m,使用了一套齿轮系统来传动。

图2-2 乘法计算机

3. 差分机和分析机

英国人查尔斯·巴贝奇研制出的差分机和分析机,为现代计算机设计思想的发展奠定了基础。在计算机发展史上,差分机和分析机占有重要的地位。

1834年,巴贝奇又完成了一项新计算装置的构想。他考虑到,计算装置应该具有通用性,能解决数学上的各种问题。它不仅要可以进行数字运算,而且还要能进行逻辑运算。巴贝奇把这种装置命名为"分析机"。它是现代通用数字计算机的前身。按巴贝奇的方案,分析机以蒸汽为动力,通过大量齿轮来传动。它的内存储器的容量比后来20世纪40年代出现的电子计算机ENIAC还要大一些。因为它太庞大了,所以没有被制造出来。

巴贝奇的分析机由三部分构成。第一部分是保存数据的齿轮式寄存器,巴贝奇把它称为"堆栈",它与差分机中的相类似,但运算不在寄存器内进行,而是由新的机构来实现。第二部分是对数据进行各种运算的装置,巴贝奇把它命名为"工场"。第三部分是对操作顺序进行控制,并对所要处理的数据及输出结果加以选择的装置。它相当于现代计算机的控制器。图2-3是巴贝奇于19世纪20年代制造的差分机。

为了加快运算的速度,巴贝奇设计了先进的进位机构。他估计,使用分析机完成一次50位数的加减只要1s,相乘则要1min。计算时间约为第一台电子计算机的100倍。

巴贝奇在分析机的计算设备上采用穿孔卡,这是人类计算技术史上的一次重大飞跃。巴贝奇曾在巴黎博览会上见过雅卡尔穿孔卡编织机。雅卡尔穿孔卡编织机要在织物上编织出各种图案,预先把经纱提升的程序在纸卡上穿孔记录下来,利用不同的穿孔卡程序织出许多复杂花纹的图案。巴贝奇受到启发,把这种新技术用到分析机上来,从而能对计算机下命令,让它按任何复杂的公式去计算。现代计算机的设计思想,与一百多年前巴贝奇的分析机几乎完全相同。巴贝奇的分析机同现代计算机一样可以编程,而且分析机所涉及的有关程序方面的概念,也与现代计算机一致。图2-4是巴贝奇于19世纪30年代制造的分析机。

4. 手摇式机械计算机

奥涅尔后来在俄国批量生产他研制的计算机。德国的布龙斯维加公司从1892年起投产手摇式机械计算机,到1912年,年产量已高达两万台。图2-5是1936年荷兰飞利浦公司制造的一种二进制手摇机械式计算机。

图2-3 差分机

图2-4 分析机

图2-5 二进制手摇机械式计算机

5. 畅销的机械计算机

1893年，德国人施泰格尔研制出一种叫作"大富豪"的计算机。最初，施泰格尔在瑞士的苏黎世制造了"大富豪"计算机，由于它的速度及性能可靠，整个欧洲和美国的科学机构都竞相购买。直到1914年第一次世界大战爆发之前，这种"大富豪"计算机一直畅销不衰。图2-6是第一台电穿孔卡片设备，配有计数器、打孔器、接触压力机和分类箱。

6. 制表机与IBM公司

1884年，美国人赫勒里特获得了制表机的第一项专利权。1888年，他制造出一台制表机，并送往巴黎国际博览会去展览。这台制表机采用机电式的自动计数装置取代了纯机械的计数装置，加快了数据处理的速度，避免了手工操作引起的差错。于是，美国1890年人口普查的统计制表工作，就全部采用了赫勒里特制表机来完成。赫勒里特的制表机除了用于美国的人口普查，还曾在奥地利、加拿大、挪威、俄国等许多国家的人口普查中被使用。1896年，赫尔曼·赫勒里特在他的发明基础上，创办了当时著名的制表机公司。1911年，赫勒里特又组建了一家计算制表记录公司，该公司到1924年改名为"国际商用机器公司"，这就是举世闻名的美国IBM公司。图2-7是竖式穿孔卡电分类制表机。

图2-6　畅销的机械计算机　　　　　图2-7　制表机

7. 微分分析仪

1930年，美国麻省理工学院和哈佛大学的博士布什，在一些工程技术人员的协助下，试制出一台微分分析仪的样机。这台用于计算的装置与现代的计算机很不一样，它没有键盘，占地约几十平方米，看起来有点儿像台球桌，又有点儿像印刷机。分析仪由几百根平行的钢轴安放在一个桌子一样的金属柜架上，一个个电动机通过齿轮使这些轴转动，通过轴的转动来进行数的模拟运算。在试制出第一台样机后，布什又采用电子元件来取代某些机械零件。但总的来说它仍然是一台机械式的计算装置，它就是"洛克菲勒微分分析仪2号"。在第二次世界大战中，美军曾广泛用它来计算弹道射击表。电子模拟计算机和后来数字电子计算机的出现，使机械模拟计算装置完全无用了。布什研制的分析仪后来被麻省理工学院及伦敦科学博物馆收藏了起来。图2-8是布什发明的微分分析仪，它是一台用电机带动的计算机，运算装置由机械构成。

8. Z 系列计算机

1934年,德国人朱斯开始研制一种利用机械键盘的计算机。这与巴贝奇分析机原理相类似。巴贝奇曾经设想过采用在纸带上"穿孔"和"存储"的方式来记录和保存数据从而进行数字计算的方法。1938年,朱斯制成第一台二进制计算机——Z-1型计算机。Z-1是一种纯机械式的计算装置,它有可存储64位数的机械存储器,朱斯设法把这个存储器与一个机械运算单元连接起来。他用钢锯把圆钢锯成数千片薄片,然后用螺栓把它们拧在一起,Z-1就被安装起来了。1939年,朱斯的第二台计算机研制完成,命名为Z-2。1941年,朱斯的Z-3型计算机开始运行。这台计算机是世界上第一台采用电磁继电器进行程序控制的通用自动计算机,它用了2600个继电器,采用浮点二进制数进行运算,采用带数字存储地址形式的指令,能进行数的四则运算和求平方根,进行一次加法用时0.3s。Z-3型机器的体积只有衣柜那么大,它有一块精巧的控制面板,只要按一下面板上的按钮就能完成操作。它是世界上第一台能自动完成一连串运算的计算机。Z-3型计算机工作了3年,在1944年美军对柏林的空袭中毁于一旦。1945年,朱斯又完成了Z-4型计算机的研制,它曾在德国V-2火箭的研制中发挥作用。二战后,朱斯创办了计算机公司。Z-4型计算机一直工作到1958年,并曾为法国国防部效劳。朱斯的公司后来研制出Z-22型计算机和电子管通用计算机Z-22R型。1966年,朱斯把他的公司出售给西门子公司。Z-3型计算机如图2-9所示。

图2-8 微分分析仪

图2-9 Z-3型计算机

9. K 型计算机

1937年11月,美国人斯蒂比兹取了几个从实验室废料堆里回收来的继电器,在厨房里工作了起来。他设想了几种电路,输入部件是从咖啡罐上剪下的两条铁片,输出部件是手电筒里的两个电珠,利用电珠亮与不亮来表明二进制计算的结果。所有元件都装在一块8开纸那样大的三合板上。把继电器与电池接通后,这台机器确实能进行二进制的加法。由于这台机器是在厨房的餐桌上装配起来的,英语"厨房"的第一个字母为K,因此斯蒂比兹的妻子把它称为K型计算机,见图2-10。

10. M 型系列计算机

1939年9月,美国贝尔实验室研制出M-1型计算机。这台计算机开始只能作复数的乘除,进行一次复数乘法大约需要45s。M-1型计算机使用了440个二进制继电器,另外还采用了10个多位继电

图2-10 K型计算机

器作为数的存储器。1943年,贝尔实验室把U型继电器装入计算机设备中,制成了M-2型计算机,这是最早的编程计算机之一。它还能进行误差检测,误差检测是现代微型计算机所具有的一项标准功能。1944年和1945年,贝尔实验室又先后研制出M-3与M-4型计算机,它们与M-2型计算机相类似,但存储器容量更大,能把描述目标飞机和一些防空火炮炮弹轨迹的弹道方程计算出来,在编程能力上具有一定程度的通用性,还具有搜索信息的功能。此后又推出了M-5型计算机,其中一台是为美国航空局设计的,另一台是为阿伯丁弹道实验室设计的。M-5型计算机是占地200m² 的庞然大物。每一台包含9000多个继电器,可靠性好,能够每天稳定地、无故障地工作23h。它的存储器能保存30个数,但没有存储程序带和数据带两种纸带,运算步骤和数据通过纸带阅读器输入。1949年,贝尔实验室又制造出了M-6型计算机,它是M系列中的最后一台计算机。贝尔实验室于20世纪40年代所研制的M系列继电器计算机,是从机械计算机过渡到电子计算机的重要桥梁。

11. 英国的"巨人"计算机

1943年12月,第一台"巨人"计算机在英国投入运行。它破译密码的速度快,性能可靠,内部有1500只电子管,配备有5个以并行方式工作的处理器,每个处理器以每秒5000个字符的速度处理一条带子上的数据。"巨人"计算机上还使用了附加的移位寄存器,在运行时能同时读5条带子上的数据,纸带以50km/h以上的速度通过纸带阅读器。"巨人"计算机没有键盘,它用一大排开关和话筒插座来处理程序,数据则通过纸带输入。1944年6月,第二台"巨人"计算机开始运转,它的速度比第一台"巨人"计算机快4倍,到1945年5月8日,第二次世界大战在欧洲结束时为止,英国共有10台"巨人"计算机运行。英国的"巨人"计算机如图2-11所示。

12. 美国的全机电式计算机

1944年,"马克"1号计算机在哈佛大学问世,它是一种完全机电式的计算机,长15m,高2.4m,有15万个元件,还有800km导线。"马克"1号是世界上最早的通用型自动机电式计算机之一,一共使用了三千多个电话继电器代替齿轮传动的机械结构,机器采用十进制对23位的数进行加减运算,一次需要0.3s,乘法则需要6s。指令通过穿孔纸带传送。"马克"1号计算机如图2-12所示。1947年,"马克"2号计算机问世。

图2-11 英国的"巨人"计算机

图2-12 "马克"1号计算机

1949年9月,"马克"3号问世。它除了使用了5000个电子管外,还使用了机械部件——2000个继电器。图2-13是艾肯于1949年9月研制成功的"马克"3号计算机。"马克"3号是第一台内存程序的大型计算机,在这台计算机上首次使用了磁鼓作为数与指令的存储器。

图2-13 "马克"3号计算机

2.1.3 电子计算机准备

1. 图灵提出的重要概念

1936年,年仅24岁的英国人图灵(见图2-14)发表了著名的《论应用于决定问题的可计算数字》一文,提出思考实验原理计算机概念。

图灵把人在计算时所做的工作分解成简单的动作,与人的计算类似,机器需要如下部分完成计算:①存储器,用于储存计算结果;②一种语言,表示运算和数字;③扫描;④计算意向,即在计算过程中下一步打算做什么;⑤执行下一步计算。

具体到一步计算,则分成:①改变数字为符号;②扫描区改变,如往左进位和往右添位等;③改变计算意向等。图灵还采用了二进位制。

这样,他就把人的工作机械化了。这种理想中的机器被称为"图灵机"。图灵机是一种抽象计算模型,用来精确定义可计算函数。图灵机由一个控制器、一条可以无限延伸的带子和一个在带子上左右移动的读写头组成。半个多世纪以来,数学家们提出的各种各样的计算模型都被证明是和图灵机等价的。

图2-14 图灵

2. 阿塔纳索夫提出的计算机的三原则

1939年10月,美国理论物理学家阿塔纳索夫(见图2-15)与贝利合作,设计并试制成功了一台世界上最早的电子数字计算机的样机,称为"ABC机"。阿塔纳索夫提出了计算机的三条原则,具体如下。

(1)以二进制的逻辑基础来实现数字运算,以保证精度。

(2)利用电子技术来实现控制、逻辑运算和算术运算,以保证计算速度。

(3)采用把计算功能和二进制数更新存储的功能相分离的结构。

这也是现代电子计算机所依据的三条基本原则。倡导用电子管作开关元件,这为实现高速运算创造了条件。他主张把数字存储和数字运算分开进行,这一思想一直贯穿到今天的计算机结构设计之中。如果ABC机能制造出来,将是世界上第一台电子数字计算机。因此,他的主张预示了一个计算机的新时代即将到来。

图2-15 阿塔纳索夫

3. 维纳的计算机五原则

维纳(见图 2-16)在 1940 年写给布什的一封信中,对现代计算机的设计曾提出了以下几条原则。

(1) 不是模拟式,而是数字式;
(2) 由电子元件构成,尽量减少机械部件;
(3) 采用二进制,而不是十进制;
(4) 内部存放计算表;
(5) 在计算机内部存储数据。

图 2-16 维纳

2.2 电子计算机发展史

2.2.1 电子计算机发展史概述

1. 第一台电子计算机

1946 年 2 月 15 日,世界上第一台通用电子数字计算机"埃尼阿克"(ENIAC)宣告研制成功。ENIAC 计算机的最初设计方案是由 36 岁的美国工程师莫奇利于 1943 年提出的,计算机的主要任务是分析炮弹轨道。美国军械部拨款支持研制工作,并建立了一个专门研究小组,由莫奇利负责。总工程师由年仅 24 岁的埃克特担任,组员格尔斯是位数学家,另外还有逻辑学家勃克斯。ENIAC 共使用了 18 000 个电子管,另加 1500 个继电器以及其他器件,其总体积约 90m^3,重达 30t,占地 170m^2,需要用一间三十多米长的大房间才能存放,是个地道的庞然大物。这台耗电量为 140kW 的计算机,运算速度为每秒 5000 次加法,或者 400 次乘法,比机械式的继电器计算机快 1000 倍。1946 年启动了 ENIAC。它在通用性、简单性和可编程方面取得的成功,使现代计算机成为现实。ENIAC 如图 2-17 所示。

图 2-17 第一台电子计算机 ENIAC

2. 第一代电子计算机的发展

"埃迪瓦克"(EDVAC)是典型的第一代电子计算机。第一代电子计算机的主要特点是使用电子管作为逻辑元件。它的 5 个基本部分为运算器、控制器、存储器、输入设备和输出设备。运算器和控制器采用电子管,存储器采用电子管和延迟线,这一代计算机的一切操作,包括输入输出在内,都由中央处理机集中控制。这种计算机主要用于科学技术方面的计算。"埃迪瓦克"电子计算机方案实际上在 1945 年就完成了,但直到 1952 年 1 月才被制成,如图 2-18 所示。

图 2-18 英国"埃迪瓦克"

3. 第二代电子计算机(晶体管)

1954 年,美国贝尔实验室研制成功第一台使用晶体管线路的计算机,取名 TRADIC。它装有 800 个晶体管。1955 年,美国在阿塔拉斯洲际导弹上装备了以晶体管为主要元件的小型计算机。10 年以后,在美国生产的同一型号的导弹中,由于改用集成电路元件,重量只有原来的 1/100,体积与功耗减少到原来的 1/300。如图 2-19 所示的是 IBM 7090 第二代晶体管电子计算机。

图 2-19 IBM 7090 第二代晶体管电子计算机

4. 第三代电子计算机(集成电路)

1964 年 4 月 7 日,美国 IBM 公司同时在 14 个国家,全美 63 个城市宣告,世界上第一个采用集成电路的通用计算机系列 IBM 360 系统研制成功,该系列有大、中、小型计算机,共 6 个型号,它兼顾了科学计算和事务处理两方面的应用,各种机器全都相互兼容,适用于各方面的用户,具有全方位的特点,正如罗盘有 360°刻度一样,所以取名为 360。它的研制开发经费高达 50 亿美元,是研制第一颗原子弹的"曼哈顿计划"的 2.5 倍,如图 2-20 所示。

(a) 中央控制部分　　(b) 中央存储器和外围存储器　　(c) 终端设备

图 2-20 第三代电子计算机

5. 第四代计算机(超大规模集成电路)

美国 ILLIAC-IV 计算机是第一台全面使用大规模集成电路作为逻辑元件和存储器的计算机,它标志着计算机的发展已到了第四代。1975 年,美国阿姆尔公司研制成 470V/6 型计算机,随后日本富士通公司生产出的 M-190 计算机,是比较有代表性的第四代计算机。英国曼彻斯特大学 1968 年开始研制第四代计算机。1974 年研制成功 DAP 系列计算机。1973 年,德国西门子公司、法国国际信息公司与荷兰飞利浦公司联合成立了统一数据公司,研制出 Unidata 7710 系列计算机。在英国国家航空管理局的控制中心,空中交通管制用 IBM 计算机进行控制,如图 2-21 所示。

6. 第五代电子计算机(智能计算机)

第五代电子计算机是智能电子计算机,它是一种有知识、会学习、能推理的计算机,具有能理解自然语言、声音、文字和图像的能力,并且具有说话的能力,使人机能够用自然语言直接对话。它可以利用已有的和不断学习到的知识,进行思维、联想、推理,并得出结论。它能解决复杂问题,具有汇集、记忆、检索有关知识的能力。智能计算机突破了传统的冯·诺依曼式机器的概念,舍弃了二进制结构,把许多处理机并联起来,并行处理信息,速度大大提高。它的智能化人机接口使人们不必编写程序,只需发出命令或提出要求,计算机就会完成推理和判断并且给出解释。图 2-22 是 IBM 公司制造的一种并行计算机实验床,可模拟各种并行计算机结构。

图 2-21　第四代计算机

图 2-22　第五代智能计算机

7. 第六代神经计算机

第六代电子计算机是模仿人的大脑判断能力和适应能力,并具有可并行处理多种数据功能的神经网络计算机。与以逻辑处理为主的第五代计算机不同,它本身可以判断对象的性质与状态,并能采取相应的行动,而且它可同时并行处理实时变化的大量数据,并引出结论。以往的信息处理系统只能处理条理清晰、经络分明的数据。而人的大脑却具有能处理支离破碎、含糊不清信息的灵活性。第六代电子计算机如图 2-23 所示。它将比拟人脑的智慧和灵活性。

图 2-23　第六代电子计算机

2.2.2 计算机发展趋势

1. 计算机小型化

电子计算机发展到第三代集成电路时,开始出现了小型化倾向。小型计算机的发展成为第三代计算机的重点。集成电路的应用,有效地解决了计算机体积、重量与功能之间的矛盾。

20世纪90年代以来的笔记本携带方便、重量较轻、功能齐全,深受人们的欢迎。

1992年,美国一家计算机公司推出了一种袖珍计算机,大小与能装在口袋里的日历簿差不多,体积小、重量轻,旅行用很方便。

手机电脑化包括手机屏幕的电脑化、手机键盘的电脑化、手机软件的电脑化和手机应用的电脑化。目前,已经有很多计算机上的通信、娱乐、办公应用顺利地转移到了手机上。

2. 计算机的网络化

早在20世纪50年代初,以单个计算机为中心的远程联机系统,开创了把计算机技术和通信技术相结合的尝试。这类简单的"终端——通信线路——面向终端的计算机"系统,构成了计算机网络的雏形。

从20世纪60年代中期开始,出现了若干个计算机主机通过通信线路互连的系统,开创了"计算机—计算机"的通信时代,并呈现出多个中心处理机的特点。

20世纪60年代后期,ARPAnet由美国国防高级研究计划局提供经费,联合计算机公司和大学共同研制而发展起来,其主要目标是借助通信系统,使网内各计算机系统间能够相互共享资源。它最初投入使用的是一个有4个节点的实验性网络。ARPAnet的出现,代表着计算机网络的兴起。

20世纪70年代至20世纪80年代中期是计算机网络发展最快的阶段,通信技术和计算机技术互相促进,结合更加紧密。局域网诞生并被推广使用,网络技术飞速发展。为了使不同体系结构的网络也能相互交换信息,国际标准化组织(ISO)于1978年成立了专门机构并制定了世界范围内的网络互联标准,称为开放系统互连参考模型(OSI)。

20世纪90年代,局域网技术发展成熟,局域网已成为计算机网络结构的基本单元。网络互联的要求越来越强烈,并出现了光纤及高速网络技术。随着多媒体、智能化网络的出现,整个系统就像一个对用户透明的大型计算机系统,千兆位网络传输速率可达1Gb/s,它是实现多媒体计算机网络互联的重要技术基础。

21世纪初,网格计算伴随着互联网技术而迅速发展了起来,它是专门针对复杂科学计算的新型计算模式。这种计算模式是利用互联网把分散在不同地理位置的计算机组织成一个"虚拟的超级计算机",其中每一台参与计算的计算机就是一个"节点",而整个计算是由成千上万个"节点"组成的"一张网格",这种计算方式叫网格计算。网格是把整个网络整合成一台巨大的超级计算机,实现计算资源、存储资源、数据资源、信息资源、知识资源、专家资源的全面共享。

3. 计算机的多样化

1) 光计算机的研制

光计算机是利用光作为载体进行信息处理的计算机。1990年,美国的贝尔实验室推出了一台由激光器、透镜、反射镜等组成的计算机。这就是光计算机的雏形。随后,英、法、比、德、意等国的七十多名科学家成功研制了一台光计算机,其运算速度比普通的电子计算机快1000倍。平行处理是光计算机的优点,光脑的应用将使信息技术产生新的飞跃。

2) DNA 计算机

科学家研究发现,脱氧核糖核酸(DNA)有一种特性是能够携带生物体各种细胞拥有的大量基因物质。数学家、生物学家、化学家以及计算机专家从中得到启迪,正在合作研制未来的液体 DNA 计算机。这种 DNA 计算机的工作原理是以瞬间发生的化学反应为基础,通过和酶的相互作用,将反应过程进行分子编码,对问题以新的 DNA 编码形式加以解答。1995 年,首次报道了用"编程"DNA 链解数学难题取得了突破。

3) 利用蛋白质的开关特性开发出的生物计算机

用蛋白质制造的计算机芯片,在 $1mm^2$ 的面积上即可容纳数亿个电路。因为它的一个存储点只有一个分子大小,所以它的存储量可以达到普通计算机的 10 亿倍。由蛋白质构成的集成电路,其大小只相当于硅片集成电路的十万分之一,而且运算速度更快,只有 $10^{-11}s$,大大超过人脑的思维速度。生物计算机元件的密度比大脑神经元的密度高 100 万倍,传递信息的速度也比人脑思维的速度快 100 万倍。生物芯片传递信息时阻抗小、耗能低,且具有生物的特点,具有自我组织自我修复的功能。它可以与人体及人脑结合起来,听从人脑指挥,从人体中吸收营养。把生物计算机植入人的脑内,可以使盲人复明,使人脑的记忆力成千万倍地提高;若是植入血管中,则可以监视人体内的化学变化,使人的体质增强,甚至能使残疾人重新站立起来。

4) 高速超导计算机

超导计算机的耗电仅为用半导体器件制造的计算机所耗电的几千分之一,它执行一个指令只需十亿分之一秒,比半导体元件快 10 倍。日本电气技术研究所研制成了世界上第一台完善的超导计算机,它采用了 4 个约瑟夫逊大规模集成电路,每个集成电路芯片只有 3~5mm^3 大小,每个芯片上有上千个约瑟夫逊元件。

5) 研究中的量子计算机

加利福尼亚理工学院的物理学家已经证明,个体光子通常不相互作用,但是当它们与光学谐振腔内的原子聚在一起时,它们相互之间会产生强烈的影响。光子的这种相互作用,能用于改进利用量子力学效应的信息处理器件的性能。这些器件转而能形成建造"量子计算机"的基础,量子计算机的性能能够超过基于常规技术的任何处理器件的性能。量子计算于1994 年跃居科学前沿,当时研究人员发现了在量子计算机上分解大数因子的一种数学技术。这种数学技术意味着,在理论上,量子计算机的性能能够超过任何可以想象的标准计算机。

2.3 中国计算机发展史

2.3.1 起步与发展

下面介绍华罗庚和我国第一个计算机科研小组。华罗庚教授是我国计算技术的奠基人和最主要的开拓者之一。当冯·诺依曼开创性地提出并着手设计存储程序通用电子计算机

EDVAC 时，正在美国 Princeton 大学工作的华罗庚教授曾参观过他的实验室，并经常与他讨论有关的学术问题。华罗庚教授 1950 年回国，1952 年在全国大学院系调整时，从清华大学电机系物色了闵乃大、夏培肃和王传英三位科研人员在他任所长的中国科学院数学所内建立了中国第一个电子计算机科研小组。1956 年筹建中国科学院计算技术研究所时，华罗庚教授担任筹备委员会主任。

1．第一代电子管计算机的研制（1958—1964 年）

我国从 1957 年开始研制通用数字电子计算机，1958 年 8 月 1 日，该机可以表演短程序运行，标志着我国第一台电子计算机诞生。为了纪念这个日子，该机定名为八一型数字电子计算机。该机在 738 厂开始小量生产，改名为 103 型计算机（即 DJS-1 型），共生产了 38 台。103 型计算机如图 2-24 所示。

2．第二代晶体管计算机的研制（1965—1972 年）

我国在研制第一代电子管计算机的同时，已开始了晶体管计算机的研制。1965 年研制成功的我国第一台大型晶体管计算机（109 乙机）实际上从 1958 年起计算所就开始酝酿了。在国外禁运的条件下要制造晶体管计算机，必须先建立一个生产晶体管的半导体厂（109厂）。经过两年努力，109 厂就提供了机器所需的全部晶体管（109 乙机共用两万多支晶体管，三万多支二极管）。对 109 乙机加以改进，两年后又推出了 109 丙机，为用户运行了 15年，有效算题时间 10 万小时以上，在我国两弹试验中发挥了重要作用，被用户誉为"功勋机"。109 型计算机如图 2-25 所示。

图 2-24　103 型计算机

图 2-25　109 型计算机

3．第三代基于中小规模集成电路的计算机研制（1973—20 世纪 80 年代初）

IBM 公司 1964 年推出的 360 系列大型计算机是美国进入第三代计算机时代的标志。我国到 1970 年初期才陆续推出了大、中、小型采用集成电路的计算机。1973 年，北京大学与北京有线电厂等单位合作研制成功运算速度每秒 100 万次的大型通用计算机。进入20 世纪 80 年代，我国高速计算机，特别是向量计算机有了新的发展。1983 年，中国科学院计算所完成了我国第一台大型向量机——757 型计算机，计算速度达到每秒 1000 万次。757 型计算机如图 2-26 所示。

4. 第四代基于超大规模集成电路的计算机研制(20世纪80年代中期至今)

"银河"计算机从1978年开始研制,到1983年通过了国家鉴定。它是由中国国防科技大学自行设计的第一个每秒向量运算1亿次的巨型计算机系统。1992年,国防科技大学研制成功了银河-Ⅱ通用并行巨型计算机,峰值速度达每秒4亿次浮点运算,总体上达到20世纪80年代中后期的国际先进水平。1997年,国防科技大学研制成功了银河-Ⅲ百亿次并行巨型计算机系统,它采用可扩展分布共享存储并行处理体系结构,由130多个处理节点组成,峰值性能为每秒130亿次浮点运算,系统综合技术达到20世纪90年代中期国际先进水平。如图2-27所示的是"银河"亿次巨型计算机。

图2-26　757型计算机

图2-27　"银河"亿次巨型计算机

2.3.2　赶超世界先进水平

1. 发展历史

我国高端计算机系统研制起步于20世纪60年代,已经历了三个阶段:第一阶段,自20世纪60年代末到20世纪70年代末,主要从事大型计算机的并行处理技术研究;第二阶段,自20世纪70年代末至20世纪80年代末,主要从事向量机及并行处理系统的研制;第三阶段,自20世纪80年代末至今,主要从事MPP系统及工作站集群系统的研制。经过几十年的努力,我国高端计算机系统研制已取得了丰硕成果,"银河""曙光""神威""天河"等一批国产高端计算机系统的出现,使我国继美国、日本之后成为第三个具备研制高端计算机系统能力的国家。

最初,我国从事高端计算机系统研制只有国防科技大学等少数几家单位。1983年,国防科技大学研制的"银河Ⅰ型"亿次巨型计算机系统成功问世,标志着我国具备了研制高端计算机系统的能力。1994年,"银河Ⅱ型"在国家气象局正式投入运行,速度为每秒10亿次。1997年,"银河Ⅲ型"峰值达每秒130亿浮点运算。2000年,"银河Ⅳ型"峰值性能达到每秒1.0647万亿次。20世纪80年代中期,国家更加重视高端计算机系统的研制和发展,在国家高技术研究发展计划(863计划)中,专门确立了智能计算机系统主题研究。国家智能中心于1993年推出曙光一号,随后是曙光1000、曙光2000、曙光3000和曙光4000A。其中,曙光4000A峰值为每秒11.2万亿次。1996年,国家并行计算机工程技术中心正式挂牌成立,开始神威系列大规模并行计算机系统的研制。1999年,神威Ⅰ型巨型计算机落户北京国家气象局,峰值为3840亿次浮点运算。20世纪90年代末,联想集团加入高端计算机系统行列。2002年,深腾1800每秒1.046万亿次。2003年,联想深腾6800超级机群系统,峰值达每秒5.324万亿次。

2. 历史突破

1) 天河一号

2010年11月15日,国际TOP500.org(全球超级计算机500强)组织公布第36届全球超级计算机五百强排行榜,中国"天河一号A"摘得头名,这是中国历史上第一次在这项排行上获得第一。改进前的"天河一号"曾经连续位列第五和第七,全新升级后的"天河一号A"则基于NUDT YH Cluster集群,硬件上配备了Intel Xeon X5670 2.93GHz六核处理器(32nm Westmere-EP)、我国自主研发的飞腾FT-1000八核处理器、nVIDIA Tesla M2050高性能计算卡、224TB内存、专有互连架构、Linux操作系统,总计186 368核,Linpack最大性能为每秒2.566千万亿次浮点运算、峰值性能达每秒4.701千万亿次浮点运算,系统效率54.6%。目前,"天河一号A"坐落在天津的国家超级计算中心,主要用于大规模科学计算,是一套开放式访问系统,见图2-28。

图2-28　天河一号A

2) 天河二号

2013年11月18日,国际TOP500组织公布全球超级计算机500强排行榜,中国"天河二号"以比第二名美国的"泰坦"快近两倍的速度登上榜首。"天河二号"是由国防科技大学研制的超级计算机系统,由280人历时两年多研制完成,耗资约1亿美元。"天河二号"由16 000个节点组成,每个节点有两颗基于Ivy Bridge-E Xeon E5 2692处理器和3个Xeon Phi,累计共有32 000颗Ivy Bridge处理器和48 000个Xeon Phi,总计有312万个计算核心。"天河二号"以峰值速度(Rpeak)每秒54 902.4万亿次浮点运算,持续速度达每秒33 862.7万亿次浮点运算,其主要用于生物医药、新材料、工程设计与仿真分析、天气预报、智慧城市、电子商务、云计算与大数据、数字媒体和动漫设计等多个领域,见图2-29。

3) 神威·太湖之光

2016年6月20日,国际TOP500组织发布榜单,"神威·太湖之光"超级计算机系统登顶榜单之首,不仅速度比第二名"天河二号"快出近两倍,其效率也提高3倍。"神威·太湖

图 2-29 天河二号

之光"超级计算机是由国家并行计算机工程技术研究中心研制,安装在国家超级计算无锡中心的超级计算机,其全部采用国产处理器,峰值速度达每秒 12.54 亿亿次。"神威·太湖之光"超级计算机由 40 个运算机柜和 8 个网络机柜组成。4 块由 32 块运算插件组成的超节点分布其中。每个插件由 4 个运算节点板组成,一个运算节点板又含两块"申威 26010"高性能处理器。一台机柜有 1024 块处理器,共有 40 960 块处理器,见图 2-30。

图 2-30 神威·太湖之光

3. 未来之争

2020 年 6 月 23 日全球超级计算机 TOP500 榜单公布,日本 Fugaku(富岳)获得第一,运行速度为每秒 41.55 亿亿次,比排名第二的 Summit(美国)高出 2.8 倍。Fugaku 由富士通的 48 核 A64FX SoC 提供支持,其峰值速度超过 100 亿亿次。第三位的是美国的 Sierra,第四位的是中国的神威·太湖,排名第五的是中国的天河 2A。

2018 年 4 月,美国能源部计划在 2021 年和 2022 年部署两套 E 级计算系统。据 2019 年 3 月 18 日消息,美国能源部已经计划拨款 5 亿美元给英特尔公司和克雷公司,以共同建造美国首台可实现每秒百亿亿次浮点运算的超级计算机,命名为"极光",预计 2021 年交付,以期促进美国在全球的科研领导地位。根据我国国家"十三五"高性能计算专项课题三个 E 级超算的原型机系统计划(总经费 31 亿),2018 年 10 月 24 日神威 E 级原型机、"天河三号"E 级原型机和曙光 E 级原型机系统已经全部完成交付。神威 E 级原型机硬件、软件和应用三大系统中，处理器、网络芯片组、存储和管理系统等核心器件全部为国产化。"天河三号"E级原型机采用自主的飞腾处理器、天河高速互联通信和麒麟操作系统，实现了芯片的全部国产化。中科曙光E级超算原型机采用自主X86架构处理器和加速器的异构众核体系架构。三大E级超算原型机目前在性能榜分列第四、第六和第九位。预计这3种E级超级计算机将在2020年到2022年诞生，并在逐步完善和测试后交付使用。

从2010年开始，中国、美国和日本的超级计算机之争已经开始，并逐步白热化。近年，这种竞争已日趋激烈。这不仅是经济实力的比拼，也是技术创新的竞赛。E级超算是指每秒可进行百亿亿次数学运算的超级计算机，被全世界公认为"超级计算机界的下一顶皇冠"。谁能摘获这顶皇冠，众人正拭目以待。

思考题

1. 简介早期的计算工具。
2. 简介机械式计算机的发展。
3. 电子计算机前有些什么准备？
4. 简介电子计算机发展史。
5. 谈谈计算机的发展趋势。
6. 简述中国计算机发展史。
7. 你怎么看中美日超级计算机之争？

第 3 章 计算机体系结构

3.1 计算机系统的组成

3.1.1 图灵模型

1936 年,阿兰·图灵提出了一种抽象的计算模型——图灵机(Turing Machine),如图 3-1 所示。图灵的基本思想是用机器来模拟人们用纸笔进行数学运算的过程,他根据这样的过程构造出了一台假想的机器,该机器由以下几个部分组成。

(1) 一条无限长的纸带 TAPE。纸带被划分为一个接一个的小格子,每个格子上包含一个来自有限字母表的符号,字母表中有一个特殊的符号□表示空白。纸带上的格子从左到右依次被编号为 0,1,2,…,纸带的右端可以无限延伸。

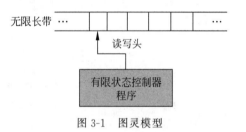

图 3-1 图灵模型

(2) 一个读写头 HEAD。该读写头可以在纸带上左右移动,它能读出当前所指的格子上的符号,并能改变当前格子上的符号。

(3) 一套控制规则 TABLE。它根据当前机器所处的状态以及当前读写头所指的格子上的符号来确定读写头下一步的动作,并改变状态寄存器的值,令机器进入一个新的状态。

(4) 一个状态寄存器。它用来保存图灵机当前所处的状态。图灵机的所有可能状态的数目是有限的,并且有一个特殊的状态称为停机状态。

这个机器的每一部分都是有限的,但它有一个潜在的无限长的纸带,因此这种机器只是一个理想的设备。图灵认为这样的一台机器就能模拟人类所能进行的任何计算过程。

3.1.2 冯·诺依曼模型

20 世纪 30 年代中期,美国科学家冯·诺依曼大胆地提出:抛弃十进制,采用二进制作为数字计算机的数制基础。同时,他还提出预先编制计算程序,然后由计算机来按照人们事前制定的计算顺序来执行数值计算工作。人们把冯·诺依曼的这个理论称为冯·诺依曼体系结构,也称作普林斯顿体系结构。从 ENIAC 到当前最先进的计算机都采用的是冯·诺依曼体系结构。所以冯·诺依曼是当之无愧的电子计算机之父。

冯·诺依曼结构处理器具有以下几个特点。

（1）必须有一个存储器；

（2）必须有一个控制器；

（3）必须有一个运算器，用于完成算术运算和逻辑运算；

（4）必须有输入设备和输出设备，用于进行人机通信。另外，程序和数据统一存储并在程序控制下自动工作。

为了完成上述功能，计算机必须具备五大基本组成部件，包括：输入数据和程序的输入设备；记忆程序和数据的存储器；完成数据加工处理的运算器；控制程序执行的控制器；输出处理结果的输出设备。

3.1.3 计算机系统的工作原理

计算机系统包括硬件系统和软件系统两大部分。硬件是指组成计算机的各种物理设备，由五大功能部件组成，即运算器、控制器、存储器、输入设备和输出设备。这五大部分相互配合，协同工作，如图3-2所示。

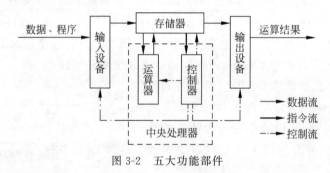

图 3-2　五大功能部件

计算机的工作原理为：首先由输入设备接收外界信息（程序和数据），控制器发出指令将数据送入（内）存储器，然后向内存储器发出取指令命令；在取指令命令下，程序指令逐条送入控制器；控制器对指令进行译码，并根据指令的操作要求，向存储器和运算器发出存数、取数命令和运算命令，经过运算器计算并把计算结果存在存储器内；最后在控制器发出的取数和输出命令的作用下，通过输出设备输出计算结果。

3.1.4 微型计算机的结构

1. 主机

主机指计算机用于放置主板及其他主要部件的容器（mainframe）。通常包括CPU、内存、硬盘、光驱、电源以及其他输入输出控制器和接口，如USB控制器、显卡、网卡、声卡等。位于主机箱内的部件通常称为内设，而位于主机箱之外的通常称为外设（如显示器、键盘、鼠标、外接硬盘、外接光驱等）。计算机主机的结构如图3-3所示。

计算机主机的组成部分如下。

（1）机箱（装主机配件的箱子，没有机箱不影响使用）。

图 3-3　计算机主机的结构

(2) 电源(主机供电系统,没有电源不能使用主机)。

(3) 主板(连接主机各个配件的主体,没有主板主机不能使用)。

(4) CPU(主机的心脏,负责数据运算。不可缺少,属于重要设备)。

(5) 内存(存储主机调用文件,不可缺少)。

(6) 硬盘(主机的存储器,不可缺少)。

(7) 声卡(某些主板集成)。

(8) 显卡(某些主板集成,显示器控制)。

(9) 网卡(某些主板集成,没有网卡计算机无法访问网络,是联络其他主机的渠道)。

(10) 光驱(没有光驱,主机无法读取光碟上的文件)。

(11) 一些不常用设备,如视频采集卡、电视卡、SCSI 卡等。

2. 外设

外部设备简称"外设",是指连在计算机主机以外的硬件设备。对数据和信息起着传输、转送和存储的作用,是计算机系统中的重要组成部分。按照功能的不同,大致可以分为输入设备、显示设备、打印设备等,如图 3-4 所示。

(a) 键盘、鼠标　　(b) 显示器　　(c) 打印机

图 3-4　计算机外设

(1) 键盘、鼠标。它是人或外部与计算机进行交互的一种装置,用于把原始数据和处理这些数据的程序输入到计算机中。

(2) 显示器。它是计算机的输出设备之一,它可以显示用户的操作和计算结果。目前计算机显示设备主要有 CRT 显示器、LCD 显示器、等离子显示器和投影机。

(3) 打印机。打印机也是计算机的输出设备之一,它将计算机的运算结果或中间结果以人所能识别的数字、字母、符号和图形等,依照规定的格式印在纸上。

3.2　计算机组成原理

3.2.1　系统总线

1. 概述

系统总线,又称内总线或板级总线,用来连接微机各功能部件而构成一个完整微机系统。系统总线上传送的信息包括数据信息、地址信息、控制信息,因此,系统总线包含三种不同功能的总线,即数据总线(Data Bus,DB)、地址总线(Address Bus,AB)和控制总线(Control Bus,CB),如图 3-5 所示。

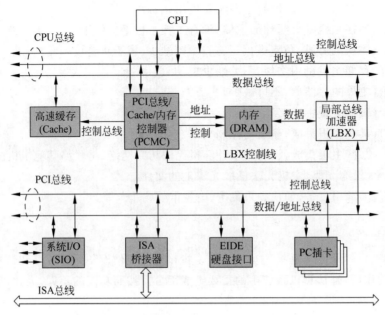

图 3-5 系统总线

2．工作原理

CPU 通过系统总线对存储器的内容进行读写，同样通过总线，实现将 CPU 内数据写入外设或由外设读入 CPU 的功能。总线就是用来传送信息的一组通信线。微型计算机通过系统总线将各部件连接到一起，实现了微型计算机内部各部件间的信息交换。一般情况下，CPU 提供的信号需要经过总线。系统总线按照传递信息的功能来分，分为地址总线、数据总线和控制总线。这些总线提供了微处理器（CPU）与存储器、输入/输出接口部件的连接线。可以认为，一台微型计算机就是以 CPU 为核心，其他部件全"挂接"在与 CPU 相连接的系统总线上的设备。

3．功能分类

（1）数据总线。用于传送数据信息。数据总线是双向三态形式的总线，既可以把 CPU 的数据传送到存储器或输入/输出接口等其他部件，也可以将其他部件的数据传送到 CPU。数据总线的位数是微型计算机的一个重要指标，通常与微处理的字长相一致。例如，Intel 8086 微处理器字长 16 位，其数据总线宽度也是 16 位。需要指出的是，数据的含义是广义的，它可以是真正的数据，也可以是指令代码或状态信息，有时甚至是一个控制信息。因此，在实际工作中，数据总线上传送的并不一定仅仅是真正意义上的数据。

（2）地址总线。是专门用来传送地址的，由于地址只能从 CPU 传向外部存储器或输入/输出端口，所以地址总线总是单向三态的，这与数据总线不同。地址总线的位数决定了 CPU 可直接寻址的内存空间大小，比如 8 位微机的地址总线为 16 位，则其最大可寻址空间为 $2^{16}=64KB$。16 位微机的地址总线为 20 位，其可寻址空间为 $2^{20}=1MB$。一般来说，若地址总线为 n 位，则可寻址空间为 2^n B。举例来说，一个 16 位元宽度的位址总线（通常在 1970 年和 1980 年早期的 8 位元处理器中使用）可寻址的内存空间为 $2^{16}=65\,536=64KB$ 的地址,而一个 32 位元位址总线(通常在 2004 年的 PC 处理器中使用)可寻址的内存空间为 4 294 967 296＝4GB 的位址。

(3) 控制总线。用来传送控制信号和时序信号。控制信号中,有的是微处理器送往存储器和输入输出接口电路的,如读/写信号、片选信号、中断响应信号等;也有是其他部件反馈给 CPU 的,如中断申请信号、复位信号、总线请求信号、设备就绪信号等。因此,控制总线的传送方向由具体控制信号而定,一般是双向的。控制总线的位数要根据系统的实际控制需要而定。实际上控制总线的具体情况主要取决于 CPU。

3.2.2 CPU

1．定义

中央处理器(Central Processing Unit,CPU)是一台计算机的运算核心和控制核心。CPU、内部存储器和输入/输出设备是电子计算机三大核心部件。其功能主要是解释计算机指令以及处理计算机软件中的数据。CPU 由运算器、控制器、寄存器及实现它们之间联系的数据总线、控制总线及状态总线构成。差不多所有 CPU 的运作原理可分为 4 个阶段——提取(Fetch)、解码(Decode)、执行(Execute)和写回(Writeback),并执行指令。所谓的计算机的可编程性主要是指对 CPU 的编程。

2．工作原理

它把指令分解成一系列的微操作,然后发出各种控制命令,执行微操作系列,从而完成一条指令的执行。指令是指计算机规定执行操作的类型和操作数的基本命令。指令是由一个字节或者多个字节组成,其中包括操作码字段、一个或多个有关操作数地址的字段以及一些表征机器状态的状态字和特征码。有的指令中也直接包含操作数本身。

3．基本结构

CPU 包括运算逻辑部件、寄存器部件和控制部件,其基本结构如图 3-6 所示。

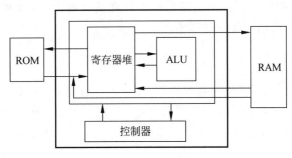

图 3-6　CPU 结构

(1) 运算逻辑部件:可以执行定点或浮点的算术运算操作、移位操作以及逻辑操作,也可执行地址的运算和转换。

(2) 寄存器部件:包括通用寄存器、专用寄存器和控制寄存器。

(3) 控制部件:主要负责对指令译码,并且发出为完成每条指令所要执行的各个操作的控制信号。

3.2.3 存储器

1. 概述

存储器(Memory)是计算机系统中的记忆设备,用来存放程序和数据。计算机中的全部信息,包括输入的原始数据、计算机程序、中间运行结果和最终运行结果都保存在存储器中。它根据控制器指定的位置存入和取出信息。有了存储器,计算机才有记忆功能,才能保证正常工作。存储器按用途可分为主存储器(内存)和辅助存储器(外存),也有分为外部存储器和内部存储器的分类方法。外存通常是磁性介质或光盘等,能长期保存信息。内存指主板上的存储部件,用来存放当前正在执行的数据和程序,但仅用于暂时存放程序和数据,关闭电源或断电后,数据会丢失。

2. 构成

构成存储器的存储介质,目前主要采用半导体器件和磁性材料。存储器中最小的存储单位就是一个双稳态半导体电路或一个 CMOS 晶体管或磁性材料的存储元,它可存储一个二进制代码。由若干个存储元组成一个存储单元,然后再由许多存储单元组成一个存储器。一个存储器包含许多存储单元,每个存储单元可存放一个字节(按字节编址)。每个存储单元的位置都有一个编号,即地址,一般用十六进制表示。一个存储器中所有存储单元可存放数据的总和称为它的存储容量。假设一个存储器的地址码由 20 位二进制数(即 5 位十六进制数)组成,则可表示 2^{20},即 1024 个存储单元地址。每个存储单元存放一个字节,则该存储器的存储容量为 1MB。

存储器的主要功能是存储程序和各种数据,并能在计算机运行过程中高速、自动地完成程序或数据的存取。存储器是具有"记忆"功能的设备,它采用具有两种稳定状态的物理器件来存储信息。这些器件也称为记忆元件。在计算机中采用只有两个数码 0 和 1 的二进制来表示数据。记忆元件的两种稳定状态分别表示为 0 和 1。日常使用的十进制数必须转换成等值的二进制数才能存入存储器。计算机中处理的各种字符,例如英文字母、运算符号等,也要转换成二进制代码才能存储和操作。

3. 用途

根据存储器在计算机系统中所起的作用,可分为主存储器、辅助存储器、高速缓冲存储器、控制存储器等。为了解决对存储器要求容量大、速度快、成本低三者之间的矛盾,目前通常采用多级存储器的体系结构,即使用高速缓冲存储器、主存储器和外存储器,如图 3-7 所示。

高速缓冲存储器:高速存取指令,数据存取速度快,但存储容量小。

主存储器:内存存放计算机运行期间的大量程序和数据,存取速度较快,存储容量不大。

外存储器:外存存放系统程序和大型数据文

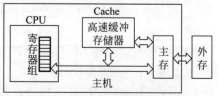

图 3-7 多级存储器的体系结构

件及数据库,存储容量大,成本低。

按照与CPU的接近程度,存储器分为内存储器与外存储器,简称内存与外存。内存储器又常称为主存储器(简称主存),属于主机的组成部分;外存储器又常称为辅助存储器(简称辅存),属于外部设备。CPU不能像访问内存那样直接访问外存,外存要与CPU或I/O设备进行数据传输,必须通过内存进行。在80386以上的高档微机中,还配置了高速缓冲存储器(Cache),这时内存包括主存与高速缓存两部分。对于低档微机,主存即内存。

4. 常用存储器

1) 硬盘

硬盘(Hard Disc Drive)是计算机主要的存储媒介之一,由一个或者多个铝制或者玻璃制的碟片组成。这些碟片外覆盖有铁磁性材料。绝大多数硬盘都是固定硬盘,被永久性地密封固定在硬盘驱动器中。硬盘的物理结构如下。

(1) 磁头:是读写合一的电磁感应式磁头。

(2) 磁道:当磁盘旋转时,磁头若保持在一个位置上,则每个磁头都会在磁盘表面划出一个圆形轨迹,这些圆形轨迹就叫作磁道。

(3) 扇区:磁盘上的每个磁道被等分为若干个弧段,这些弧段便是磁盘的扇区,每个扇区可以存放512B的信息,磁盘驱动器在向磁盘读取和写入数据时,要以扇区为单位。

(4) 柱面:硬盘通常由重叠的一组盘片构成,每个盘面都被划分为数目相等的磁道,并从外缘的0开始编号,具有相同编号的磁道形成一个圆柱,称为磁盘的柱面。

2) 光盘

光盘以光信息作为存储物的载体来存储数据,采用聚焦的氢离子激光束处理记录介质的方法来存储和再生信息。激光光盘分为不可擦写光盘(如CD-ROM、DVD-ROM等)和可擦写光盘(如CD-RW、DVD-RAM等)。高密度光盘(Compact Disc)是近代发展起来不同于磁性载体的光学存储介质。常见的CD光盘非常薄,只有1.2mm厚,分为5层,包括基板、记录层、反射层、保护层、印刷层等。

3) U盘

U盘,全称为"USB闪存盘",英文名是USB flash disk。它是一个USB接口的不需要物理驱动器的微型高容量移动存储产品,可以通过USB接口与计算机连接,实现即插即用。U盘的称呼最早来源于朗科公司生产的一种新型存储设备,名曰"优盘",它使用USB接口与计算机进行连接,之后,U盘的资料即可与计算机进行交换。

U盘最大的优点是小巧便于携带、存储容量大、价格便宜、性能可靠。闪存盘体积很小,仅大拇指般大小,重量极轻,一般在15g左右,特别适合随身携带。一般的U盘容量有1GB、2GB、4GB、8GB、16GB、32GB、64GB等,价格多为几十元。内存盘中无任何机械式装置,抗震性能极强。另外,闪存盘还具有防潮防磁、耐高低温等特性,安全可靠性很好。

4) ROM

ROM是只读内存(Read-Only Memory)的简称,是一种只能读出事先所存数据的固态半导体存储器。其特性是一旦存储了资料就无法再将之改变或删除。ROM通常用在不需要经常变更资料的电子或计算机系统中,并且资料不会因为电源关闭而消失。

5) RAM

RAM 是随机存取存储器(Random Access Memory)的简称。它是存储单元的内容可按需随意取出或存入,且存取的速度与存储单元的位置无关的存储器。这种存储器在断电时将丢失其存储的内容,故主要用于存储短时间使用的程序。按照存储信息的不同,随机存储器又分为静态随机存储器(Static RAM,SRAM)和动态随机存储器(Dynamic RAM,DRAM)。

3.2.4 输入/输出系统

1. 输入/输出系统控制方式

1) 程序查询方式

这种方式是在程序控制下 CPU 与外设之间交换数据。CPU 通过 I/O 指令询问指定外设当前的状态,如果外设准备就绪,则进行数据的输入或输出,否则 CPU 就等待。重复上述过程进行循环查询。

程序查询方式是一种程序直接控制方式,这是主机与外设间进行信息交换的最简单的方式,输入和输出完全是通过 CPU 执行程序来完成的。一旦某一外设被选中并启动后,主机将查询这个外设的某些状态位,看其是否准备就绪。若外设未准备就绪,主机将再次查询;若外设已准备就绪,则执行一次 I/O 操作。

这种控制方式简单,但外设和主机不能同时工作,各外设之间也不能同时工作,系统效率很低。因此,它仅适用于外设的数目不多、对 I/O 处理的实时要求不那么高、CPU 的操作任务比较单一、并不很忙的情况。

这种方式的优点是结构简单,只需要少量的硬件电路即可实现。缺点是由于 CPU 的速度远远高于外设,因此通常处于等待状态,工作效率很低。

2) 中断方式

中断是主机在执行程序过程中,遇到突发事件而中断程序的正常执行转而去对突发事情进行处理,待处理完成后返回原程序继续执行的方式。中断过程包括中断请求、中断响应、中断处理和中断返回。

计算机中有多个中断源,有可能在同一时刻有多个中断源向 CPU 发出中断请求,这种情况下,CPU 按中断源的中断优先级顺序进行中断响应。

中断处理方式的优点是显而易见的,它不但为 CPU 省去了查询外设状态和等待外设就绪所花费的时间,提高了 CPU 的工作效率,还满足了外设的实时要求。其缺点是对系统的性能要求较高。

3) 直接存储器访问方式

DMA 方式指高速外设与内存之间直接进行数据交换,不通过 CPU 并且 CPU 不参加数据交换的控制。工作过程如下:外设发出 DMA 请求,CPU 响应 DMA 请求,把总线让给 DMA 控制器,在 DMA 控制器的控制下通过总线实现外设与内存之间的数据交换,如图 3-8 所示。

DMA 最明显的一个特点是它不是用软件而是采用一个专门的控制器来控制内存与外设之间的数据交流,无须 CPU 介入,大大提高了 CPU 的工作效率。

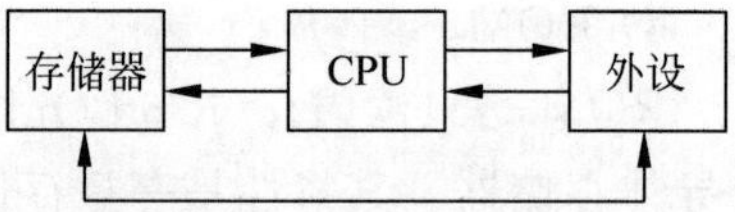

图 3-8 直接存储器访问方式

2. 输入/输出设备

1) 输入设备

常用的输入设备有键盘、鼠标、扫描仪等。

(1) 键盘的分类。按键盘的键数分,键盘可分为 83 键盘、101 键盘、104 键盘、107 键盘等;按键盘的形式分,键盘可分为有线键盘、无线键盘、带托键盘和 USB 键盘等。

(2) 鼠标的分类。按照工作原理,鼠标器可分为机械式鼠标、光电式鼠标两类。按鼠标的形式分,鼠标可分为有线鼠标和无线鼠标。

(3) 扫描仪。扫描仪通过光源照射到被扫描的材料上来获得材料的图像。常用的扫描仪有台式、手持式和滚筒式三种。分辨率是扫描仪的很重要的特征,常见的扫描仪的分辨率有 300×600、600×1200 等。

2) 输出设备

常用的输出设备有显示器、打印机等。

(1) 显示器:按使用的器件分类可分为阴极射线管显示器(CRT)、液晶显示器(LCD)和等离子显示器;按显示颜色可分为彩色显示器和单色显示器。显示器的主要性能指标有像素、分辨率、屏幕尺寸、点间距、灰度级、对比度、帧频、行频和扫描方式等。

(2) 打印机:打印机分为针式打印机、喷墨打印机、激光打印机、热敏打印机 4 种。

3) 其他输入/输出设备

其他常用的输入/输出设备有数码相机 DC、数码摄像机 DV、手写笔、投影机、扫描仪、绘图仪等。

3. I/O 接口

1) I/O 接口的功能

I/O 接口使主机和外设能够按照各自的形式传输信息,如图 3-9 所示。

2) 几种接口

(1) 显示卡:主机与显示器之间的接口。

(2) 硬盘接口:包括 IDE 接口、EIDE 接口、ULTRA 接口和 SCSI 接口等。

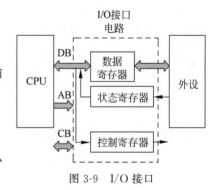

图 3-9 I/O 接口

(3) 串行接口:COM 端口,也称串行通信接口。

(4) 并行接口:是一种打印机并行接口标准。

3.3 计算机系统分类

3.3.1 超级计算机

1. 定义

能够执行一般个人计算机无法处理的大量资料与高速运算的计算机。其基本组成组件与个人计算机的概念无太大差异,但规格与性能则强大许多,是一种超大型电子计算机。具有很强的计算和处理数据的能力,主要特点表现为高速度和大容量,配有多种外部和外围设备及丰富的、高功能的软件系统。现有超级计算机运算速度大都可以达到每秒亿亿级以上,未来2020—2021年内将到达百亿亿级别。

超级计算机是计算机中功能最强、运算速度最快、存储容量最大的一类计算机,多用于国家高科技领域和尖端技术研究,是一个国家科研实力的体现,它对国家安全、经济和社会发展具有举足轻重的意义,是国家科技发展水平和综合国力的重要标志。

2. 发展历史

超级计算机经历了三个发展阶段。

(1) 第一阶段,有美国 ILLIAC-Ⅳ(1973年)、STAR-100(1974年)和 ASC(1972年)等巨型计算机。ILLIAC-Ⅳ是一台采用64个处理单元在统一控制下进行处理的阵列机,后两台都是采用向量流水处理的向量计算机。

(2) 第二阶段,1976年研制成功的 CRAY-1 机标志着现代巨型计算机进入第二阶段。这台计算机设有向量、标量、地址等通用寄存器,有12个运算流水部件,指令控制和数据存取也都流水线化;机器主频达80MHz,每秒可获得8000万个浮点结果;主存储器容量为100~400万字(每字64位),外存储器容量达10^9~10^{11}字;主机柜呈圆柱形,功耗达数百千瓦;采用氟里昂冷却。

(3) 第三阶段,20世纪80年代以来,采用多处理机(多指令流多数据流 MIMD)结构、多向量阵列结构等技术的第三阶段的更高性能巨型计算机相继问世。例如,美国的 CRAY-XMP、CDCCYBER205,日本的 S810/10 和 20、VP/100 和 200、S×1 和 S×2 等巨型计算机,均采用超高速门阵列芯片烧结到多层陶瓷片上的微组装工艺,主频高达50~160MHz 以上,最高速度有的可达每秒5~10亿个浮点结果,主存储器容量为400~3200万字,外存储器容量达10^{12}字以上。

3. 超级计算机结构

国防科技大学并行与分布处理国家重点实验室王正华教授等学者认为,超级计算机的体系结构大致有以下几种。

(1) 对称多处理(SMP)。SMP 结构的计算机一般在单个机柜中包含两个以上处理器,各处理器完全相同,平等地访问软硬件资源,处理器间通过总线或者交叉开关相连,共享存储器,但有各自独立的 Cache。SMP 的优势在于其透明的编程模式,串行程序一般可不加修改直接运行于 SMP 之上。缺点是由于对公共内存和 I/O 的竞争,加上维护 Cache 一致性的开销,导致扩展能力有限。

(2) 大规模并行处理(MPP)。MPP 指在同一地点由大量处理器构成的并行计算机,一般以通用64位微处理器作为处理节点,多为分布存储方式,节点间通信用消息传递方式,其规模可扩展到数千节点。MPP 系统的优点是峰值速度高,并有良好的可扩展性。主要缺点是消息传递能力与节点运算能力难以匹配。

(3) 机群(Cluster)。Cluster 是用高速互连网络连接起来的一组微机或工作站,各节点都是独立的(有独立完整的内存和操作系统)计算机。互连常采用商用计算机网络(ATM、

FDDI、以太网等),采用消息传递方式通信。它具有规模可扩展、性价比高等优点,缺点主要是多操作系统难于管理和维护,而且通信延迟大。

(4) 群聚集(Constellations)。Constellations 指以大型 SMP(处理器数目不少于 16 个)为节点构成的 Cluster,各节点间通过高速专用网络互连,也称为机群 SMP(Cluster-SMP 或 CSMP)。每个节点含 16 个 Power3 处理器,节点内共享存储,节点间由交叉开关互连。

4. 超级计算机技术趋势

1) 涡轮式刀片服务器

新一代的超级计算机采用涡轮式设计,每个刀片就是一个服务器,能实现协同工作,并可根据应用需要随时增减。单个机柜的运算能力达万亿次/秒,理论上协作式高性能超级计算机的浮点运算速度为亿亿次/秒。通过先进的架构和设计,它实现了存储和运算的分开,确保用户数据、资料在软件系统更新或 CPU 升级时不受任何影响,保障了存储信息的安全,真正实现了保持长时、高效、可靠的运算并易于升级和维护的优势。

2) 降低能耗趋势

亿亿级超级计算机的能耗已成为研究人员关注的焦点,IBM 公司深度计算部门的副总裁戴夫·特瑞克在超级计算机大会上表示,Jaguar 超级计算机耗能 7MW。一台只配置中央处理器处理核心的亿亿级超级计算机耗能约 20 亿瓦特,相当于一个中等规模的原子能核工厂的耗能,降低能耗将成为研究人员考虑的要点。美国军方授权研制新一代超级计算机的厂商需要研制出一种全新的节能芯片,以减少超级计算机的能耗,也有公司考虑使用将加速器与中央处理器相结合的混合方式来达到降低能耗的目的。

3) 改进软件设计

使用加速器是实现亿亿级计算机可行性战略的关键所在,应用软件可以利用加速器来实现亿亿级的计算。亿亿级超级计算机系统的核心处理器的数量在 1000 万到 1 亿个之间。数量巨大的处理器有可能频繁出现故障,因此必须采取更加灵活有效的方式来解决这个问题。美国军方正在着力研发全新的计算架构和编程模式,以解决传统计算架构遭遇的能源使用问题和计算扩展限制问题。改进软件编程比改进超级计算机硬件容易,因此,改进软件设计将是一个发展方向。

4) 结构设计简单化

让超级计算机的设计尽可能简单是关键,目前的很多超级计算机设计都很简单,比如,IBM 公司的"红杉"超级计算机的大小只有一个上网本的一半,而且也没有暴露在外面的电线。美国劳伦斯利弗莫尔国家实验室先进技术部门助理副主管马克·西格也强调说,设计简洁是关键也是趋势,亿亿级超级计算机的部件需要比目前的超级计算机要少,IBM 公司的蓝色基因超级计算机(BlueGene/L)嵌制了动态随机存储器、电压调控模组以及千兆位以太网,其结构设计非常简洁。

5) 降低成本

新一代超级计算机的成本可能非常高,目前的超级计算机的成本高达 1 亿美元,比如天河二号的耗资达 1 亿美元(约合人民币 6 亿元);神威·太湖之光超级计算机的投资也为 6 亿元人民币,未来新的神威超级计算机总投资约为 18 亿元人民币;我国"十三五"高性能计算专项课题三个 E 级超算的原型机系统计划总经费 31 亿;Summit 耗资约 2 亿美元;美国能源部 2019 年计划拨款 5 亿美元给英特尔公司和克雷公司,以共同建造美国首台可实现每秒百亿亿次浮点运算的超级计算机"极光"。据估算,未来百亿亿级超级计算机,如果进行工业化的生产,其成本可能为 10 亿美元左右,这将是一笔巨大的投资。因此,降低超级计算机的成本将是厂家不得不考虑的一个问题。

3.3.2 小型计算机与工作站

1. 小型计算机

计算机发展到第三代,开始出现了小型化倾向。1960 年,美国数据设备公司(DEC)生产了第一台速度为每秒 3000 次的小型集成电路计算机。

小型计算机是指采用 8～32 颗处理器,性能和价格介于 PC 服务器和大型主机之间的一种高性能 64 位计算机。国外小型计算机对应英文名是 Minicomputer 和 Midrange Computer。Midrange Computer 是相对于大型主机和微型计算机而言的。小型计算机如图 3-10 所示。

图 3-10 小型计算机

高端小型计算机一般使用的技术是:基于 RISC 的多处理器体系结构,兆数量级字节的高速缓存,几吉字节的 RAM,使用 I/O 处理器的专门 I/O 通道上的数百 GB 的磁盘存储器,以及专设管理处理器。高端小型计算机体积较小并且是气冷的,因此对客户现场没有特别的冷却管道要求。

小型计算机跟普通的服务器是有很大差别的,最重要的一点就是小型计算机的高 RAS(高可靠性 Reliability,高可用性 Availability,高服务性 Serviceability)特性。

2. 工作站

工作站,英文名称为 Workstation,是一种以个人计算机和分布式网络计算为基础,主要面向专业应用领域,具备强大的数据运算与图形、图像处理能力,为满足工程设计、动画制作、科学研究、软件开发、金融管理、信息服务、模拟仿真等专业领域而设计开发的高性能计算机,如图 3-11 所示。工作站是一种高档的微型计算机,通常配有高分辨率的大屏幕显示器及容量很大的内存储器和外部存储器,并且具有较强的信息处理能力和高性能的图形、图像处理能力以及联网功能。

图 3-11 工作站

工作站是 20 世纪 80 年代迅速发展起来的一种计算机系统,介于高档 PC 与小巨型计算机之间。工作站是由计算机和相应的外部设备以及成套的应用软件包所组成的信息处理系统。它能够完成用户交给的特定任务，是推动计算机广泛应用的有效方式。工作站应具备强大的数据处理能力，有直观的便于人机交换信息的用户接口，可以与计算机网相连，在更大的范围内互通信息，共享资源。工作站在编程、计算、文件书写、存档、通信等各方面给专业工作者以综合的帮助。常见的工作站有计算机辅助设计（CAD）工作站（或称工程工作站）、办公自动化（OA）工作站、图像处理工作站等。不同任务的工作站有不同的硬件和软件配置。

CAD 工作站的典型硬件配置为小型计算机（或高档的微型计算机）、带有功能键的 CRT 终端、光笔、平面绘图仪、数字化仪、打印机等，软件配置为操作系统、编译程序、相应的数据库和数据库管理系统、二维和三维的绘图软件以及成套的计算、分析软件包。CAD 工作站可以完成用户提交的各种机械的、电气的设计任务。

OA 工作站的主要硬件配置为微型计算机、办公用终端设备（如电传打字机、交互式终端、传真机、激光打印机、智能复印机等）、通信设施（如局部区域网）、程控交换机、公用数据网、综合业务数字网等，软件配置为操作系统、编译程序、各种服务程序、通信软件、数据库管理系统、电子邮件、文字处理软件、表格处理软件、各种编辑软件以及专门业务活动的软件包（如人事管理、财务管理、行政事务管理等软件），并配备相应的数据库。OA 工作站的任务是完成各种办公信息的处理。

图像处理工作站的主要硬件配置为计算机、图像数字化设备（包括电子的、光学的或机电的扫描设备，数字化仪）、图像输出设备、交互式图像终端，软件配置除了一般的系统软件外还要有成套的图像处理软件包。它可以完成用户提出的各种图像处理任务。越来越多的计算机厂家在生产和销售各种工作站。

3.3.3 台式计算机与笔记本电脑

1. 个人计算机

狭义来说，个人计算机（Personal Computer，PC）指 IBM PC/AT 兼容机种，此架构中的中央处理器采用英特尔或 AMD 等厂商所生产的中央处理器。个人计算机分为台式计算机与笔记本。

台式计算机也称台式机，其主机、显示器等设备一般是相对独立的，需要放置在计算机桌或者专门的工作台上，相对于笔记本电脑来说，台式计算机的体积大，如图 3-12(a)所示。

NoteBook，俗称笔记本电脑，又称手提电脑或膝上型电脑（港台地区称之为笔记型电脑），是一种小型、可携带的个人计算机，通常重 1～3kg。其发展趋势是体积越来越小、重量越来越轻，而功能却越发强大。像 Netbook，也就是俗称的上网本，跟台式计算机的主要区别在于其便携带方便，如图 3-12(b)所示。

图 3-12　台式计算机和笔记本电脑

2. 个人计算机的发展史

1962 年 11 月 3 日，纽约时报于相关报导中首次使用个人计算机一词。

1968 年，HP 公司在广告中将其产品 Hewlett-Packard 9100A 称为个人计算机。

世界公认的第一部个人计算机，则为 1971 年 Kenbak Corporation 推出的 Kenbak-1。Kenbak-1 当时售价 750 美元，1971 年曾在《科学美国人》杂志上做广告销售。

1973 年，法国工程师 Francois Gernelle 和 André Truong 两个人所发明的 Micral 个人计算机，为第一款使用 Intel 微处理器的商业个人计算机。

1985 年，东芝采用 X86 架构开发出世界上第一台真正意义的笔记本。

3.3.4 平板电脑与掌上电脑

1．平板电脑

第一台用作商业的平板电脑是 1989 年 9 月上市的 GRiD Systems 制造的 GRiDPad，它的操作系统基于 MS-DOS。

平板电脑（Tablet Personal Computer，Tablet PC、Flat PC、Tablet、Slates），是一种小型、方便携带的个人计算机，以触摸屏作为基本的输入设备。它拥有的触摸屏（也称为数位板技术）允许用户通过触控笔或数字笔来进行作业而不是传统的键盘或鼠标。用户可以通过内建的手写识别、屏幕上的软键盘、语音识别或者一个真正的键盘（如果该机型配备的话）进行操作。平板电脑由比尔·盖茨提出，至少应该是 X86 架构。从微软提出的平板电脑概念产品上看，平板电脑就是一款无须翻盖、没有键盘、小到足以放入女士手袋，但功能完整的 PC，如图 3-13 所示。

图 3-13　平板电脑

多数平板电脑使用 Wacom 数位板，该数位板能快速地将触控笔的位置"告诉"计算机。使用这种数位板的平板电脑会在其屏幕表面产生一个微弱的磁场，该磁场只能和触控笔内的装置发生作用。所以用户可以放心地将手放到屏幕上，因为只有触控笔才会影响到屏幕。

平板电脑的主要特点是显示器可以随意旋转，一般采用小于 10.4in 的液晶屏幕，并且都是带有触摸识别的液晶屏，可以用电磁感应笔手写输入。平板电脑集移动商务、移动通信和移动娱乐为一体，具有手写识别和无线网络通信功能，被称为笔记本的终结者。

平板电脑按结构设计大致可分为两种类型，即集成键盘的"可变式平板电脑"和可外接键盘的"纯平板电脑"。平板式电脑本身内建了一些新的应用软件，用户只要在屏幕上书写，即可将文字或手绘图形输入计算机。

2．掌上电脑

1992 年，美国一家计算机公司推出一种袖珍的计算机，大小与能装在口袋里的日历簿差不多。它使用 4 个 AA 型电池便能连续工作 8h。同其他计算机一样，它可同国际商用机器公司的 PC/XT 兼容，带有一个小键盘。

掌上电脑，即 PDA（Personal Digital Assistant），又称个人数字助理，主要提供记事、通讯录、名片交换及行程安排等功能。它同样有 CPU、存储器、显示芯片以及操作系统等。操作系统可以是 Linux OS、Palm OS 或 Windows Mobile（Pocket PC），如图 3-14 所示。

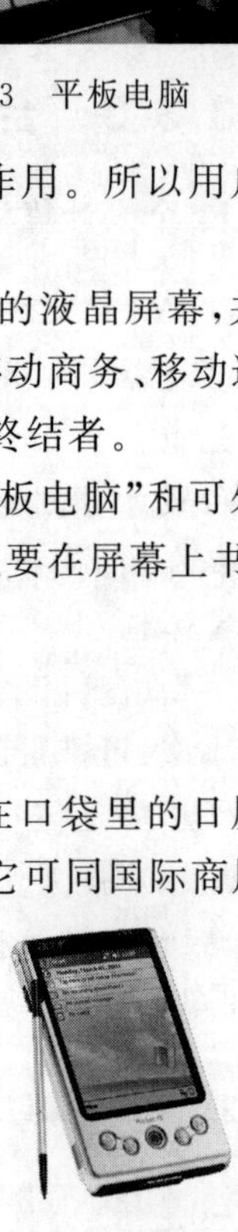

掌上电脑的主要功能有录音机功能、英汉汉英词典功能、全球时

图 3-14　掌上电脑

钟对照功能、提醒功能、休闲娱乐功能、传真功能等。

3.3.5 计算机化手机

iPhone 是 2007 年由苹果公司推出的，将移动电话、可触摸宽屏 iPod 以及具有桌面级电子邮件、网页浏览、搜索和地图功能合而为一的通信设备，是结合了照相手机、个人数码助理、媒体播放器以及无线通信设备的掌上设备。iPhone 引入了基于大型多触点显示屏和领先性新软件的全新用户界面，让用户用手指即可控制 iPhone。iPhone 还开创了移动设备软件尖端功能的新纪元，重新定义了移动电话的功能。

2011 年 6 月 21 日，诺基亚发布全球首款 MeeGo 移动智能终端手机 N9，它代表了智能手机的发展趋势。从诺基亚 N9 到摩托罗拉 ME860、HTC 的 Sensation、三星的 GalaxySⅡ，再到苹果的 iPhone4 等知名品牌的智能手机新品看，高处理器、大内存、大硬盘和智能操作系统是共同点，其中一些产品还安装了独立的图形处理器。除了硬盘和屏幕以外，这些手机几乎已经赶上甚至超过一些计算机产品了。越来越多的手机将具备计算机的功能。如果说苹果重新定义了手机，点燃了手机计算机化的星星之火的话，那么谷歌安卓操作系统的走俏，则让其在全球范围内燎原。2010 年第四季度，全球智能手机出货量首次超过了计算机。

从只能打电话到可以发短信、再到彩屏手机、照相手机、音乐手机，再到现在的智能上网手机，短短十多年时间里，手机实现了好几代升级，功能日益强大。本来通过计算机来完成的网络应用，现在一部手机就能解决。手机计算机化包括手机屏幕的计算机化、手机键盘的计算机化、手机软件的计算机化和手机应用的计算机化。目前，已经有很多计算机上的通信、娱乐、办公应用顺利地转移到

图 3-15 计算机化手机

手机上。MeeGo 智能手机 N9 和苹果 iPhone 如图 3-15 所示。

思考题

1. 简述图灵模型。
2. 简述冯·诺依曼模型。
3. 简述计算机系统组成。
4. 简述微型计算机的结构。
5. 有几种系统总线？它们的功能是什么？
6. CPU 由几个部分组成？
7. 存储器怎么分类？
8. 什么是超级计算机？
9. 什么是小型计算机？什么是工作站？什么是台式计算机？什么是笔记本？
10. 什么是平板电脑？什么是掌上电脑？什么是计算机化手机？

第4章 计算机网络

4.1 计算机网络概述

4.1.1 计算机网络的概念

1. 定义

计算机网络,是指将地理位置不同的具有独立功能的多台计算机及其外部设备,通过通信线路连接起来,在网络操作系统、网络管理软件及网络通信协议的管理和协调下,实现资源共享和信息传递的计算机系统。

计算机网络的最简单的定义是:一些相互连接的、以共享资源为目的的、自治的计算机的集合。从广义上看,计算机网络是以传输信息为基础目的,用通信线路将多个计算机连接起来的计算机系统的集合。从用户角度看,计算机网络是可以调用用户所需资源的系统。

2. 功能

计算机网络的主要功能是硬件资源共享、软件资源共享和用户间信息交换三个方面。

(1) 硬件资源共享。可以在全网范围内提供对处理资源、存储资源、输入输出资源等昂贵设备的共享,使用户节省投资,也便于集中管理和均衡分担负荷。

(2) 软件资源共享。允许互联网上的用户远程访问各类大型数据库,以得到网络文件传送服务、远程管理服务和远程文件访问服务,从而避免软件研制上的重复劳动以及数据资源的重复存储,也便于集中管理。

(3) 用户间信息交换。计算机网络为分布在各地的用户提供了强有力的通信手段。用户可以通过计算机网络传送电子邮件、发布新闻消息和进行电子商务活动。

3. 协议

协议,是用来描述进程之间信息交换数据时的规则术语。在计算机网络中,为了使不同结构、不同型号的计算机之间能够正确地传送信息,必须有一套关于信息传输顺序、信息格式和信息内容等的约定,这一整套约定称为协议。在计算机网络中,两个相互通信的实体处在不同的地理位置,其上的两个进程想要相互通信,需要通过交换信息来协调它们的动作和达到同步,而信息的交换必须按照预先共同约定好的过程进行。网络协议一般是由网络系统决定的,网络系统不同,网络协议也就不同。

4.1.2 计算机网络结构

1. 层次结构

OSI(Open System Interconnection,开放系统互连)7层网络模型称为开放式系统互连参考模型,是一个逻辑上的定义,一个规范,它把网络从逻辑上分为7层,如图4-1所示。

1) 物理层(Physical Layer)

该层为OSI模型的最底层或第一层,该层包括物理联网媒介,如电缆连线连接器。物理层的协议产生并检测电压以便发送和接收携带数据的信号。物理层的任务就是为它的上一层提供一个物理连接以及它们的机械、电气、功能和过程特性,如规定使用电缆和接头的类型、传送信号的电压等。在这一层,数据还没有被组织,仅作为原始的位流或电气电压处理,单位是b(比特)。

2) 数据链路层(Datalink Layer)

图4-1 OSI网络模型

该层为OSI模型的第二层,它控制网络层与物理层之间的通信。数据链路层在物理层提供比特流服务的基础上,建立相邻节点之间的数据链路,通过差错控制提供数据帧(Frame)在信道上无差错的传输,并进行各电路上的动作系列。数据链路层在不可靠的物理介质上提供可靠的传输。该层的作用包括:物理地址寻址、数据的成帧、流量控制、数据的检错、重发等。数据链路层协议的代表包括:SDLC、HDLC、PPP、STP、帧中继等。为了保证传输,从网络层接收到的数据被分割成特定的可被物理层传输的帧。帧是用来移动数据的结构包,它不仅包括原始数据,还包括发送方和接收方的物理地址以及纠错和控制信息。其中的地址确定了帧将发送到何处,而纠错和控制信息则确保了帧无差错到达目的地。如果在传送数据时,接收点检测到所传数据中有差错,就要通知发送方重发这一帧。

3) 网络层(Network Layer)

该层为OSI模型的第三层,其主要功能是将网络地址翻译成对应的物理地址,并决定如何将数据从发送方路由到接收方。网络层通过综合考虑发送优先权、网络拥塞程度、服务质量以及可选路由的花费来决定从一个网络中节点A到另一个网络中节点B的最佳路径。由于网络层处理路由,而路由器连接网络各段,并智能地指导数据传送,因此路由器属于网络层。在网络中,"路由"是基于编址方案、使用模式以及可达性来指引数据的发送的。网络层负责在源机器和目标机器之间建立它们所使用的路由。这一层本身没有任何错误检测和修正机制,因此,网络层必须依赖于端到端之间的由DLL提供的可靠传输服务。

4) 传输层(Transport Layer)

该层为OSI模型中最重要的一层。传输协议同时进行流量控制或是基于接收方可接收数据的快慢程度规定适当的发送速率。除此之外,传输层按照网络能处理的最大尺寸将较长的数据包进行强制分割。例如,以太网无法接收大于1500B的数据包。发送方节点的传输层将数据分割成较小的数据片,同时对每一数据片安排一个序列号,以便数据到达接收方节点的传输层时,能以正确的顺序重组,该过程被称为排序。工作在传输层的一种服务是TCP/IP协议簇中的TCP(传输控制协议),另一项传输层服务是IPX/SPX协议集的SPX

(序列包交换)。

5) 会话层(Session Layer)

会话层负责在网络中的两节点之间建立、维持和终止通信。会话层的功能具体包括建立通信链接、保持会话过程通信连接的畅通、同步两个节点之间的对话、决定通信是否被中断以及通信中断时决定从何处重新发送。例如,用户通过拨号向 ISP(Internet 服务提供商)请求连接到 Internet 时,ISP 服务器上的会话层会向用户的 PC 客户机上的会话层进行协商连接。若此时用户的电话线偶然从墙上插孔脱落了,终端机上的会话层将检测到连接中断并重新发起连接。会话层通过决定节点通信的优先级和通信时间的长短来设置通信期限。

6) 表示层(Presentation Layer)

表示层即应用程序和网络之间的翻译官。在表示层,数据将按照网络能理解的方案进行格式化,这种格式化也因所使用网络的类型不同而不同。表示层管理数据的解密与加密,如系统口令的处理。例如,在 Internet 上查询银行账户,使用的即是一种安全连接。账户数据在发送前被加密,在网络的另一端,表示层将对接收到的数据进行解密。除此之外,表示层协议还对图片和文件格式信息进行编码和解码。

7) 应用层(Application Layer)

应用层负责对软件提供接口以使程序能使用网络服务。术语"应用层"并不是指运行在网络上的某个特别应用程序。应用层提供的服务包括文件传输、文件管理以及电子邮件的信息处理。

2. 拓扑结构

网络拓扑结构指的是网络上的通信链路以及各个计算机之间的相互连接的几何排列或物理布局形式。网络拓扑就是指网络形状,即网络中各个节点相互连接的方法和形式。拓扑结构通常有 5 种主要类型:星状、环状、总线型、树状和网状结构,如图 4-2 所示。

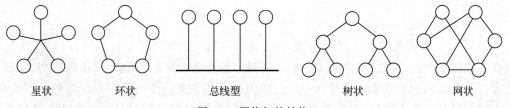

图 4-2 网络拓扑结构

1) 星状拓扑结构

星状拓扑结构的中心节点到其他各节点之间呈辐射状连接,由中心节点完成集中式通信控制。星状拓扑结构的节点有两类,即中心节点和外围节点。中心节点只有一个,每个外围节点都通过独立的通信线路与中心节点相连,外围节点之间没有连线。星状结构的优点是结构简单,访问协议简单,单个故障不影响整个网络;缺点是可靠性较低,中心节点有故障,整个网络就无法工作,全网将瘫痪,且系统扩展较困难。

2) 环状拓扑结构

环状拓扑结构中每个节点连接形成一个闭合回路,数据可以沿环单向传输,也可以设置两个环路实现双向通信。环状拓扑结构的扩充方便,传输率较高,但网络中一旦有某个节点发生故障,则可能导致整个网络停止工作。

3) 总线型拓扑结构

在总线型拓扑结构中,所有工作站点都连在一条总线上,通过这条总线实现通信。总线结构是目前局域网采用最多的一种拓扑结构。它连接简单,易于扩充节点和删除节点,节点的故障不会引起系统的瘫痪,但是,总线出问题会使整个网络停止工作,故障检测困难。

4) 树状拓扑结构

在树状拓扑结构中,有一个根节点和若干个枝节点,最末端是叶节点。形状像倒立的树"根"。总线型与它比较,总线型没有"根"。根节点的功能较强,常常是高档微型计算机或小、中型计算机,叶节点可以是微型计算机。这种结构的优点是扩展容易、易分离故障节点、易维护,特别适合等级严格的行业或部门;缺点是整个网络对根节点的依赖性较大,这对整个网络系统的安全性是一个障碍,若根节点发生故障,整个网络的工作就将受到致命影响。

5) 网状结构

网状结构实际是由上述 4 种拓扑结构中的两种或多种简单组合而成的,它的形状像网一样。网状结构中计算机之间的通信有多条线路可供选择。它继承了各种结构的优点,但是,其结构复杂,维护难度较大。

4.1.3 计算机网络的发展历史

随着计算机网络技术的蓬勃发展,计算机网络的发展大致可划分为如下 4 个阶段。

1. 诞生阶段

20 世纪 60 年代中期之前的第一代计算机网络是以单个计算机为中心的远程联机系统。典型应用是由一台计算机和全美范围内两千多个终端组成的飞机订票系统。其终端是一台计算机的外部设备,包括显示器和键盘,无 CPU 和内存。随着远程终端的增多,在主机前增加了前端机(FEP)。当时,人们把计算机网络定义为"以传输信息为目的而连接起来以实现远程信息处理或进一步达到资源共享的系统",但这样的通信系统已具备了网络的雏形。

2. 形成阶段

20 世纪 60 年代中期至 20 世纪 70 年代的第二代计算机网络是以多个主机通过通信线路互联起来为用户提供服务的,兴起于 20 世纪 60 年代后期,典型代表是美国国防高级研究计划局协助开发的 ARPAnet。第二代计算机网络的主机之间不是直接用线路相连,而是由接口报文处理机(IMP)转接后互联的。IMP 和它们之间互联的通信线路一起负责主机间的通信任务,构成了通信子网。通信子网互联的主机负责运行程序、提供资源共享,组成了资源子网。这个时期,网络的概念为"以能够相互共享资源为目的互联起来的具有独立功能的计算机之集合体",形成了计算机网络的基本概念。

3. 互联互通阶段

20 世纪 70 年代末至 20 世纪 90 年代的第三代计算机网络是具有统一的网络体系结构

并遵循国际标准的开放式和标准化的网络。ARPAnet兴起后,计算机网络发展迅猛,各大计算机公司相继推出自己的网络体系结构及实现这些结构的软硬件产品。由于没有统一的标准,不同厂商的产品之间互联很困难,人们迫切需要一种开放性的标准化实用网络环境,这样两种国际通用的最重要的体系结构——TCP/IP体系结构和国际标准化组织的OSI体系结构就应运而生了。

4. 高速网络技术阶段

20世纪90年代末至今的第四代计算机网络,由于局域网技术发展成熟,出现了光纤及高速网络技术、多媒体网络、智能网络,整个网络是一个对用户透明的计算机系统,现已发展成为Internet。

4.2 Internet

4.2.1 Internet概述

1. 定义

Internet,中文译名为因特网,又叫作国际互联网。它是由那些使用公用语言互相通信的计算机连接而成的全球网络,计算机一旦连接到它的任何一个节点上,就意味着已经连入Internet了。Internet目前的用户已经遍及全球,有超过几亿人在使用Internet,并且它的用户数还在以等比级数上升。

Internet是一组全球信息资源的总汇,是由许多小的网络(子网)互联组成的一个逻辑网,每个子网中连接着若干台计算机(主机)。Internet以相互交流信息资源为目的,基于一些共同的协议,通过许多路由器和公共互联网连接形成更大的网络。它是一个共享信息资源的集合。计算机网络只是传播信息的载体,而Internet的优越性和实用性则在于其信息的共享。Internet最高层域名分为机构性域名和地理性域名两大类,目前主要有14种机构性域名。

2. 功能

(1) WWW服务。在Web方式下,通过Internet可以浏览、搜索、查询各种信息,可以发布自己的信息,可以与他人进行实时或者非实时的交流,可以游戏、娱乐、购物等。

(2) E-mail服务。可以通过E-mail系统同世界上任何地方的用户交换电子邮件。

(3) 远程登录Telnet服务。远程登录就是通过Internet进入和使用远距离的计算机系统,就像使用本地计算机一样。远端的计算机可以在同一间屋子里,也可以远在数千千米之外。它使用的工具是Telnet。它在接到远程登录的请求后,就试图把请求方所在的计算机同远端计算机连接起来。一旦连通,该计算机就成为远端计算机的终端。该用户可以正式注册(login)进入系统成为合法用户,执行操作命令,提交作业,使用系统资源。在完成操作任务后,通过注销(logout)退出远端计算机系统,同时也退出Telnet。

(4) 文件传输FTP服务。FTP(文件传输协议)是Internet上最早使用的文件传输协议。它同 Telnet 一样,能使用户登录到 Internet 的一台远程计算机,把其中的文件传送回自己的计算机系统,或者反过来,把本地计算机上的文件传送并装载到远程的计算机系统。利用这个协议,用户可以下载免费软件,或者上传主页。

3. 发展历史

20 世纪 60 年代开始,美国国防高级研究计划局准备建立阿帕网 ARPAnet,并开始向美国国内大学和一些公司提供经费,以促进计算机网络和分组交换技术的研究。1969 年 12 月,ARPAnet 投入运行,建成了一个实验性的由 4 个节点连接成的网络。到 1983 年,ARPAnet 已连接了三百多台计算机,供美国各研究机构和政府部门使用。1983 年,ARPAnet 分为 ARPAnet 和军用 MILNET(Military Network),两个网络之间可以进行通信和资源共享。由于这两个网络都是由许多网络互联而成的,因此它们都被称为 Internet,ARPAnet 就是 Internet 的前身。1986 年,NSF(美国国家科学基金会,National Science Foundation)建立了自己的计算机通信网络。NSFnet 将美国各地的科研人员连接到分布在美国不同地区的超级计算机中心,并将按地区划分的计算机广域网与超级计算机中心相连(实际上它是一个三级计算机网络,分为主干网、地区网和校园网,覆盖了全美国主要的大学和研究所)。

4.2.2 TCP/IP

1. 定义

TCP/IP(Transmission Control Protocol/Internet Protocol)中文译名为传输控制协议/因特网互联协议,又叫网络通信协议,这个协议是 Internet 最基本的协议、Internet 国际互联网络的基础,简单地说,就是由网络层的 IP 协议和传输层的 TCP 协议组成的。TCP/IP 定义了电子设备(比如计算机)如何接入 Internet,以及数据如何在它们之间传输的标准。TCP/IP 是一个 4 层的分层体系结构。高层为传输控制协议,它负责聚集信息或把文件拆分成更小的包。低层是网际协议,它处理每个包的地址部分,使这些包正确地到达目的地。

2. 层次

从协议分层模型方面来讲,TCP/IP 由 4 个层次组成:网络接口层、网络层、传输层、应用层。

网络接口层包括物理层和数据链路层。物理层定义物理介质的各种特性(机械特性、电子特性、功能特性、规程特性)。数据链路层负责接收 IP 数据报并通过网络发送之,或者从网络上接收物理帧,抽出 IP 数据报,交给 IP 层。

网络层负责相邻计算机之间的通信。其功能包括如下三方面。

(1) 处理来自传输层的分组发送请求。收到请求后,将分组装入 IP 数据报,填充报头,选择去往信宿机的路径,然后将数据报发往适当的网络接口。

(2) 处理输入数据报。首先检查其合法性,然后进行寻径,假如该数据报已到达信宿机,则去掉报头,将剩下部分交给适当的传输协议;假如该数据报尚未到达信宿,则转发该数据报。

（3）处理路径、流控、拥塞等问题。

传输层提供应用程序间的通信。其功能包括：

（1）格式化信息流。

（2）提供可靠传输。

为了实现功能（2），传输层协议规定接收端必须发回确认信号，并且假如分组丢失，必须重新发送。传输层协议主要是传输控制协议（Transmission Control Protocol，TCP）和用户数据报协议（User Datagram Protocol，UDP）。

应用层向用户提供一组常用的应用程序，比如电子邮件、文件传输访问、远程登录等。远程登录 Telnet 使用 Telnet 协议提供在网络其他主机上注册的接口。Telnet 会话提供了基于字符的虚拟终端。文件传输访问 FTP 使用 FTP 协议来提供网络内机器间的文件复制功能。应用层一般是面向用户的服务，如 FTP、Telnet、DNS、SMTP、POP3 等。

4.2.3 IP 地址

1. 定义

IP 地址就是给每个连接在 Internet 上的主机分配的一个 32b 的地址。TCP/IP 规定，IP 地址用二进制来表示，每个 IP 地址长 32b，比特换算成字节，就是 4B。例如，一个采用二进制形式的 IP 地址是 00001010000000000000000000000001，这么长的地址处理起来不方便。为了方便人们的使用，IP 地址经常被写成十进制的形式，中间使用符号"."分开不同的字节。于是，上面的 IP 地址可以表示为 10.0.0.1。IP 地址的这种表示法叫作"点分十进制表示法"，这显然比 1 和 0 容易记忆得多。

2. IP 构成

Internet 上的每台主机（Host）都有一个唯一的 IP 地址。IP 协议就是使用这个地址在主机之间传递信息的，这是 Internet 能够运行的基础。IP 地址的长度为 32 位，分为 4 段，每段 8 位，用十进制数字表示，每段数字范围为 0～255，段与段之间用句点隔开。例如 159.226.1.1。

3. IP 地址分类

最初设计互联网络时，为了便于寻址以及层次化构造网络，每个 IP 地址包括两个标识码（ID），即网络 ID 和主机 ID。同一个物理网络上的所有主机都使用同一个网络 ID，网络上的一个主机（包括网络上工作站，服务器和路由器等）有一个主机 ID 与其对应。Internet 委员会定义了 5 种 IP 地址类型以适合不同容量的网络，即 A 类～E 类。其中，A、B、C 三类（如表 4-1 所示）由 Internet NIC 在全球范围内统一分配，D、E 类为特殊地址。

一个 A 类 IP 地址，是指在 IP 地址的 4 段号码中，第一段号码为网络号码，剩下的三段号码为本地计算机的号码。如果用二进制表示 IP 地址的话，A 类 IP 地址就由 1B 的网络地址和 3B 主机地址组成，网络地址的最高位必须是 0。A 类 IP 地址中网络的标识长度为 7 位，主机标识的长度为 24 位，A 类网络地址数量较少，可以用于主机数达 1600 多万台的

表 4-1 IP 地址分类

网络类别	最大网络数	第一个可用的网络号	最后一个可用的网络号	每个网络中的最大主机数
A	126	1	126	16 777 214
B	16 383	128.1	191.255	65 534
C	2 097 151	192.0.1	223.255.255	254

大型网络。A 类 IP 地址的地址范围为 1.0.0.1~126.255.255.254(二进制表示为 00000001 00000000 00000000 00000001~01111110 11111111 11111111 11111110)。A 类 IP 地址的子网掩码为 255.0.0.0,每个网络支持的最大主机数为 $256^3-2=16\,777\,214$ 台。

一个 B 类 IP 地址,是指在 IP 地址的 4 段号码中,前两段号码为网络号码。如果用二进制表示 IP 地址的话,B 类 IP 地址就由 2B 的网络地址和 2B 主机地址组成,网络地址的最高位必须是 10。B 类 IP 地址中网络的标识长度为 14 位,主机标识的长度为 16 位,B 类网络地址适用于中等规模的网络,每个网络所能容纳的计算机数为 6 万多台。B 类 IP 地址范围为 128.1.0.1~191.255.255.254(二进制表示为 10000000 00000001 00000000 00000001~10111111 11111111 11111111 11111110)。B 类 IP 地址的子网掩码为 255.255.0.0,每个网络支持的最大主机数为 $256^2-2=65\,534$ 台。

一个 C 类 IP 地址,是指在 IP 地址的 4 段号码中,前三段号码为网络号码,剩下的一段号码为本地计算机的号码。如果用二进制表示 IP 地址的话,C 类 IP 地址就由 3B 的网络地址和 1B 主机地址组成,网络地址的最高三位必须是 110。C 类 IP 地址中网络的标识长度为 21 位,主机标识的长度为 8 位,C 类网络地址数量较多,适用于小规模的局域网络,每个网络最多只能包含 254 台计算机。C 类 IP 地址范围为 192.0.1.1~223.255.254.254(二进制表示为 11000000 00000000 00000001 00000001 ~ 11011111 11111111 11111110 11111110)。C 类 IP 地址的子网掩码为 255.255.255.0,每个网络支持的最大主机数为 $256-2=254$ 台。

D 类 IP 地址第一个字节以 1110 开始,它是一个专门保留的地址。它并不指向特定的网络,目前这一类地址被用在多播(multicast)中。多播地址用来一次寻址一组计算机,它标识共享同一协议的一组计算机。地址范围为 224.0.0.1~239.255.255.254。E 类 IP 地址以 11110 开始,它被保留以备将来之需。

4.3 未来计算机网络

4.3.1 万兆以太网

1. 以太网的发展

在近二十年中,以太网由最初 10Base5 的 10M 粗缆总线发展为 10Base2 的 10M 细缆,其后是一个短暂的后退——1Base5 的 1M 以太网,随后以太网技术发展成为大家熟悉的星状的双绞线 10Base-T。随着对带宽要求的提高以及器件能力的增强,出现了快速以太网——5 类线传输的 100Base-TX、3 类线传输的 100Base-T4 和光纤传输的 100Base-FX。

随着带宽的进一步提高,千兆以太网接口也随之出现,包括短波长光传输的1000Base-SX、长波长光传输的1000Base-LX以及5类线传输的1000Base-T。2002年7月18日,IEEE通过了802.3ae标准。10Gb/s以太网又称万兆以太网。在以太网技术中,100Base-T是一个里程碑,确立了以太网技术在桌面的统治地位。千兆以太网以及随后出现的万兆以太网标准是两个比较重要的标准。这两个标准使以太网桌面局域网应用向校园网以及城域网应用拓展。

2. 万兆以太网应用领域

万兆以太网的技术已经成熟,它的适用领域十分广阔。各种迅速增长的带宽密集型项目,像高带宽园区骨干、数据中心汇聚、集群和网格计算、合一(语音、视频、图像和数据)的通信、存储组网、金融交易以及政府、医疗卫生领域、研究单位和大学的超级计算研究等,都离不开万兆以太网技术。

4.3.2 第二代 Internet

1. 概述

Internet 2 是美国参与开发该项目的184所大学和70多家研究机构给未来网络起的名字,旨在为美国的大学和科研群体建立并维持一个技术领先的互联网,以满足大学之间进行网上科学研究和教学的需求。与传统的互联网相比,Internet 2 的传输速率可达2.4Gb/s,比标准拨号调制解调器快8.5万倍。其应用将更为广泛,如医疗保健、国家安全、远程教学、能源研究、生物医学、环境监测、制造工程在紧急情况下的应急反应、危机管理等项目。

2. 超高速网络技术

1) IPv6 协议

全世界广泛使用的是第一代国际互联网,相应的 IP 地址协议是 IPv4,即第4版。IPv4 设定的网络地址编码是32位,总共提供的 IP 地址为 2^{32},大约43亿个。目前,它所提供的网址资源已近枯竭。下一代互联网采用的是 IPv6 协议,它设定的地址是128位编码,能产生 2^{128} 个 IP 地址,地址资源极为丰富。

2) Internet 2 的结构

1996年10月,美国政府宣布启动"下一代互联网 NGI"研究计划,其核心是互联网协议和路由器。它的主要目标是:建设高性能的边缘网络,为科研提供基础设施;开发具有革命性的 Internet 应用技术;促进新的网络服务及应用在 Internet 上的推广。Internet 2 由一系列工作组组成,各成员在多个领域展开合作,这些工作组致力于以下工作。

(1) 各种类型的合作。包括与政府的合作及一系列的国际合作。

(2) 基础性研究。Internet 2 基础研究涵盖许多基础性研究项目,包括中间件研究项目、点对点性能研究项目及人文科学研究项目等。

(3) 应用研究。Internet 2 研究基于网络的协同和对信息与资源的交互式访问,这些先进的应用技术在目前的 Internet 环境下是无法实现的。

(4) 工程技术研究。包括网络技术、光学网络等研究项目。

(5) 中间件研究。目的是研究中间件的标准化及互操作性,并在各大学节点展开核心中间件服务的部署工作。

3) 主要部分

(1) 先进网络基础设施(Advanced Network Infrastructure)。先进的网络基础设施用来连接超过 200 家大学与研究机构,是新型网络应用和提供高可靠网络质量的基础。Internet 2 的主要网络基础设施建设项目包括 Abilene、GigaPoPs、FiberCo 等。

(2) 光网络(Optical Networking)。光网络技术的发展及相关网络基础设施的建立,为 Internet 2 上的先进网络应用提供了很好的平台。相关的项目包括 LambdaRail、HOPI 和 FiberCo 等。

(3) 中间件与安全(Middleware and Security)。中间件是介于网络与应用间的软件层,提供基本的网络服务,如授权、验证、目录及安全服务等。中间件在高性能网络中的作用正变得越来越重要。Internet 2 在中间件方面的研究主要包含两个方面,一是核心中间件的开发,另一个是中间件整合计划。

① 核心中间件的开发。核心中间件服务是所有其他中间件服务的基础。在 MACE(Middleware Architecture Committee for Education,教育中间件构架标准委员会)的指导下,Internet 2 中间件项目主要研究组织间的验证与授权问题,特别是标准化与互操作性。

② 中间件整合项目。Internet 2 不但投入核心中间件的研究与开发,还参与一些中间件的整合项目,这些项目涵盖医药学、电子邮件系统和视频会议等方面。

(4) 先进应用(Advanced Applications)。Internet 2 研究的应用目的是在质和量上提高网络对科研及教学的支持。另外,不同于通常的网络应用,它们是建立在先进的网络环境下,需要高带宽、低延迟等先进的网络条件。Internet 2 支持从科学到人文艺术等各个领域的应用研究。研究人员在 Internet 2 上开发的应用有交互式协作、对远程资源的实时访问、协同式虚拟现实、大规模分布式计算和数据挖掘等。

3. 超高速网络的历史与现状

美国从 20 世纪 60 年代开始对互联网的研究,到 20 世纪 80 年代中后期建成第一代互联网。第一代互联网的研制开发建设,完全由美国完成,从各种基础的硬件(如光纤中的玻璃丝)到路由器、服务器、软件乃至各种应用技术,全部由美国掌握。

1996 年,美国政府的"下一代 Internet"研究计划 NGI 和美国 UCAID 从事的 Internet 2 研究计划,都是在高速计算机实验网上开展下一代高速计算机网络及其典型应用的研究,构造一个全新概念的新一代计算机互联网络,为美国的教育和科研提供世界最先进的信息基础设施,并保持美国在高速计算机网络及其应用领域的技术优势,从而保证 21 世纪美国在科学和经济领域的竞争力。英、德、法、日、加等发达国家目前除了拥有政府投资建设和运行的大规模教育和科研网络以外,也都建立了研究高速计算机网络及其典型应用技术的高速网实验床。

2007 年 10 月 10 日,Internet 2 项目的首席负责人道格·冯·豪维灵说:"现在可以为单独的计算机工作站提供 10Gb/s 的接入带宽,我们需要开发一种方法使得这种高需求的应用与普通应用能够同时运行,互不干扰。"运营商利用 Internet 2 网络开始向科研机构提供一种"临时按需获得 10Gb/s 带宽"的服务。豪维灵说,通常每个研究所以 10Gb/s 的速度连接到100Gb/s的Internet 2骨干网,另外用一个10Gb/s的接入口作为备份,以备突发流量之需。

Internet 2的扩展也已经列入计划。只要增加适当的设备,这个网络就可以很容易再扩容4倍,达到400Gb/s。可惜的是,高速Internet 2与普通网络用户的距离还很遥远,新增的带宽主要供物理学家、天文学家等专业人士更好地收发数据、开展研究。但在某种程度上,Internet 2已经成为全球下一代互联网建设的代名词。基于新一代互联网络Internet 2研究开发的超高速Internet 2即将推出,理论最高网速可达100Gb/s。

4.3.3 全光网

1. 概述

随着Internet业务和多媒体应用的快速发展,网络的业务量正在以指数级的速度迅速膨胀,这就要求网络必须具有高比特率数据传输能力和大吞吐量的交叉能力。光纤通信技术出现以后,其近30THz的巨大潜在带宽容量给通信领域带来了蓬勃发展的机遇,特别是在提出信息高速公路以来,光技术开始渗透于整个通信网,光纤通信有向全光网推进的趋势。

全光网(all optical network)是指光信息流在网中传输及交换时始终以光的形式存在,而不需要经过光/电、电/光转换。

全光网的主要技术有光纤技术、SDH、WDM、光交换技术、OXC、无源光网技术、光纤放大器技术等。为此,网络的交换功能应当直接在光层中完成,这样的网络称为全光网。它需要新型的全光交换器件,如光交叉连接(OXC)、光分插复用(OADM)和光保护倒换等。全光网是以光节点取代现有网络的电节点,并用光线将光节点互连成网,采用光波完成信号的传输和交换等功能,克服了现有网络在传输和交换时的瓶颈,减少了信息传输的拥塞延时并提高了网络的吞吐量。

2. 关键技术

(1) 光交叉连接技术。光交叉连接(OXC)是全光网中的核心器件,它与光纤组成了一个全光网络。OXC交换的是全光信号,它在网络节点处,对指定波长进行互连,从而有效地利用波长资源,实现波长重用,也就是使用较少数量的波长,互连较大数量的网络节点。当光纤中断或业务失效时,OXC能够自动完成故障隔离、重新选择路由和网络重新配置等操作,使业务不中断。

(2) 光分插复用技术。光分插复用(OADM)具有选择性,可以从传输设备中选择下路信号或上路信号,也可仅通过某个波长信号,而不影响其他波长信道的传输。OADM在光域内实现了SDH中的分插复用器在时域内完成的功能,且具有透明性,可以处理任何格式和速率的信号,能提高网络的可靠性、降低节点成本、提高网络运行效率,是组建全光网必不可少的关键性设备。

(3) 全光网的管理、控制和运作。全光网的管理和控制出现了新的问题:①现行的传输系统(SDH)有自定义的表示故障状态监控的协议,这就存在着要求网络层必须与传输层一致的问题;②由于表示网络状况的正常数字信号不能从透明的光网络中取得,所以存在着必须使用新的监控方法的问题;③在透明的全光网中,有可能不同的传输系统共享相同的传输媒质,而每一不同的传输系统会有自己定义的处理故障的方法,这便产生了如何协调处理好不同系统、不同传输层之间关系的问题。

(4) 光交换技术。光交换技术可以分成光路交换技术和分组交换技术。光路交换又可分成三种类型,即空分(SD)、时分(TD)和波分/频分(WD/FD)光交换,以及由这些交换形式组合而成的结合型。其中,空分交换按光矩阵开关所使用的技术又分成两类,一是基于波导技术的波导空分,另一个是使用自由空间光传播技术的自由空分光交换。光分组交换中,异步传送模式是近年来广泛研究的一种方式。

(5) 全光中继技术。在传输方面,光纤放大器是建立全光通信网的核心技术之一。DWDM 系统的传统基础是掺铒光纤放大器(EDFA)。光纤在 1.55μm 窗口有一较宽的低损耗带宽(30THz),可以容纳 DWDM 的光信号同时在一根光纤上传输。最新研究表明,1590nm 宽波段光纤放大器能够把 DWDM 系统的工作窗口扩展到 1600nm 以上。

4.3.4 物联网

1. 定义

物联网是新一代信息技术的重要组成部分,其英文名称是 The Internet of things。顾名思义,物联网就是物物相连的互联网。这有两层意思,第一,物联网的核心和基础仍然是互联网,是在互联网基础上延伸和扩展的网络;第二,其用户端延伸和扩展到了任何物品与物品之间,进行信息交换和通信。因此,物联网的定义是通过射频识别(RFID)、红外感应器、全球定位系统、激光扫描器等信息传感设备,按约定的协议,把任何物品与互联网相连接,进行信息交换和通信,以实现对物品的智能化识别、定位、跟踪、监控和管理的一种网络。

物联网指的是将无处不在的末端设备(Devices)和设施(Facilities),包括"内在智能"的传感器、移动终端、工业系统、楼控系统、家庭智能设施、视频监控系统等和"外在智能"(Enabled)的,如贴上 RFID 的各种资产(Assets)、携带无线终端的个人与车辆等"智能化物件或动物"或"智能尘埃"(Mote),通过各种无线/有线的长距离/短距离通信网络实现互联互通(M2M)、应用大集成(Grand Integration)以及基于云计算的 SaaS 营运等模式,提供安全可控乃至个性化的实时在线监测、定位追溯、报警联动、调度指挥、预案管理、远程控制、安全防范、远程维保、在线升级、统计报表、决策支持、领导桌面(集中展示的 Cockpit Dashboard)等管理和服务功能,实现对"万物"的高效、节能、安全、环保、管、控、营一体化。

2. 发展历史

物联网最早可追溯到 1990 年施乐公司的网络可乐贩售机 Networked Coke Machine。1999 年,在美国召开的移动计算和网络国际会议上,MIT Auto-ID 中心的 Ashton 教授首先提出物联网的概念。

2003 年,美国《技术评论》提出传感网络技术将是未来改变人们生活的十大技术之首。

2005 年 11 月 17 日,在突尼斯举行的信息社会世界峰会(WSIS)上,国际电信联盟

(ITU)发布了《ITU 互联网报告 2005：物联网》报告。

2009 年 1 月 28 日，奥巴马就任美国总统后，与美国工商业领袖举行了一次"圆桌会议"，作为仅有的两名代表之一，IBM 首席执行官彭明生首次提出"智慧地球"这一概念，建议新政府投资新一代的智慧型基础设施。同年，美国将新能源和物联网列为振兴经济的两大重点。

2009 年 8 月，温家宝总理在视察中国科学院无锡物联网产业研究所时，对于物联网应用也提出了一些看法和要求。自温总理提出"感知中国"以来，物联网被正式列为国家五大新兴战略性产业之一，写入了"政府工作报告"，物联网在中国受到了全社会极大的关注。

3. 技术原理

从技术架构上来看，物联网可分为三层：感知层、网络层和应用层。

感知层由各种传感器以及传感器网关构成，包括二氧化碳浓度传感器、温度传感器、湿度传感器、二维码标签、RFID 标签和读写器、摄像头、GPS 等感知终端。感知层的作用相当于人的眼、耳、鼻、喉、皮肤等的神经末梢，它是物联网识别物体、采集信息的来源。

网络层由各种私有网络、互联网、有线和无线通信网、网络管理系统和云计算平台等组成，相当于人的神经中枢和大脑，负责传递和处理感知层获取的信息。

应用层是物联网和用户（包括人、组织和其他系统）的接口，它与行业需求结合，实现物联网的智能应用。

物联网的行业特性主要体现在其应用领域内，目前绿色农业、工业监控、公共安全、城市管理、远程医疗、智能家居、智能交通和环境监测等各个行业均有物联网应用的尝试，某些行业已经积累了一些成功的案例。

4.3.5 无线通信与 WiFi

1. 概述

无线网络(Wireless Network)指的是任何型式的无线电计算机网络，普遍和电信网络结合在一起，无需电缆即可在节点之间相互联接。无线电信网络一般被应用在使用电磁波的摇控信息传输系统，像是无线电波作为载波和物理层的网络，如 TD-LTE、CDMA2000、WCDMA、TD-SCDMA、cdmaOne、GPRS、EDGE、GSM、UMTS、Wi-Fi、WiMax、ZigBee。

无线网络的发展方向之一就是"万有无线网络技术"，也就是将各种不同的无线网络统一在单一的设备下。Intel 正在开发的一个芯片采用软件无线电技术，可以在同一个芯片上处理 Wi-Fi、WiMAX 和 DVB-H 数字电视等不同无线技术。

2. 类型

(1) 无线个人网(WPAN)是在小范围内相互连接数个设备所形成的无线网络，通常是个人可及的范围内，例如蓝牙。

(2) 无线局域网(WLAN)类似其他无线设备，利用无线电而非电缆在同一个网络上传送数据甚至无线上网，是 IEEE 802.11 系列标准。

(3) 无线城域网是连接数个无线局域网的无线网络型式。

(4) 移动设备网络。典型的代表是全球移动通信系统(GSM)。GSM 网络分成三个主要系统：转接系统、基地系统、操作和支持系统。移动电话连接到基地系统,然后连接到操作和支持系统,再连接到转接系统后,电话就会被转到要到的地方。

3. WiFi 标准

1) 简介

WPA2 是 WPA 的升级版,是 WiFi 联盟对采用 IEEE 802.11i 安全增强功能的产品的认证计划。WPA2 是基于 WPA 的一种新的更为安全的加密算法。算法几乎无懈可击,即使是暴力破解也是"不可能完成的任务",字典破解猜密码则像买彩票。这说明无线网络环境越来越安全,覆盖范围越来越大,速度也越来越快。2006 年 3 月,WPA2 已经成为一种强制性的标准。

IEEE 802.11 的设备已安装在市面上的许多产品中,如个人计算机、游戏机、MP3 播放器、智能手机、平板电脑、打印机、笔记本以及其他可以无线上网的周边设备。

无线网络实质上是一种商业认证,同时也是一种无线联网技术,以前通过网线连接计算机,而 WiFi 则是通过无线电波来联网；常见的就是一个无线路由器,那么在这个无线路由器的电波覆盖的有效范围内都可以采用 WiFi 连接方式进行联网,如果无线路由器连接了一条 ADSL 线路或者别的上网线路,则又被称为热点。

2) 主要功能

无线网络上网可以简单地理解为无线上网,几乎所有智能手机、平板电脑和笔记本都支持 WiFi 上网,是当今使用最广的一种无线网络传输技术。实际上就是把有线网络信号转换成无线信号,就如在开头介绍的一样,使用无线路由器供支持其技术的相关计算机、手机、平板电脑等接收。手机如果有 WiFi 功能的话,在有 WiFi 无线信号的时候就可以不通过移动数据上网,省掉了流量费。

无线上网在大城市比较常用,虽然由 WiFi 技术传输的无线通信质量不是很好,数据安全性能比蓝牙差一些,传输质量也有待改进,但传输速度非常快,可以达到 54Mb/s,符合个人和社会信息化的需求。WiFi 最主要的优势在于不需要布线,可以不受布线条件的限制,因此非常适合移动办公用户的需要,并且由于发射信号功率低于 100mW,低于手机发射功率,所以 WiFi 上网相对是安全的。

4.3.6 GSM 与 5G

1. 概述

全球移动通信系统(Global System of Mobile Communication,GSM)是当前应用最为广泛的移动电话标准,由欧洲电信标准组织 ETSI 制定。它的空中接口采用时分多址技术。GSM 标准的设备占据当前全球蜂窝移动通信设备市场份额 80% 以上。

从用户观点出发,GSM 的主要优势在于用户可以在更高的数字语音质量和更低的费用之间做出选择。网络运营商的优势是它们可以为不同的客户定制相应的设备配置,因为GSM 作为开放标准提供了更简易的互操作性。这样,标准就允许网络运营商提供漫游服务，用户就可以在全球使用他们的移动电话。

2. 发展历史

GSM 小组创立于 1982 年，其技术在 1987 年被提出，1990 年第一个 GSM 规范说明完成，文本长约六千多页。商业运营开始于 1991 年，地点是芬兰的 Radiolinja。1998 年，3G 项目启动。4G 集 3G 与 WLAN 于一体，能够快速传输数据、高质量音频、视频和图像等。4G 下载速度为 100Mb/s，比家用宽带 ADSL（4 兆）快 25 倍，并能够满足无线服务的要求。5G 是 4G 的延伸，5G 网络的理论下行速度为 10Gb/s（相当于下载速度 1.25GB/s）。2017 年 12 月 21 日，在国际电信标准组织 3GPP RAN 第 78 次全体会议上，5G NR 首发版本正式冻结并发布。2018 年 2 月 23 日，沃达丰和华为完成首次 5G 通话测试。2018 年 8 月 3 日，美国联邦通信委员会（FCC）发布高频段频谱的竞拍规定，这些频谱将用于开发下一代 5G 无线网络。2018 年 12 月 1 日，韩国三大运营商 SK、KT 与 LG U+同步在韩国部分地区推出 5G 服务，这也是新一代移动通信服务在全球首次实现商用。同年 12 月 10 日，工信部正式对外公布，已向中国电信、中国移动、中国联通发放了 5G 系统中低频段实验频率使用许可。2019 年 6 月 6 日，工信部向中国电信、中国移动、中国联通、中国广电发放 5G 商用牌照，这意味着 5G 正式商用。

3. GSM 技术

GSM 是一种蜂窝网络，也就是说移动电话要连接到它能搜索到的最近的蜂窝单元区域。GSM 网络运行在多个不同的无线电频率上。它一共有 4 种不同的蜂窝单元尺寸：巨蜂窝、微蜂窝、微微蜂窝和伞蜂窝。覆盖面积因环境的不同而不同。巨蜂窝可以被看作是基站天线安装在天线杆或者建筑物顶上那种。微蜂窝则是那些天线高度低于平均建筑高度的蜂窝，一般用在市区内。微微蜂窝则是那种很小的只覆盖几十米范围的蜂窝，主要用于室内。伞蜂窝则用于覆盖更小的蜂窝网盲区，填补蜂窝之间的信号空白区域。蜂窝半径范围根据天线高度、增益和传播条件可以从百米以下到数十千米。实际使用的最长距离 GSM 规范支持到 35km，还有个扩展蜂窝的概念，其半径可以增加一倍甚至更多。GSM 同样支持室内覆盖，通过功率分配器可以把室外天线的功率分配到室内天线分布系统上。这是一种典型的配置方案，用于满足室内高密度通话要求，在购物中心和机场十分常见。然而这并不是必需的，因为室内覆盖也可以通过无线信号穿越建筑物来实现，只是这样可以提高信号质量减少干扰和回声。

4. 5G 通信

5G 是第五代移动通信网络，其峰值理论传输速度可达每秒数 Gb，比 4G 网络的传输速度快数百倍。举例来说，一部 1GB 的电影可在 8 秒之内下载完成。5G 网络的主要目标是让终端用户始终处于联网状态。5G 网络将来支持的设备远远不止是智能手机，它还支持智能手表、健身腕带、智能家庭设备如鸟巢式室内恒温器等。5G 具体特征参数如下。

传输速率：其 5G 网络已成功在 28GHz 波段下达到 1Gb/s，相比之下，当前的第四代长期演进（4G LTE）服务的传输速率仅为 75Mb/s。而此前这一传输瓶颈被业界普遍认为是一个技术难题，而三星电子则利用 64 个天线单元的自适应阵列传输技术破解了这一难题。

智能设备：5G 网络中看到的最大改进之处是它能够灵活支持各种不同的设备。除了支持手机和平板电脑外，5G 网络还将支持可佩戴式设备。在一个给定的区域内支持无数台设备，这是设计的目标。在未来，每个人将拥有 10～100 台设备为其服务。

网络连接：5G 网络改善端到端性能将是另一个重大的课题。端到端性能是指智能手机的无线网络与搜索信息的服务器之间保持连接的状况。在发送短信或浏览网页的时候，在观看网络视频时，如果发现视频播放不流畅甚至停滞，这很可能就是因为端到端网络连接较差的缘故。

思考题

1. 什么是计算机网络？
2. 计算机网络拓扑结构有几种？
3. 简述计算机网络发展历史。
4. 什么是 Internet？
5. 简述 TCP/IP。
6. 什么是 IP 地址？
7. 什么是万兆以太网？什么是第二代 Internet？什么是全光网？什么是物联网？
8. 什么是 GSM？什么是 5G 网络？

第5章 操作系统

5.1 操作系统概述

5.1.1 操作系统的概念

操作系统(Operating System,OS)是一种管理计算机硬件与软件资源的程序,同时也是计算机系统的内核与基石。

操作系统管理计算机系统的全部硬件资源、软件资源及数据资源,控制程序运行,改善人机界面,为其他应用软件提供支持等,使计算机系统所有资源最大限度地发挥作用,为用户提供方便、有效、友善的服务界面。

操作系统通常是最靠近硬件的一层系统软件,它把硬件裸机改造成为功能完善的一台虚拟机,使得计算机系统的使用和管理更加方便,计算机资源的利用效率更高,使上层的应用程序可以获得比硬件提供的功能更多的支持。

5.1.2 操作系统的历史

1. 20 世纪 80 年代前

第一部计算机并没有操作系统。这是由于早期计算机的建立方式(如同建造机械算盘)与效能不足以执行这样的程序。但在 1947 年发明的晶体管,以及莫里斯·威尔克斯(Maurice V. Wilkes)发明的微程序方法,使得计算机不再是机械设备,而是电子产品。系统管理工具以及简化硬件操作流程的程序很快就出现了,且成为操作系统的起源。到了 20 世纪 60 年代早期,商用计算机制造商制造了批次处理系统,此系统可将工作的建置、调度以及执行序列化。此时,厂商为每一台不同型号的计算机创造不同的操作系统,因此为某计算机而写的程序无法移植到其他计算机上执行,即使是同型号的计算机也不行。到了 1964 年,IBM System/360 推出了一系列用途与价位都不同的大型计算机,OS/360 是适用于整个系列产品的操作系统。1963 年,奇异公司与贝尔实验室合作以 PL/I 语言建立的 Multics 为 UNIX 系统奠定了良好的基础。

2. 20 世纪 80 年代

早期最著名的磁盘启动型操作系统是 CP/M。1980 年微软公司与 IBM 签约,并且收购了一家公司出产的操作系统,修改后改名为 MS-DOS。在解决了兼容性问题后,MS-DOS 变成了 IBM PC 上最常用的操作系统。

20 世纪 80 年代另一个崛起的操作系统是 Mac OS,此操作系统紧紧与苹果计算机捆绑在一起。苹果计算机的 Mac OS 采用的是图形用户界面,用户可以用下拉式菜单、桌面图标、拖曳式操作与双击等操作计算机。

3. 20 世纪 90 年代

20 世纪 90 年代出现了许多对未来个人计算机市场产生深远影响的操作系统。由于图形化用户界面日趋繁复,操作系统也越来越复杂,其功能变得更为强大,因此强韧且具有弹性的操作系统就成了迫切的需求。苹果于 1997 年推出的新操作系统 Mac OS X 取得了巨大的成功。

1990 年,开源操作系统 Linux 问世。Linux 内核是一个标准 POSIX 内核,其血缘可算是 UNIX 家族的一支。Linux 与 BSD 家族都搭配 GNU 计划所发展的应用程序,但是由于使用的许可证以及历史因素的原因,Linux 取得了相当可观的开源操作系统市场占有率。

4. 21 世纪初

最近一些年,大型主机有许多开始支持 Java 及 Linux 以便共享其他平台的资源,而嵌入式系统呈现百家争鸣的状态,从给 Sensor Networks 用的 Berkeley Tiny OS 到可以操作 Microsoft Office 的 Windows CE,应有尽有。

5.1.3 操作系统的功能

操作系统是一个庞大的管理控制程序,大致包括 5 个方面的管理功能:进程与处理器管理、作业管理、存储管理、设备管理、文件管理。大致包括以下几方面内容。

进程与处理器管理根据一定的策略将处理器交替地分配给系统内等待运行的程序。

作业管理功能是为用户提供一个使用系统的良好环境,使用户能有效地组织自己的工作流程,并使整个系统高效地运行。

存储管理功能是管理内存资源,主要实现内存的分配与回收,存储保护以及内存扩充。

设备管理负责分配和回收外部设备,以及控制外部设备按用户程序的要求进行操作。

文件管理向用户提供创建文件、撤销文件、读写文件、打开和关闭文件等功能。

计算机资源可分为两大类:硬件资源和软件资源。硬件资源指组成计算机的硬件设备,如中央处理机、主存储器、磁带存储器、打印机、显示器、键盘输入设备等;软件资源主要指存储于计算机中的各种数据和程序。系统的硬件资源和软件资源都由操作系统根据用户需求按一定的策略分配和调度。

5.1.4 操作系统的分类

1. 批处理操作系统

批处理(Batch Processing)操作系统的工作方式是:用户将作业交给系统操作员,系统操作员将许多用户的作业组成一批作业,之后输入到计算机中,在系统中形成一个自动转接的连续的作业流,然后启动操作系统,系统自动、依次执行每个作业,最后由操作员将作业结果交给用户。

2. 分时操作系统

分时(Time Sharing)操作系统的工作方式是:一台主机连接了若干个终端,每个终端有一个用户在使用。用户交互式地向系统提出命令请求,系统接受每个用户的命令,采用时间片轮转的方式处理服务请求,并通过交互方式在终端上向用户显示结果。用户根据上步结果发出下道命令。分时操作系统将 CPU 的时间划分成若干个片段,称为时间片。操作系统以时间片为单位,轮流为每个终端用户服务。每个用户轮流使用一个时间片而使各个用户感觉不到有别的用户存在。分时系统具有多路性、交互性、独占性和及时性的特征。

3. 实时操作系统

实时操作系统(Real Time Operating System,RTOS)是指使计算机能及时响应外部事件的请求,在规定的严格时间内完成对该事件的处理,并控制所有实时设备和实时任务协调一致地工作的操作系统。实时操作系统要追求的目标是:对外部请求在严格时间范围内做出反应,具有高可靠性和完整性。其主要特点是资源的分配和调度首先要考虑实时性,然后才是效率。此外,实时操作系统应有较强的容错能力。

4. 网络操作系统

网络操作系统是基于计算机网络的,是在各种计算机操作系统上按网络体系结构协议标准开发的软件,包括网络管理、通信、安全、资源共享和各种网络应用。其目标是相互通信及资源共享。在其支持下,网络中的各台计算机能互相通信和共享资源。其主要特点是与网络的硬件相结合来完成网络的通信任务。

5. 分布式操作系统

它是为分布计算机系统配置的操作系统。大量的计算机通过网络被连接在一起,可以获得极高的运算能力及广泛的数据共享。这种系统被称作分布式系统(Distributed System)。它在资源管理、通信控制和操作系统的结构等方面都与其他操作系统有较大的区别。由于分布计算机系统的资源分布于系统的不同计算机上,操作系统对用户的资源需求不能采用像一般的操作系统那样等待有资源时直接分配的简单做法而是要在系统的各台计算机上搜索,找到所需资源后才可进行分配。对于有些资源,如具有多个副本的文件,还必须考虑一致性的问题。分布式操作系统的通信功能类似于网络操作系统。由于分布计算机系统不像网络那样分布得很广,同时分布式操作系统还要支持并行处理,因此它提供的通信机制和网络操作系统提供的有所不同,它要求通信速度高。分布式操作系统的结构也不同于其他操作系统,它分布于系统的各台计算机上,能并行地处理用户的各种需求,有较强的容错能力。

5.2 主要的操作系统

5.2.1 Windows 操作系统

Windows 操作系统是一款由美国微软公司开发的窗口化操作系统。采用了 GUI 图形化操作模式，比起从前的指令操作系统（如 DOS）更为人性化。Windows 操作系统是目前世界上使用最广泛的操作系统。最新的版本是 Windows 10。

微软公司从 1983 年开始研制 Windows 系统，最初的研制目标是在 MS-DOS 的基础上提供一个多任务的图形用户界面。Windows 1.0 于 1985 年问世，它是一个具有图形用户界面的系统软件。1987 年推出了 Windows 2.0 版，最明显的变化是采用了相互叠盖的多窗口界面形式。但这一切都没有引起人们的关注。直到 1990 年推出的 Windows 3.0 是一个重要的里程碑，它以压倒性的商业成功确定了 Windows 系统在 PC 领域的垄断地位。现今流行的 Windows 窗口界面的基本形式也是从 Windows 3.0 开始基本确定的。1992 年主要针对 Windows 3.0 的缺点进行改进，推出了 Windows 3.1，为程序开发提供了功能强大的窗口控制能力，使 Windows 和在其环境下运行的应用程序具有了风格统一、操作灵活、使用简便的用户界面。Windows 3.1 在内存管理上也取得了突破性进展。它使应用程序可以超过常规内存空间限制，不仅支持 16MB 内存寻址，而且在 80386 及以上的硬件配置上通过虚拟存储方式可以支持几倍于实际物理存储器大小的地址空间。Windows 3.1 还提供了一定程度的网络支持、多媒体管理、超文本形式的联机帮助设施等，对应用程序的开发产生了很大影响。

在 Windows 5 之后，Windows XP 是非常经典的版本，具有较大的用户群，即使在 Windows 7 和 Windows 8 发布后，依然有很多人继续使用 Windows XP。Windows 10 是目前比较流行的版本，2015 年 7 月 29 日发布。2020 年 5 月 29 日已经更新到最新版。

5.2.2 UNIX 操作系统

1. 概述

UNIX 是一个强大的多用户、多任务操作系统，支持多种处理器架构，按照操作系统的分类，属于分时操作系统。

2. 起源

UNIX 操作系统，是美国 AT&T 公司于 1971 年在 PDP-11 上运行的操作系统，具有多用户、多任务的特点，支持多种处理器架构，最早由肯·汤普逊（Kenneth Lane Thompson）、丹尼斯·里奇（Dennis MacAlistair Ritchie）和 Douglas McIlroy 于 1969 年在 AT&T 的贝尔实验室开发。目前它的商标权由国际开放标准组织（The Open Group）所拥有。

3. 结构

一个典型的计算机系统包括硬件、系统软件和应用软件这三部分。操作系统则是控制和协调计算机行为的系统软件。当然 UNIX 操作系统也是一个程序的集合,其中包括文本编辑器、编译器和其他系统程序。下面就来认识一下这个分层结构。

(1) 内核:在 UNIX 中,也被称为基本操作系统,负责管理所有与硬件相关的功能。这些功能由 UNIX 内核中的各个模块实现。其中包括直接控制硬件的各模块,这也是系统中最重要的部分,用户当然也不能直接访问内核。

(2) 常驻模块层:常驻模块层提供了执行用户请示的服务例程。它提供的服务包括输入/输出控制服务、文件/磁盘访问服务以及进程创建和中止服务。用户的程序通过系统调用来访问常驻模块层。

(3) 工具层:是 UNIX 的用户接口,就是常用的 Shell。它和其他 UNIX 命令和工具一样都有单独的程序,是 UNIX 系统软件的组成部分,但不是内核的组成部分。

(4) 虚拟计算机:是向系统中的每个用户指定一个执行环境。这个环境包括一个与用户进行交流的终端和共享的其他计算机资源,如最重要的 CPU。如果是多用户的操作系统,UNIX 可被视为是一个虚拟计算机的集合。而对每一个用户都有一个自己的专用虚拟计算机。但是由于 CPU 和其他硬件是共享的,虚拟计算机比真实的计算机速度要慢一些。

(5) 进程:UNIX 通过进程向用户和程序分配资源。每个进程都有一个作为进程标识的整数和一组相关的资源。当然它也可以在虚拟计算机环境中执行。

5.2.3 Linux 操作系统

1. 概述

Linux 是一类 UNIX 计算机操作系统的统称。Linux 操作系统的内核的名字也是 Linux。Linux 操作系统也是自由软件和开放源代码发展中最著名的例子。严格来讲,Linux 这个词本身只表示 Linux 内核,但在实际上人们已经习惯了用 Linux 来形容整个基于 Linux 内核,并且使用 GNU 工程各种工具和数据库的操作系统。

2. 诞生

Linux 操作系统是 UNIX 操作系统的一种克隆系统。它诞生于 1991 年的 10 月 5 日(这是第一次正式向外公布的时间)。以后借助于 Internet,并经过全世界各地计算机爱好者的共同努力,现已成为世界上使用最多的一种 UNIX 类操作系统,并且使用人数还在迅猛增长。Linux 操作系统的诞生、发展和成长过程始终依赖着以下 5 个重要支柱:UNIX 操作系统、MINIX 操作系统、GNU 计划、POSIX 标准和 Internet。

Linux 的创始人 Linus Toravlds,开始只是对计算机感兴趣,自学计算机知识,然后开始酝酿编制一个自己的操作系统,1991 年 10 月 5 日公布 Linux 内核 0.01 版。

3. 特性

(1) 完全免费。Linux 是一款免费的操作系统,用户可以通过网络或其他途径免费获得,并可以任意修改其源代码。这是其他的操作系统所做不到的。正是由于这一点,来自全世界的无数程序员参与了 Linux 的修改、编写工作,程序员可以根据自己的兴趣和灵感对其进行改变。这让 Linux 吸收了无数程序员的精华,不断壮大。

(2) 完全兼容 POSIX 1.0 标准。这使得可以在 Linux 下通过相应的模拟器运行常见的 DOS、Windows 的程序。这为用户从 Windows 转到 Linux 奠定了基础。许多用户在考虑使用 Linux 时,就想到以前在 Windows 下常见的程序是否能正常运行,Linux 的这一特点就消除了他们的疑虑。

(3) 多用户、多任务。Linux 支持多用户,各个用户对于自己的文件设备有自己特殊的权利,保证了各用户之间互不影响。多任务则是现在计算机最主要的一个特点,Linux 可以使多个程序同时独立地运行。

(4) 良好的界面。Linux 同时具有字符界面和图形界面。在字符界面用户可以通过键盘输入相应的指令来进行操作。它同时也提供了类似 Windows 图形界面的 X-Window 系统,用户可以使用鼠标对其进行操作。在 X-Window 环境中与在 Windows 中相似,可以说是一个 Linux 版的 Windows。

(5) 丰富的网络功能。互联网是在 UNIX 的基础上繁荣起来的,Linux 的网络功能当然不会逊色。它的网络功能和其内核紧密相连,在这方面 Linux 要优于其他操作系统。在 Linux 中,用户可以轻松实现网页浏览、文件传输、远程登录等网络工作。并且可以作为服务器提供 WWW、FTP、E-mail 等服务。

(6) 可靠的安全、稳定性能。Linux 采取了许多安全技术措施,其中有对读、写进行权限控制、审计跟踪、核心授权等技术,这些都为安全提供了保障。Linux 由于需要应用到网络服务器,这对稳定性也有比较高的要求,实际上 Linux 在这方面也十分出色。

(7) 支持多种平台。Linux 可以运行在多种硬件平台上,如具有 x86、680x0、SPARC、Alpha 等处理器的平台。此外,Linux 还是一种嵌入式操作系统,可以运行在掌上电脑、机顶盒或游戏机上。2001 年 1 月发布的 Linux 2.4 版内核已经能够完全支持 Intel 64 位芯片架构。同时 Linux 也支持多处理器技术。多个处理器同时工作,使系统性能大大提高。

5.2.4 其他操作系统

1. Mac OS("麦塔金"操作系统)

Mac OS 是苹果公司为 Macintosh 系列产品开发的专属操作系统,1985 年由史蒂夫·乔布斯(Steve Jobs)组织开发,是一款基于 UNIX 内核的图形界面的操作系统。它在普通 PC 上无法安装。Mac OS 有四个特点:①全屏模式是新版操作系统中最为重要的功能,应用程序均可以在全屏模式下运行,这表明在未来有可能实现完全的网格计算。②任务控制整合了 Dock 和控制面板,并可以窗口和全屏模式查看各种应用。③快速启动面板的工作方式与 iPad 完全相同;它以类似于 iPad 的用户界面显示计算机中安装的一切应用,并通过 App Store 进行管理;用户可滑动鼠标,在多个应用图标界面间切换;与网格计算一样,它的计算体验以任务本身为中心。④Mac App Store 的工作方式与 iOS 系统的 App Store 完全相同,它们具有相同的导航栏和管理方式,这意味着,无须对应用进行管理。当用户从该商店购买一个应用后,Mac 计算机会自动将它安装到快速启动面板中。

2. Android（安卓操作系统）

Android 是一种基于 Linux 的开放源码操作系统，主要使用于移动设备，如智能手机和平板电脑，由 Google 公司和开放手机联盟领导及开发。Android 操作系统最初由 Andy Rubin 开发，主要支持手机。Android 的系统架构和其操作系统一样，采用了分层的架构。Android 分为四层，从高层到低层分别是应用程序层、应用程序框架层、系统运行库层和 Linux 内核层。

2005 年 8 月 Android 由 Google 收购注资。2007 年 11 月，Google 与 84 家硬件制造商、软件开发商及电信营运商组建开放手机联盟共同研发改良 Android 系统。随后，Google 以 Apache 开源许可证的授权方式，发布了 Android 的源代码。第一部 Android 智能手机发布于 2008 年 10 月。后来，Android 逐渐扩展到平板电脑及其他领域上，如智能电视、数码相机、游戏机、智能手表等。2011 年第一季度，Android 系统在全球的市场份额首次超过塞班系统，跃居全球第一。2013 年第四季度，Android 平台手机的全球市场份额已经达到 78.1%。2013 年在全世界有 10 亿台设备安装了 Android 操作系统。2019 年 9 月，已更新到第 10 版。

3. iOS

iOS 是由苹果公司开发的移动操作系统，2007 年 1 月 9 日发布，最初是设计给 iPhone 使用的，后来陆续用到 iPod touch、iPad 及 Apple TV 等产品上。iOS 与苹果的 Mac OS X 操作系统一样，属于类 UNIX 的商业操作系统。原本这个系统名为 iPhone OS，因为 iPad、iPhone、iPod touch 都使用 iPhone OS，在 2010WWDC 大会上改名为 iOS。

2016 年 1 月，9.2.1 版本发布，修复了黑客可以创建自主的虚假强制门户的漏洞。2018 年 9 月 22 日，苹果公司在最新的操作系统中秘密加入了基于 iPhone 用户和该公司其他设备使用者的"信任评级"功能。

4. 银河麒麟（Kylin）

Kylin 是国防科技大学研制的开源服务器操作系统，是 863 计划重大攻关科研项目，目标是打破国外操作系统的垄断，研发一套中国自主知识产权的服务器操作系统。银河麒麟 2.0 包括实时版、安全版、服务器版。

5. YunOS

YunOS 是阿里巴巴集团旗下智能操作系统，融合了阿里巴巴在云数据存储、云计算服务及智能设备操作系统等多领域的技术成果，可搭载于智能手机、智能穿戴、互联网汽车、智能家居等多种智能终端设备。据统计，2016 年 7 月搭载 YunOS 的物联网终端已经突破 1 亿。

5.3 操作系统的新发展

为了适应新时代的要求，操作系统正在经历一系列重大变化，这些变化将给软件带来前所未有的发展空间，各大软件公司纷纷根据自己的特长提出了相应的对策。

1. 操作系统内核将呈现出多平台统一的趋势

传统的操作系统内核主要采用模块化设计技术，只能应用于固定的平台。随着组件化、模块化技术的不断成熟，操作系统内核将呈现出多平台统一的发展趋势，如 Windows XP 采用了组件技术可以灵活地进行扩展和变化，既有支持桌面系统的 Windows XP Professional 版本，也有支持嵌入式系统的 Windows XP Embedded，有效实现了 Windows 操作系统内核技术的统一。Linux 最新的 2.6 内核版本也加强了对多平台统一的支持，2.6 内核不需要用户进行复杂的内核修改和裁剪就可以灵活地实现嵌入式 Linux，同时该内核也可以支持 Data Center Linux。

2. 功能将不断增加，逐渐形成平台环境

操作系统功能的不断增加有两个方面原因，一个原因是为了不断满足用户的需求，另一个原因是新技术的不断出现。Mac OS X 10.2 比第 1 版 Mac OS X 增加了 150 余项功能。不断增加的功能并不是每个用户都能用得到的，然而操作系统作为一个标准的套装软件必须满足尽可能多用户的需要，于是系统不断膨胀，功能不断增加，并逐渐形成从开发工具到系统工具再到应用软件的一个平台环境。

3. 中间件的发展趋势

（1）技术发展趋势：与软件构件技术紧密结合，支持现代软件开发方式，实现软件的工业化生产。已有的构件技术包括 J2EE、CORBA、.NET 等。中间件的开发将越来越多地采用一些开源技术，例如 Apache、OpenSSL、Linux、Eclipse、JBoss、Tomcat 等。提供对移动计算等多种设备的支持，提出新的基于协调技术的软件协同模式。原先的消息中间件、交易中间件已经成为标准的应用服务器中不可分割的一部分，并逐步向操作系统内核延伸。应用服务器、门户、数据集成、Web 服务、EAI 的厂商不断将中间件的功能扩充到它们的产品中。.NET 和 GXA（Global XML Architecture）将不断占领非 Java 的中间件空间。

（2）应用发展趋势：越来越多的垂直应用领域将采用中间件技术来进行系统的开发和设计，包括消息、交易、安全等，以缩短开发周期，降低开发成本。面向应用领域解决名字服务、安全控制、并发控制、负载均衡、可靠性保障、效率保证等方面的问题，以适应企业级的应用环境，简化应用开发。不断提供基于不同平台的丰富开发接口，支持面向领域开发环境和领域应用标准。

4. 嵌入式系统及软件技术的发展趋势

嵌入式系统是以应用为中心的系统，它吸取了 PC 的成功经验，形成不同行业的标准。统一的行业标准具有设计技术共享、构件兼容、维护方便和合作生产等特点，是增强行业性产品竞争能力的有效手段。走开放系统道路、建立行业性的嵌入式软件开发平台是加快嵌入式软件技术发展的有效途径之一。

嵌入式开发工具将向高度集成，编译优化，具有系统设计，可视化建模、仿真和验证功能方向发展。嵌入式软件开发工具是嵌入式支撑软件的核心，它的集成度和可用性将直接关系到嵌入式系统的开发效率。随着市场需求的增长，越来越多具有多窗口图形化用户界面、

支持面向对象程序设计方法和 C/S 体系结构的嵌入式软件开发工具将推上市场。

嵌入式系统及应用软件要针对不同的设备,造成了各种设备之间异构现象严重。而各种嵌入式设备联网又是大势所趋,所以未来嵌入式中间件必将飞速发展。

5. 网格操作系统

网格技术正在成为影响信息技术下一个高潮的最重要的核心技术。它正在产生下一代操作系统和用户界面,从而推动新一代计算机应用。

微软正在全力抢占下一代操作系统与用户界面市场。微软近几年大力增加研究开发经费,试图推出网格操作系统与网格用户界面。IBM(以及众多其他厂商和科研界)似乎是想把网格操作系统(如 WebSphere)构造在本地操作系统(如 AIX、Linux)之上,而微软则似乎在走 OS/2 的路,构造一个无缝的操作系统,既是网格操作系统,也是本地操作系统。微软的这种技术路线可能更为先进。国际科研界有以下三种共识。

第一,当前网格的研究开发工作事实上正在创造下一代的操作系统和用户界面。例如,IBM 已经把 WebSphere 变成了公司的一个品牌,甚至直截了当地说 WebSphere 就是 Internet Operating System。Globus 的目标是成为"分布式计算的 Linux"。Globus 就是开放源码的网格操作系统核心。

第二,这种网格操作系统的基本结构继承了以前操作系统的做法,即一个核心(内核)加上一个框架,就像 GNU/Linux 一样。这里的 Linux 指在其核心中加上 GNU 环境(也称框架)。

第三,不论是学术界还是工业界(包括微软),都强烈希望只有一套开放的网格(Web Grid)技术标准。

思考题

1. 什么是操作系统?
2. 简述操作系统的历史。
3. 简述操作系统的功能。
4. 简述操作系统的分类。
5. 介绍几种主要的操作系统。
6. 简述操作系统的新发展。

第 6 章 软件与程序设计

6.1 软件

6.1.1 软件概述

软件(Software)是一系列按照特定顺序组织的计算机数据和指令的集合。一般来讲,软件被划分为编程语言、系统软件、应用软件和介于系统软件和应用软件之间的中间件。软件并不只是包括可以在计算机(这里的计算机是指广义的计算机)上运行的程序,与这些程序相关的文档一般也被认为是软件的一部分。简单地说,软件就是程序加文档的集合体,另也泛指社会结构中的管理系统、思想意识形态、思想政治觉悟、法律法规等。

软件提供了用户与硬件之间的接口界面。用户主要是通过软件与计算机进行交流。软件是计算机系统设计的重要依据。为了方便用户,使计算机系统具有较高的总体效用,在设计计算机系统时,必须全局考虑软件与硬件的结合,以及用户的要求和软件的要求。软件一般要满足如下几个条件。

(1) 运行时,能够提供所要求功能和性能的指令或计算机程序集合。
(2) 程序能够满意地处理信息的数据结构。
(3) 描述程序功能需求以及程序如何操作和使用所要求的文档。

以开发语言作为描述语言,可以认为:软件=数据结构+算法。

6.1.2 软件分类

一般来讲,软件被划分为系统软件、应用软件,其中,系统软件包括操作系统和支撑软件(包括微软发布的嵌入式系统,即硬件级的软件,它使计算机及其他设备运算速度更快更节能),如图 6-1 所示。

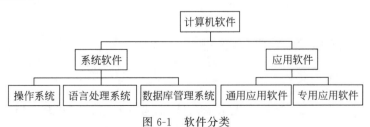

图 6-1 软件分类

1. 系统软件

系统软件为计算机的使用提供最基本的功能,可分为操作系统、语言处理系统、数据库管理系统、系统实用程序等。

(1) 操作系统是管理计算机硬件与软件资源的程序,同时也是计算机系统的内核与基石。操作系统负责诸如管理与配置内存、决定系统资源供需的优先次序、控制输入与输出设备、操作网络与管理文件系统等基本事务。操作系统分为 BSD、DOS、Linux、Mac OS、OS/2、QNX、UNIX、Windows 等。

(2) 数据库管理系统是对数据库进行有效管理和操作的系统,是用户与数据库之间的接口,它提供了用户管理数据库的一套命令,包括数据库的建立、修改、检索、统计和排序等功能。关系型数据库管理系统应用广泛,常见的有 FoxPro、SQL Server、Oracle、Sybase、DB2 and Informix 等。

(3) 系统实用程序是一些工具性的服务程序,便于用户对计算机的使用和维护。主要的实用程序有语言处理程序、编辑程序、连接装配程序、打印管理程序、测试程序和诊断程序等。

(4) 程序设计语言与编译系统。目前被广泛使用的高级语言有 BASIC、Pascal、C、COBOL、FORTRAN 等。

2. 应用软件

(1) 通用应用软件,是某些具有通用信息处理功能的商品化软件。它的特点是通用性,因此可以被许多类似应用需求的用户所使用。它所提供的功能往往可以通过选择、设置和调配来满足用户的特定需求。比较典型的通用软件有文字处理软件、表格处理软件、数值统计分析软件、财务核算软件等。

(2) 专用应用软件,是满足用户特定要求的应用软件。因为某些情况下,用户对数据处理的功能需求存在很大的差异性,通用软件不能满足要求时,此时需要由专业人士采取单独开发的方法,为用户开发具有特定要求的专门应用软件。

6.2 程序设计

程序设计(Programming)是给出解决特定问题的程序的过程,是软件构造活动中的重要组成部分。程序设计往往以某种程序设计语言为工具,给出这种语言下的程序。程序设计过程应当包括分析、设计、编码、测试、排错等不同阶段。专业的程序设计人员常被称为程序员。

6.2.1 程序设计原则与过程

1. 程序设计原则

(1) 自顶向下。程序设计时,应先考虑总体,后考虑细节;先考虑全局目标,后考虑局部目标。不要一开始就过多追求众多的细节,先从最上层总目标开始设计,逐步使问题具体化。

（2）逐步细化。对复杂问题，应设计一些子目标作为过渡，逐步细化。

（3）模块化设计。一个复杂问题由若干稍简单的问题构成。模块化是把程序要解决的总目标分解为子目标，再进一步分解为具体的小目标，把每一个小目标称为一个模块。

（4）限制使用 GOTO 语句。GOTO 语句对程序结构化有害，易造成程序混乱。取消GOTO 语句后，程序易于理解、排错和维护，容易进行正确性证明。

2．程序设计的步骤

（1）分析问题。对于接受的任务要进行认真的分析，研究所给定的条件，分析最后应达到的目标，找出解决问题的规律，选择解题的方法，完成实际问题。

（2）设计算法。即设计出解题的方法和具体步骤。

（3）编写程序。根据得到的算法，用一种高级语言编写出源程序。并通过测试。

（4）对源程序进行编辑、编译和连接。

（5）运行程序，分析结果。运行可执行程序，得到运行结果。能得到运行结果并不意味着程序正确，要对结果进行分析，看它是否合理。若不合理，则要对程序进行调试，即通过上机发现和排除程序中的故障。

（6）编写程序文档。许多程序是提供给别人使用的，如同正式的产品应当提供产品说明书一样，正式提供给用户使用的程序，必须向用户提供程序说明书。内容应包括：程序名称、程序功能、运行环境、程序的装入和启动、需要输入的数据，以及使用注意事项等。

6.2.2　程序的基本结构

1966 年，Bohm 和 Jacopin 就证明了程序设计语言中只要有三种形式的控制结构，就可以表示出各式各样的其他复杂结构。这三种基本控制结构是顺序、选择和循环结构。对于具体的程序语句来说，每种基本结构都包含若干语句。

1．顺序结构

顺序结构表示程序中的各操作是按照它们出现的先后顺序执行的。如图 6-2(a)所示，先执行 A 模块，再执行 B 模块。

2．选择结构

选择结构表示程序的处理步骤出现了分支，它需要根据某一特定的条件选择其中的一个分支执行。选择结构有单选择、双选择和多选择三种形式。如图 6-2(b)所示，当条件 P 的值为真时执行 A 模块，否则执行 B 模块。

3．循环结构

循环结构表示程序反复执行某个或某些操作，直到某条件为假（或为真）时才可终止循环。在循环结构中最主要的是判断什么情况下执行循环和哪些操作需要循环执行。

"当型"循环结构：如图 6-2(c)所示，当条件 P 的值为真时，就执行 A 模块，然后再次判断条件 P 的值是否为真,直到条件 P 的值为假时才向下执行。

"直到型"循环结构:如图 6-2(d)所示,先执行 A 模块,然后判断条件 P 的值是否为真,若 P 为真,再次执行 A 模块,直到条件 P 的值为假时才向下执行。

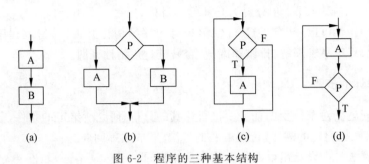

图 6-2 程序的三种基本结构

6.2.3 程序的执行方式

程序一般是用高级语言编写的,如 C/C++以及面向对象的 Visual 系列;我们编写的程序在计算机上是不能直接执行的,因为计算机只能执行二进制程序。因此,要将我们编写的程序翻译成二进制程序。在计算机上执行用某种高级语言写的源程序,通常有两种方式,一是解释执行方式,二是编译执行方式。

1. 解释方式

解释方式是每执行一句就翻译一句,即边执行边解释。这种方式每次运行程序时都要重新翻译整个程序,效率较低,执行速度慢,如 BASIC 语言。解释执行方式按照源程序中语句的动态顺序,直接地逐句进行分析解释,并立即执行。所以,解释程序是这样一种程序,它能够按照源程序中语句的动态顺序,逐句地分析解释并执行,直至源程序结束。

2. 编译方式

编译方式是在程序第一次执行前先将其翻译成二进制程序,然后每次执行的时候就可以直接执行这个翻译好的二进制程序了。程序的翻译过程叫编译。现在的大多数语言都是采用这种方式。编译方式把源程序的执行过程严格地分成两大步——编译和运行,即先把源程序全部翻译成目标代码,然后再运行此目标代码,以获得执行结果。

6.3 数据结构

6.3.1 基本概念和术语

数据结构是计算机存储、组织数据的方式。数据结构是指相互之间存在一种或多种特定关系的数据元素的集合。通常情况下,精心选择的数据结构可以带来更高的运行或者存储效率。数据结构往往同高效的检索算法和索引技术有关。

一般认为,一个数据结构是由数据元素依据某种逻辑联系组织起来的。对数据元素间逻辑关系的描述称为数据的逻辑结构。数据必须在计算机内存储,数据的存储结构是数据结构的实现形式,是其在计算机内的表示。此外,讨论一个数据结构必须同时讨论在该类数据上执行的运算才有意义。

数据结构是指同一数据元素类中各数据元素之间存在的关系。数据结构包括逻辑结构、存储结构(物理结构)和数据的运算。数据的逻辑结构是对数据之间关系的描述,有时就把逻辑结构简称为数据结构。逻辑结构形式地定义为 (K,R)(或 (D,S)),其中,K 是数据元素的有限集,R 是 K 上的关系的有限集。

数据元素相互之间的关系称为结构。有4类基本结构:集合结构、线性结构、树状结构、图状结构(网状结构)。树状结构和图状结构的全称为非线性结构。集合结构中的数据元素除了同属于一种类型外,无其他关系。线性结构中元素之间存在一对一的关系,树状结构中元素之间存在一对多的关系,图状结构中元素之间存在多对多的关系。在图状结构中每个节点的前驱节点数和后续节点数可为任意多个。

算法的设计取决于数据(逻辑)结构,而算法的实现依赖于采用的存储结构。数据的存储结构实质上是它的逻辑结构在计算机存储器中的实现,为了全面地反映一个数据的逻辑结构,它在存储器中的映像包括两方面内容,即数据元素之间的信息和数据元素之间的关系。不同数据结构有其相应的若干运算。数据的运算是在数据的逻辑结构上定义的操作算法,如检索、插入、删除、更新和排序等。

数据的运算是数据结构的一个重要方面,讨论任一种数据结构时都离不开对该结构上的数据运算及其实现算法的讨论。

数据结构是一个二元组,定义形式如下。

Data-Structure = (D,S)

其中,D 是数据元素的有限集,S 是 D 上关系的有限集。

数据结构不同于数据类型,也不同于数据对象,它不仅要描述数据类型的数据对象,而且要描述数据对象各元素之间的相互关系。

6.3.2 几种典型的数据结构

1. 线性表

线性表是最基本、最简单,也是最常用的一种数据结构。线性表中数据元素之间的关系是一对一的关系,即除了第一个和最后一个数据元素之外,其他数据元素都是首尾相接的。线性表的逻辑结构简单,便于实现和操作。因此,线性表这种数据结构是在实际应用中广泛采用的一种数据结构。

线性表是一个线性结构,它是一个含有 $n(n \geqslant 0)$ 个节点的有限序列,对于其中的节点,有且仅有一个开始节点没有前驱,有且仅有一个终端节点没有后继,其他的节点都有且仅有一个前驱和一个后继节点。一般地,一个线性表可以表示成一个线性序列:$k_1,k_2,\cdots,k_n$,其中,k_1 是开始节点,k_n 是终端节点。线性表是一个数据元素的有序(次序)集,如图6-3所示。

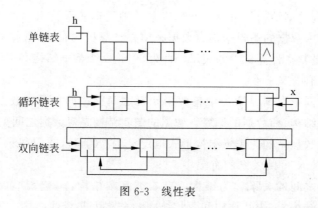

图 6-3 线性表

在实际应用中,线性表都是以栈、队列、字符串、数组等特殊线性表的形式来使用的。由于这些特殊线性表都具有各自的特性,因此,掌握这些特殊线性表的特性,对于数据运算的可靠性和提高操作效率都是至关重要的。

2. 栈

在计算机系统中,栈是一个动态内存区域。程序可以将数据压入栈中,也可以将数据从栈顶弹出。在 i386 机器中,栈顶由称为 esp 的寄存器进行定位。压栈的操作使得栈顶的地址减小,弹出的操作使得栈顶的地址增大。

栈的主要作用表现为一种数据结构,是只能在某一端插入和删除数据的特殊线性表。它按照后进先出的原则存储数据,先进入的数据被压入栈底,最后进入的数据在栈顶。需要读数据的时候从栈顶开始弹出数据(最后一个入栈的数据被第一个读出来),如图 6-4 所示。

栈是允许在同一端进行插入和删除操作的特殊线性表。允许进行插入和删除操作的一端称为栈顶(top),另一端为栈底(bottom)。栈底固定,而栈顶浮动;栈中元素个数为零时称为空栈。插入操作一般称为进栈(PUSH),删除操作则称为退栈(POP)。栈也称为先进后出表。

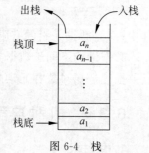

图 6-4 栈

栈在程序的运行中有着举足轻重的作用。最重要的是栈保存了一个函数调用时所需要的维护信息,常称之为堆栈帧或者活动记录。堆栈帧一般包含如下几方面的信息:①函数的返回地址和参数;②临时变量,包括函数的非静态局部变量以及编译器自动生成的其他临时变量。

3. 队列

队列是一种特殊的线性表,它只允许在表的前端(front)进行删除操作,而在表的后端(rear)进行插入操作。进行插入操作的端称为队尾,进行删除操作的端称为队头。队列中没有元素时,称为空队列。在队列这种数据结构中,最先插入的元素将是最先被删除的元素;反之最后插入的元素将是最后被删除的元素。因此队列又称为"先进先出"(First In First Out,FIFO)的线性表,如图 6-5 所示。

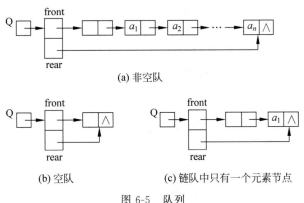

(a) 非空队

(b) 空队　　　　　　(c) 链队中只有一个元素节点

图 6-5　队列

4. 树

树（tree）是包含 $n(n>0)$ 个节点的有穷集合 K，且在 K 中定义了一个关系 N，N 满足以下条件。

(1) 有且仅有一个节点 k_0，它对于关系 N 来说没有前驱，称 k_0 为树的根节点，简称为根（root）。

(2) 除 k_0 外，K 中的每个节点，对于关系 N 来说有且仅有一个前驱。

(3) K 中各节点，对关系 N 来说可以有 $m(m \geqslant 0)$ 个后继。

若 $n>1$，除根节点之外的其余数据元素被分为 $m(m>0)$ 个互不相交的集合 $T_1, T_2, \cdots, T_m$，其中每一个集合 $T_i(1 \leqslant i \leqslant m)$ 本身也是一棵树。树 $T_1, T_2, \cdots, T_m$ 称作根节点的子树（sub tree）。

树是由一个集合以及在该集合上定义的一种关系构成的。集合中的元素称为树的节点，所定义的关系称为父子关系。父子关系在树的节点之间建立了一个层次结构。在这种层次结构中有一个节点具有特殊的地位，这个节点称为该树的根节点，或简称为树根。我们可以形式地给出树的递归定义，描述如下。

设 $T_1, T_2, \cdots, T_k$ 是树，它们的根节点分别为 $n_1, n_2, \cdots, n_k$。用一个新节点 n 作为 $n_1, n_2, \cdots, n_k$ 的父亲，则得到一棵新树，节点 n 就是新树的根。我们称 $n_1, n_2, \cdots, n_k$ 为一组兄弟节点，它们都是节点 n 的儿子节点。我们还称 $n_1, n_2, \cdots, n_k$ 为节点 n 的子树。空集合也是树，称为空树。空树中没有节点。单个节点若是一棵树，树根就是该节点本身。树结构如图 6-6 所示。

5. 图

图 G 由两个集合 V 和 E 组成，记为 $G=(V,E)$，这里，V 是顶点的有穷非空集合，E 是边（或弧）的集合，而边（或弧）是 V 中顶点的偶对。图中的节点称为顶点。相关顶点的偶对称为边。图结构如图 6-7 所示。

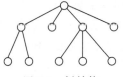　　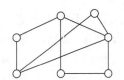

图 6-6　树结构　　　　　图 6-7　图结构

(1) 有向图(Digraph)：若图 G 中的每条边都是有方向的，则称 G 为有向图。弧(Arc)又称为有向边。在有向图中，一条有向边是由两个顶点组成的有序对，有序对通常用尖括号表示。弧尾(Tail)是边的始点。弧头(Head)为边的终点。

(2) 无向图(Undigraph)：若图 G 中的每条边都是没有方向的，则称 G 为无向图。

6.4 编译原理

1．编译程序

编译程序是把用高级程序设计语言书写的源程序翻译成等价的计算机汇编语言或机器语言书写的目标程序的翻译程序。编译程序属于采用生成性实现途径实现的翻译程序。它以高级程序设计语言书写的源程序作为输入，而以汇编语言或机器语言表示的目标程序作为输出。编译出的目标程序通常还要经历运行阶段，以便在运行程序的支持下运行，加工初始数据，算出所需的计算结果。编译程序的实现算法较为复杂，这是因为它所翻译的语句与目标语言的指令不是一一对应关系，而是一多对应关系；同时也因为它要处理递归调用、动态存储分配、多种数据类型，以及语句间的紧密依赖关系。

2．功能

编译程序的基本功能是把源程序翻译成目标程序。但是，作为一个具有实际应用价值的编译系统，除了基本功能之外，还应具备语法检查、调试措施、修改手段、覆盖处理、目标程序优化、不同语言合用以及人-机联系等重要功能。

(1) 语法检查：检查源程序是否合乎语法。如果不符合语法，编译程序要指出语法错误的部位、性质和有关信息。编译程序应使用户通过一次上机便能够尽可能多地查出错误。

(2) 调试措施：检查源程序是否合乎设计者的意图。为此，要求编译程序在编译出的目标程序中安置一些输出指令，以便在目标程序运行时能输出程序动态执行情况的信息，如变量值的更改、程序执行时所经历的线路等。这些信息有助于用户核实和验证源程序是否表达了算法要求。

(3) 修改手段：为用户提供简便的修改源程序的手段。编译程序通常要提供批量修改手段(用于修改数量较大或临时不易修改的错误)和现场修改手段(用于运行时修改数量较少、临时易改的错误)。

(4) 覆盖处理：主要是为处理程序长、数据量大的大型问题或程序而设置的。基本思想是让一些程序段和数据公用某些存储区，其中只存放当前要用的程序或数据，其余暂时不用的程序和数据，先存放在磁盘等辅助存储器中，待需要时再动态地调入。

(5) 目标程序优化：提高目标程序的质量，即使程序占用的存储空间少，程序的运行时间短。依据优化目标的不同，编译程序可选择实现表达式优化、循环优化或程序全局优化。目标程序优化有的在源程序级上进行，有的在目标程序级上进行。

(6) 不同语言合用：其功能有助于用户利用多种程序设计语言编写应用程序或套用已有的不同语言书写的程序模块。最为常见的是高级语言和汇编语言的合用。这不但可以弥补高级语言难于表达某些非数值加工操作或直接控制、访问外围设备和硬件寄存器的不足，而且还便于用汇编语言编写核心部分程序，以提高运行效率。

(7) 人-机联系：确定编译程序实现方案时达到精心设计的功能。目的是便于用户在编译和运行阶段及时了解内部工作情况，有效地监督、控制系统的运行。

3. 工作过程

编译程序必须分析源程序，然后将其综合形成目标程序。首先，检查源程序的正确性，并把它分解成若干基本成分；其次，再根据这些基本成分建立相应等价的目标程序部分。为了完成这些工作，编译程序要在分析阶段建立一些表格，改造源程序为中间语言形式，以便在分析和综合时易于引用和加工。具体工作过程如下。

1) 建立数据结构

分析和综合时所用的主要数据结构，包括符号表、常数表和中间语言程序。符号表由源程序中所用的标识符连同它们的属性组成，其中，属性包括种类（如变量、数组、结构、函数、过程等）、类型（如整型、实型、字符串、复型、标号等），以及目标程序所需的其他信息。常数表由源程序中用的常数组成，其中包括常数的机内表示，以及分配给它们的目标程序地址。中间语言程序是将源程序翻译为目标程序前引入的一种中间形式的程序，其表示形式的选择取决于编译程序以后如何使用和加工它。常用的中间语言形式有波兰表示法、三元组、四元组以及间接三元组等。

2) 程序分析

源程序的分析是经过词法分析、语法分析和语义分析三个步骤实现的。词法分析由词法分析程序（又称为扫描程序）完成，其任务是识别单词（即标识符、常数、保留字，以及各种运算符、标点符号等）、造符号表和常数表，以及将源程序换码为编译程序易于分析和加工的内部形式。语法分析程序是编译程序的核心部分，其主要任务是根据语言的语法规则，检查源程序是否合乎语法。如不合乎语法，则输出语法出错信息；如合乎语法，则分解源程序的语法结构，构造中间语言形式的内部程序。语法分析的目的是掌握单词是怎样组成语句的，以及语句又是如何组成程序的。语义分析程序是进一步检查合法程序结构的语义正确性，其目的是保证标识符和常数的正确使用，把必要的信息收集和保存到符号表或中间语言程序中，并进行相应的语义处理。

3) 综合部分

综合阶段必须根据符号表和中间语言程序产生出目标程序，其主要工作包括代码优化、存储分配和代码生成。代码优化是通过重排和改变程序中的某些操作，以产生更加有效的目标程序。存储分配的任务是为程序和数据分配运行时的存储单元。代码生成的主要任务是产生与中间语言程序符等价的目标程序，顺序加工中间语言程序，并利用符号表和常数表中的信息生成一系列的汇编语言或机器语言指令。

编译过程分为分析和综合两个部分，并进一步划分为词法分析、语法分析、语义分析、代码优化、存储分配和代码生成等 6 个相继的逻辑步骤。这 6 个步骤只表示编译程序各部分之间的逻辑联系，而不是时间关系。编译过程既可以按照这 6 个逻辑步骤顺序地执行，也可以按照平行互锁方式去执行。在确定编译程序的具体结构时，常常分若干遍实现。对于源程序或中间语言程序，从头到尾扫视一次并实现所规定的工作称作一遍。每一遍可以完成一个或相连几个逻辑步骤的工作。例如，可以把词法分析作为第一遍；语法分析和语义分析作为第二遍；代码优化和存储分配作为第三遍；代码生成作为第四遍。反之，为了适应较小的存储空间或提高目标程序质量，也可以把一个逻辑步骤的工作分为几遍去执行。

6.5 计算机语言的发展

6.5.1 计算机语言的发展历史

计算机语言的发展是一个不断演化的过程,其根本的推动力就是对抽象机制更高的要求,以及对程序设计思想更好的支持。具体地说,就是把机器能够理解的语言提升到也能够很好地模仿人类思考问题的形式。计算机语言的演化是从最开始的机器语言到汇编语言,再到各种结构化高级语言,最后到支持面向对象技术的面向对象语言的过程。

1. 机器语言

电子计算机所使用的是由 0 和 1 组成的二进制数,二进制是计算机语言的基础。计算机发明之初,人们只能用计算机语言去命令计算机执行任务,就是写出一串串由 0 和 1 组成的指令序列交由计算机执行,这种语言就是机器语言。使用机器语言是十分痛苦的,特别是在程序有错需要修改时更是如此。而且,由于每台计算机的指令系统往往各不相同,所以在一台计算机上执行的程序要想在另一台计算机上执行,必须另编程序,造成了重复工作。但由于使用的是针对特定型号计算机的语言,故而运算效率是所有语言中最高的。机器语言,是第一代计算机语言。

2. 汇编语言

为了减轻使用机器语言编程的痛苦,人们进行了一种有益的改进——用一些简洁的英文字母、符号串来替代一个特定的指令的二进制串,例如,用 ADD 代表加法,MOV 代表数据传递等,这样一来,人们很容易读懂并理解程序在干什么,纠错及维护都变得方便了,这种程序设计语言就称为汇编语言,即第二代计算机语言。然而计算机是不认识这些符号的,这就需要一个专门的程序来负责将这些符号翻译成二进制数的机器语言,这种翻译程序被称为汇编程序。汇编语言同样十分依赖于机器硬件,移植性不好,但效率仍十分高。针对计算机特定硬件而编制的汇编语言程序,能准确发挥计算机硬件的功能和特长,程序精练而质量高,所以至今仍是一种常用而强有力的软件开发工具。

3. 高级语言

从最初与计算机交流的痛苦经历中,人们意识到,应该设计一种这样的语言,这种语言接近于数学语言或人的自然语言,同时又不依赖于计算机硬件,编出的程序能在所有机器上通用。经过努力,1954 年,第一个完全脱离机器硬件的高级语言——FORTRAN 问世了,六十多年来,共有几百种高级语言出现,有重要意义的有几十种,影响较大、使用较普遍的有 FORTRAN、ALGOL、COBOL、BASIC、LISP、SNOBOL、PL/1、Pascal、C、PROLOG、Ada、C++、VC、VB、Delphi、Java 等。高级语言的发展也经历了从早期语言到结构化程序设计语言,从面向过程到非过程化程序语言的过程。相应地,软件的开发也由最初的个体手工作坊式的封闭式生产,发展为产业化、流水线式的工业化生产。

20 世纪 60 年代中后期,软件越来越多,规模越来越大,而软件的生产基本上是各自为战,缺乏科学规范的系统规划与测试、评估标准,其恶果是大批耗费巨资建立起来的软件系统，由于含有错误而无法使用，甚至带来巨大损失。软件给人的感觉是越来越不可靠，以致几乎没有不出错的软件。这一切，极大地震动了计算机界，史称"软件危机"。人们认识到，大型程序的编制不同于写小程序，它应该是一项新的技术，应该像处理工程一样处理软件研发的全过程。程序的设计应易于保证正确性，也便于验证正确性。1969年，结构化程序设计方法被提出，1970年，第一个结构化程序设计语言——Pascal语言的出现标志着结构化程序设计时期的开始。

20世纪80年代初，开始出现了面向对象程序设计。在此之前的高级语言几乎都是面向过程的，程序的执行是流水线式的。在一个模块被执行完成前，用户不能干别的事，也无法动态地改变程序的执行方向。这和人们日常处理事物的方式是不一致的，对人而言是希望发生一件事就处理一件事，不能面向过程，而应是面向具体的应用功能，也就是对象（object）。其方法就是软件的集成化，如同硬件的集成电路一样，生产一些通用的、封装紧密的功能模块，称之为软件集成块。它与具体应用无关，但能相互组合，完成具体的应用功能，同时又能重复使用。对使用者来说，只关心它的接口（输入量、输出量）及能实现的功能，至于功能是如何实现的，那是它内部的事，使用者完全不用关心。C++、VB、Delphi就是典型代表。高级语言的下一个发展目标是面向应用，也就是说，只需要告诉程序你要干什么，程序就能自动生成算法，自动进行处理，这就是非过程化的程序语言。

4. 计算机语言未来的发展趋势

面向对象程序设计以及数据抽象在现代程序设计思想中占有很重要的地位，未来语言的发展将不再是一种单纯的语言标准，而会以一种完全面向对象、更易表达现实世界、更易为人编写的形式，其使用将不再只是专业的编程人员，人们完全可以用订制真实生活中一项工作流程的简单方式来完成编程。计算机语言发展的特性如下。

（1）简单性：提供最基本的方法来完成指定的任务，只需理解一些基本的概念，就可以用它编写出适合于各种情况的应用程序。

（2）面向对象：提供简单的类机制以及动态的接口模型。对象中封装状态变量以及相应的方法，实现了模块化和信息隐藏，提供了一类对象的原型，并且通过继承机制，子类可以使用父类所提供的方法，实现了代码的复用。

（3）安全性：用于网络、分布环境下有安全机制保证。

（4）平台无关性：与平台无关的特性使程序可以方便地被移植到网络上的不同机器、不同平台。

6.5.2 第四代语言

4GL，即第四代语言（Fourth-Generation Language）是按计算机科学理论指导设计出来的结构化语言，如Ada、MODULA-2、SMALLTALK-80等。

4GL具有简单易学，用户界面良好，非过程化程度高，面向问题，只需告知计算机"做什么"而不必告知计算机"怎么做"，用4GL编程使用的代码量较之COBOL、PL/1明显减少，并可成数量级地提高软件生产率等特点。许多4GL为了提高对问题的表达能力，也为了提高语言的效率，引入了过程化的语言成分，出现了过程化的语句与非过程化的语句交织并存的局面，如LINC、NOMAD、IDEAL、FOCUS、NATURAL等均是如此。

4GL以数据库管理系统所提供的功能为核心，进一步构造了开发高层软件系统的开发环境,如报表生成、多窗口表格设计、菜单生成系统等,为用户提供了一个良好的应用开发环境。4GL 的代表性软件系统有:PowerBuilder、Delphi 和 Informix-4GL 等。

4GL 的出现是出于商业需要。4GL 这个词最早是在 20 世纪 80 年代初期出现在软件厂商的广告和产品介绍中。因此,这些厂商的 4GL 产品不论从形式上还是从功能上,差别都很大。1985 年,美国召开了全国性的 4GL 研讨会,也正是在这前后,许多著名的计算机科学家对 4GL 展开了全面研究,从而使 4GL 进入了计算机科学的研究范畴。

进入 20 世纪 90 年代,随着计算机软硬件技术的发展和应用水平的提高,大量基于数据库管理系统的 4GL 商品化软件已在计算机应用开发领域中获得广泛应用,成为面向数据库应用开发的主流工具,如 Oracle 应用开发环境、Informix-4GL、SQL Windows、PowerBuilder 等。它们为缩短软件开发周期、提高软件质量发挥了巨大的作用,为软件开发注入了新的生机和活力。

思考题

1. 什么是软件?
2. 软件怎么分类?
3. 简述程序设计原则与过程。
4. 程序有哪几种基本结构?
5. 程序有几种执行方式?
6. 简述数据结构的定义。
7. 什么是线性表?什么是栈?什么是队列?什么是树?什么是图?
8. 简述编译原理。
9. 简述计算机语言发展历史。
10. 什么是第四代语言?

第7章 数据库与大数据

7.1 数据库概述

7.1.1 数据库的基本概念

数据库(Database)是按照数据结构来组织、存储和管理数据的仓库。1963 年 6 月,数据库的概念被提出。随着信息技术和市场的发展,特别是 20 世纪 90 年代以后,数据管理不再仅仅是存储和管理数据,而转变成用户所需要的各种数据管理的方式。数据库有很多种类型,从最简单的存储有各种数据的表格到能够进行海量数据存储的大型数据库系统都在各个方面得到了广泛的应用。

数据库是一个长期存储在计算机内的、有组织的、有共享的、统一管理的数据集合。它是一个按数据结构来存储和管理数据的计算机软件系统。数据库的概念实际包括两层意思:①数据库是一个实体,它是能够合理保管数据的"仓库",用户在该"仓库"中存放要管理的事务数据,"数据"和"库"两个概念结合成为数据库;②数据库是数据管理的新方法和技术,它能更合适地组织数据、更方便地维护数据、更严密地控制数据和更有效地利用数据。

7.1.2 数据管理技术的发展

数据库发展阶段大致划分为如下几个阶段:人工管理阶段、文件系统阶段、数据库系统阶段、未来发展趋势。

1. 人工管理阶段

20 世纪 50 年代中期之前,计算机的软硬件均不完善。硬件存储设备只有磁带、卡片和纸带,软件方面还没有操作系统,当时的计算机主要用于科学计算。这个阶段由于还没有软件系统对数据进行管理,程序员在程序中不仅要规定数据的逻辑结构,还要设计其物理结构,包括存储结构、存取方法、输入输出方式等。当数据的物理组织或存储设备改变时,用户程序就必须重新编制。由于数据的组织面向应用,不同的计算程序之间不能共享数据,使得不同的应用之间存在大量的重复数据,很难维护应用程序之间数据的一致性。

2. 文件系统阶段

这一阶段的主要标志是计算机中有了专门管理数据库的软件——操作系统(文件管

理）。20世纪50年代中期到20世纪60年代中期,由于计算机大容量存储设备(如硬盘)的出现,推动了软件技术的发展,而操作系统的出现标志着数据管理步入一个新的阶段。在文件系统阶段,数据以文件为单位存储在外存,且由操作系统统一管理。操作系统为用户使用文件提供了友好界面。文件的逻辑结构与物理结构脱钩,程序和数据分离,使数据与程序有了一定的独立性。用户的程序与数据可分别存放在外存储器上,各个应用程序可以共享一组数据,实现了以文件为单位的数据共享。但由于数据的组织仍然是面向程序的,所以存在大量的数据冗余。而且数据的逻辑结构不能方便地修改和扩充,数据逻辑结构每一点微小的改变都会影响到应用程序。由于文件之间互相独立,因而它们不能反映现实世界中事物之间的联系,操作系统不负责维护文件之间的联系信息。如果文件之间有内容上的联系,那也只能由应用程序去处理。

3. 数据库系统阶段

20世纪60年代后,随着计算机在数据管理领域的广泛应用,人们对数据管理技术提出了更高的要求:希望面向企业或部门,以数据为中心组织数据,减少数据的冗余,提供更高的数据共享能力,同时要求程序和数据具有较高的独立性,当数据的逻辑结构改变时,不涉及数据的物理结构,也不影响应用程序,以降低应用程序研制与维护的费用。数据库技术正是在这样一个应用需求的基础上发展起来的。

4. 未来发展趋势

随着信息管理内容的不断扩展,出现了丰富多样的数据模型(如层次模型、网状模型、关系模型、面向对象模型、半结构化模型等),新技术也层出不穷(如数据流、Web数据管理、数据挖掘等)。

7.1.3 数据模型

1. 数据结构模型

（1）数据结构。数据结构是指数据的组织形式或数据之间的联系。如果用 D 表示数据,用 R 表示数据对象之间存在的关系集合,则将 $DS=(D,R)$ 称为数据结构。例如,设有一个电话号码簿,它记录了 n 个人的名字和相应的电话号码。为了方便查找某人的电话号码,将人名和号码按字典顺序排列,并在名字的后面跟随着对应的电话号码。这样,若要查找某人的电话号码(假定他的名字的第一个字母是 Y),那么只需查找以 Y 开头的那些名字就可以了。该例中,数据的集合 D 就是人名和电话号码,它们之间的联系 R 就是按字典顺序的排列,其相应的数据结构就是 $DS=(D,R)$,即一个数组。

（2）数据结构种类。数据结构又分为数据的逻辑结构和数据的物理结构。数据的逻辑结构是从逻辑的角度(即数据间的联系和组织方式)来观察数据、分析数据,与数据的存储位置无关。数据的物理结构是指数据在计算机中存放的结构,即数据的逻辑结构在计算机中的实现形式,所以物理结构也被称为存储结构。这里只研究数据的逻辑结构,并将反映和实现数据联系的方法称为数据模型。

2. 层次、网状和关系数据库系统

目前,比较流行的数据模型有三种,即层次结构模型、网状结构模型和关系结构模型。

(1) 层次结构模型。层次结构模型实质上是一种有根节点的定向有序树(在数学中"树"被定义为一个无回路的连通图)。按照层次模型建立的数据库系统称为层次模型数据库系统。

(2) 网状结构模型。按照网状数据结构建立的数据库系统称为网状数据库系统,其典型代表是 DBTG(Data Base Task Group)。用数学方法可将网状数据结构转换为层次数据结构。

(3) 关系结构模型。关系数据结构把一些复杂的数据结构归结为简单的二元关系(即二维表格形式)。例如,某单位的职工关系就是一个二元关系。由关系数据结构组成的数据库系统被称为关系数据库系统。在关系数据库中,对数据的操作几乎全部建立在一个或多个关系表格上,通过对这些关系表格的分类、合并、连接或选取等运算来实现数据的管理。

7.2 关系数据库

7.2.1 关系数据库的设计原则

在实现设计阶段,常常使用关系规范化理论来指导关系数据库设计。其基本思想为,每个关系都应该满足一定的规范,从而使关系模式设计合理,达到减少冗余、提高查询效率的目的。为了建立冗余较小、结构合理的数据库,将关系数据库中关系应满足的规范划分为若干等级,每一级称为一个"范式"。

范式的概念最早是由 E. F. Codd 提出的,他从 1971 年相继提出了三级规范化形式,即满足最低要求的第一范式(1NF),在 1NF 基础上又满足某些特性的第二范式(2NF)和在 2NF 基础上再满足一些要求的第三范式(3NF)。1974 年,E. F. Codd 和 Boyce 共同提出了一个新的范式概念——Boyce-Codd 范式,简称 BC 范式。1976 年,Fagin 提出了第四范式(4NF),后来又有人定义了第五范式(5NF)。至此,在关系数据库规范中建立了一个范式系列:1NF、2NF、3NF、BCNF、4NF 和 5NF。

1. 第一范式

在任何一个关系数据库中,第一范式是对关系模型的基本要求,不满足第一范式的数据库就不是关系数据库。

所谓第一范式是指数据库表的每一列都是不可再分割的基本数据项,同一列不能有多个值,即实体中的某个属性不能有多个值或者不能有重复的属性。如果出现重复的属性,就可能需要定义一个新的实体,新的实体由重复的属性构成,新实体与原实体之间为一对多关系。在第一范式中表的每一行只包含一个实例的信息。

2. 第二范式

第二范式是在第一范式的基础上建立起来的,即满足第二范式必须先满足第一范式。

第二范式要求数据库表中的每个实例或行必须可以被唯一地区分。为实现区分,通常需要为表加上一个列,以存储各个实例的唯一标识。第二范式要求实体的属性完全依赖于主关键字。所谓"完全依赖"是指不能存在仅依赖主关键字一部分的属性,如果存在,那么这个属性和主关键字的这一部分应该被分离出来形成一个新的实体,新实体与原实体之间是一对多的关系。简而言之,第二范式就是非主属性非部分依赖于主关键字。

3. 第三范式

满足第三范式必须先满足第二范式。也就是说,第三范式要求一个数据库表中不包含已在其他表中包含的非主关键字信息。简而言之,第三范式就是属性不依赖于其他非主属性。

7.2.2 关系数据库的设计步骤

数据库设计包括如下 6 个主要步骤。
(1) 需求分析:了解用户的数据需求、处理需求、安全性及完整性要求。
(2) 概念设计:通过数据抽象,设计系统概念模型,一般为 E-R 模型。
(3) 逻辑结构设计:设计系统的模式和外模式,对于关系模型主要是基本表和视图。
(4) 物理结构设计:设计数据的存储结构和存取方法,如索引的设计。
(5) 系统实施:组织数据入库、编制应用程序、试运行。
(6) 运行维护:系统投入运行,长期的维护工作。

7.2.3 查询语言

1. 结构化查询语言

结构化查询语言(Structured Query Language,SQL)是一种数据库查询和程序设计语言,用于存取数据以及查询、更新和管理关系数据库系统;同时也是数据库脚本文件的扩展名。结构化查询语言是高级的非过程化编程语言,允许用户在高层数据结构上工作。它不要求用户指定对数据的存放方法,也不需要用户了解具体的数据存放方式,所以具有完全不同底层结构的数据库系统可以使用相同的结构化查询语言作为数据输入与管理的接口。结构化查询语言语句可以嵌套,这使它具有极大的灵活性和强大的功能。

2. 结构化查询语言结构

结构化查询语言包含如下 6 个部分。
(1) 数据查询语言(DQL):其语句也称为数据检索语句,用以从表中获得数据,确定数据怎样在应用程序中给出。保留字 SELECT 是 DQL(也是所有 SQL)用得最多的动词,其他 DQL 常用的保留字有 WHERE、ORDER BY、GROUP BY 和 HAVING。这些 DQL 保留字常与其他类型的 SQL 语句一起使用。
(2) 数据操作语言(DML):其语句包括动词 INSERT、UPDATE 和 DELETE。它们分别用于添加、修改和删除表中的行。DML 也称为动作查询语言。
(3) 事务处理语言(TPL):它的语句能确保被 DML 语句影响的表的所有行及时得以

更新。TPL 语句包括 BEGIN TRANSACTION、COMMIT 和 ROLLBACK。

(4) 数据控制语言(DCL)：它的语句通过 GRANT 或 REVOKE 获得许可,确定单个用户和用户组对数据库对象的访问。某些 RDBMS 可用 GRANT 或 REVOKE 控制对表单个列的访问。

(5) 数据定义语言(DDL)：其语句可在数据库中创建新表(CREAT TABLE),为表加入索引等。DDL 包括许多与数据库目录中获得数据有关的保留字。它也是动作查询的一部分。

(6) 指针控制语言(CCL)：它的语句,像 DECLARE CURSOR、FETCH INTO 和 UPDATE WHERE CURRENT,用于对一个或多个表单独行的操作。

7.3 常用数据库系统

7.3.1 Oracle

Oracle 数据库是一种大型数据库系统,一般应用于商业和政府部门,它的功能很强大,能够处理大批量的数据,在网络方面也用得非常多。Oracle 数据库管理系统是一个以关系型和面向对象为中心来管理数据的数据库管理软件系统,其在管理信息系统、企业数据处理、因特网及电子商务等领域有着非常广泛的应用。因其在数据安全性与数据完整性控制方面的优越性能,以及跨操作系统、跨硬件平台的数据互操作能力,使得越来越多的用户将 Oracle 作为其应用数据的处理系统。Oracle 数据库是基于"客户机/服务器"模式的结构。客户机应用程序执行与用户进行交互的活动,它接收用户信息,并向"服务器端"发送请求。服务器系统负责管理数据信息和各种操作数据的活动。

7.3.2 DB2

IBM 公司研制的一种关系型数据库系统——DB2 主要应用于大型应用系统,具有较好的可伸缩性,可支持从大型计算机到单用户环境,应用于 OS/2、Windows 等平台下。DB2 提供了高层次的数据利用性、完整性、安全性、可恢复性,以及小规模到大规模应用程序的执行能力,具有与平台无关的基本功能和 SQL 命令。DB2 采用了数据分级技术,能够使大型计算机数据很方便地下载到 LAN 数据库服务器,使得客户机/服务器的用户和基于 LAN 的应用程序可以访问大型计算机数据,并使数据库本地化及远程连接透明化。它以拥有一个非常完备的查询优化器而著称,其外部连接改善了查询性能,并支持多任务并行查询。DB2 具有很好的网络支持能力,每个子系统可以连接十几万个分布式用户,可同时激活上千个活动线程,对大型分布式应用系统尤为适用。除了它可以提供主流的 OS/390 和 VM 操作系统,以及中等规模的 AS/400 系统之外,IBM 还提供了跨平台(包括基于 UNIX 的 Linux、HP-UX、Sun Solaris,以及 SCO UNIXWare；还有用于个人计算机的 OS/2 操作系统,以及微软的 Windows 2000 和其早期的系统)的 DB2 产品。DB2 数据库可以通过使用微软的开放数据库连接(ODBC)接口、Java 数据库连接(JDBC)接口,或者 CORBA 接口代理被任何的应用程序访问。

7.3.3 Informix

Informix 在 1980 年成立,目的是为 UNIX 等开放操作系统提供专业的关系型数据库产品。公司的名称 Informix 便是取自 Information 和 UNIX 的结合。Informix 第一个真正支持 SQL 的关系数据库产品是 Informix SE(Standard Engine)。Informix SE 是在当时的微机 UNIX 环境下主要的数据库产品。它也是第一个被移植到 Linux 上的商业数据库产品。

Informix 是 IBM 公司出品的关系数据库管理系统(RDBMS)家族。作为一个集成解决方案,它被定位为作为 IBM 在线事务处理(OLTP)旗舰级数据服务系统。IBM 对 Informix 和 DB2 都有长远的规划,两个数据库产品互相吸取对方的技术优势。在 2005 年早些时候,IBM 推出了 Informix Dynamic Server(IDS)第 10 版。目前的最新版本是 IDS11(v11.50,代码名为"Cheetah 2")在 2008 年上市。

7.3.4 Sybase

1984 年,Mark B. Hiffman 和 Robert Epstern 创建了 Sybase 公司,并在 1987 年推出了 Sybase 数据库产品。Sybase 主要有三种版本,一是 UNIX 操作系统下运行的版本,二是 Novell Netware 环境下运行的版本,三是 Windows NT 环境下运行的版本。对 UNIX 操作系统目前广泛应用的为 Sybase 10 及 Sybase 11 for SCO UNIX。Sybase 数据库主要由三部分组成:①进行数据库管理和维护的一个联机的关系数据库管理系统 Sybase SQL Server;②支持数据库应用系统的建立与开发的一组前端工具 Sybase SQL Toolset;③可把异构环境下其他厂商的应用软件和任何类型的数据连接在一起的接口 Sybase Open Client/Open Server。

7.3.5 SQL Server

SQL Server 是一个关系数据库管理系统。它最初是由 Microsoft、Sybase 和 Ashton-Tate 三家公司共同开发的,于 1988 年推出了第一个 OS/2 版本。在 Windows NT 推出后,Microsoft 与 Sybase 在 SQL Server 的开发上就分道扬镳了,Microsoft 将 SQL Server 移植到 Windows NT 系统上,专注于开发推广 SQL Server 的 Windows NT 版本。Sybase 则较专注于 SQL Server 在 UNIX 操作系统上的应用。

SQL Server 2005 是一个全面的数据库平台,使用集成的商业智能(BI)工具提供了企业级的数据管理。SQL Server 2005 数据库引擎为关系型数据和结构化数据提供了更安全可靠的存储功能,可以构建和管理用于业务的高可用和高性能的数据应用程序。SQL Server 2005 数据引擎是企业数据管理解决方案的核心。此外,SQL Server 2005 结合了分析、报表、集成和通知功能。这使企业可以构建和部署经济有效的 BI 解决方案,帮助用户的团队通过记分卡、Dashboard、Web Services 和移动设备将数据应用推向业务的各个领域。SQL Server 2008 是一个重要的产品版本,它推出了许多新的特性和关键的改进。

SQL Server 2012 和 SQL Server 2014 版功能增加较多。SQL Server 2019 于 2019 年 11 月 7 日正式发布。

7.3.6 Access

Access 是微软公司推出的基于 Windows 的桌面关系数据库管理系统,是 Office 系列应用软件之一。它提供了表、查询、窗体、报表、页、宏、模块 7 种用来建立数据库系统的对象,提供了多种向导、生成器、模板,把数据存储、数据查询、界面设计、报表生成等操作规范化。为建立功能完善的数据库管理系统提供了方便,也使得普通用户不必编写代码就可以完成大部分数据管理的任务。

7.3.7 Visual FoxPro

Visual FoxPro 原名 FoxBase,最初是由美国 Fox Software 公司于 1988 年推出的数据库产品,在 DOS 上运行,与 xBase 系列兼容。FoxPro 是 FoxBase 的加强版,最高版本曾出过 2.6。之后于 1992 年,Fox Software 公司被 Microsoft 收购并加以发展,使 FoxBase 可以在 Windows 上运行,并且更名为 Visual FoxPro。FoxPro 比 FoxBase 在功能和性能上都有了很大的改进,主要是引入了窗口、按钮、列表框和文本框等控件,进一步提高了系统的开发能力。

7.4 数据库新发展

数据库技术被应用到特定的领域中,出现了工程数据库、统计数据库、空间数据库、并行数据库、多媒体数据库、主动数据库、移动数据库等多种数据库,使数据库领域中新的技术内容层出不穷。

7.4.1 数据仓库

1. 定义

数据仓库(Data Warehouse)是决策支持系统(DSS)和联机分析应用数据源的结构化数据环境。数据仓库研究和解决从数据库中获取信息的问题。数据仓库的特征在于面向主题、集成性、稳定性和时变性。

数据仓库,是在数据库已经大量存在的情况下,为了进一步挖掘数据资源、为了决策需要而产生的,它并不是所谓的"大型数据库"。数据仓库的方案建设的目的,是为前端查询和分析做基础,由于有较大的冗余,所以需要的存储空间也较大。

根据数据仓库之父 William H. Inmon 在 1991 年出版的 *Building the Data Warehouse* 一书中所提出的定义,数据仓库是一个面向主题的、集成的、相对稳定的、反映历史变化的数据集合,用于支持管理决策。

这里的主题指用户使用数据仓库进行决策时所关心的重点方面,如收入、客户、销售渠道等。所谓面向主题,是指数据仓库内的信息是按主题进行组织的,而不是像业务支撑系统那样是按照业务功能进行组织的。这里的集成指数据仓库中的信息不是从各个业务系统中简单抽取出来的,而是经过一系列加工、整理和汇总的过程,因此数据仓库中的信息是关于整个企业的一致的全局信息。这里的随时间变化指数据仓库内的信息并不只是反映企业当前的状态,而是记录了从过去某一时刻到当前各个阶段的信息。通过这些信息,可以对企业的发展历程和未来趋势做出定量分析和预测。

2. 数据库和数据仓库的区别

(1) 出发点不同:数据库是面向事务的设计;数据仓库是面向主题设计的。

(2) 存储的数据不同:数据库一般存储在线交易数据;数据仓库存储的一般是历史数据。

(3) 设计规则不同:数据库设计是尽量避免冗余,一般采用符合范式的规则来设计;数据仓库在设计时有意引入冗余,采用反范式的方式来设计。

(4) 提供的功能不同:数据库是为捕获数据而设计,数据仓库是为分析数据而设计。

(5) 基本元素不同:数据库的基本元素是事实表,数据仓库的基本元素是维度表。

(6) 容量不同:数据库在基本容量上要比数据仓库小得多。

(7) 服务对象不同:数据库是为了高效的事务处理而设计的,服务对象为企业业务处理方面的工作人员;数据仓库是为了分析数据进行决策而设计的,服务对象为企业高层决策人员。

7.4.2 工程数据库

1. 定义

工程数据库(Engineering Database)是一种能存储和管理各种工程图形,并能为工程设计提供各种服务的数据库。它适用于 CAD/CAM、计算机集成制造(CIM)等通称为 CAX 的工程应用领域。工程数据库针对工程应用领域的需求,对工程对象进行处理,并提供相应的管理功能及良好的设计环境。

工程数据库系统和传统数据库系统一样,包括工程数据库管理系统和工程数据库设计两方面的内容。工程数据库设计的主要任务是在工程数据库管理系统的支持下,按照应用的要求,为某一类或某个工程项目设计一个结构合理、使用方便、效率较高的工程数据库及其应用系统。数据库设计得好,可以使整个应用系统效率高、维护简单、使用容易。即使是最佳的应用程序,也无法弥补数据库设计时的某些缺陷。这方面的研究包括工程数据库设计方法和辅助设计工具的研究和开发。

2. 功能

工程数据库管理系统是用于支持工程数据库的数据库管理系统,主要应具有以下功能:①支持复杂多样的工程数据的存储和集成管理;②支持复杂对象(如图形数据)的表示和处理;③支持变长结构数据实体的处理;④支持多种工程应用程序;⑤支持模式的动态修改和扩展;⑥支持设计过程中多个不同数据库版本的存储和管理;⑦支持工程长事务和嵌套事务的处理和恢复。

在工程数据库的设计过程中,由于传统的数据模型难以满足 CAX 应用对数据模型的要求,需要运用当前数据库研究中的一些新的模型技术,如扩展的关系模型、语义模型、面向对象的数据模型。

7.4.3 统计数据库

1. 定义

统计数据库(Statistical Data)是人类对现实社会各行各业、科技教育、国情国力的大量调查数据。采用数据库技术实现对统计数据的管理,对于充分发挥统计信息的作用具有决定性的意义。

统计数据库是一种用来对统计数据进行存储、统计(如求数据的平均值、最大值、最小值、总和等)、分析的数据库系统。

2. 特点

第一,多维性是统计数据的第一个特点,也是最基本的特点。

第二,统计数据是在一定时间(年度、季度、月度)期末产生大量数据,故入库时总是定时的大批量加载。经过各种条件下的查询以及一定的加工处理,通常又要输出一系列结果报表。这就是统计数据"大进大出"的特点。

第三,统计数据的时间属性是一个最基本的属性,任何统计量都离不开时间因素,而且经常需要研究时间序列值,所以统计数据又有时间向量性。

第四,随着用户对所关心问题的观察角度不同,统计数据查询出来后常有转置的要求。

7.4.4 空间数据库

1. 定义

空间数据库(Spacial Database)指的是地理信息系统在计算机物理存储介质上存储的与应用相关的地理空间数据的总和,一般是以一系列特定结构的文件的形式组织在存储介质之上的。空间数据库的研究始于20世纪70年代的地图制图与遥感图像处理领域,其目的是为了有效地利用卫星遥感资源迅速绘制出各种经济专题地图。由于传统的关系数据库在空间数据的表示、存储、管理、检索上存在许多缺陷,从而形成了空间数据库这一数据库研究领域。而传统数据库系统只针对简单对象,无法有效地支持复杂对象(如图形、图像)。

空间数据库是以描述空间位置和点、线、面、体特征的拓扑结构的位置数据及描述这些特征的性能的属性数据为对象的数据库。其中的位置数据为空间数据,属性数据为非空间数据。其中,空间数据是用于表示空间物体的位置、形状、大小和分布特征等信息的数据,用于描述所有二维、三维和多维分布的关于区域的信息,它不仅具有表示物体本身的空间位置及状态信息,还具有表示物体的空间关系的信息。非空间信息主要包含表示专题属性和质量描述的数据,用于表示物体的本质特征,以区别地理实体,对地理物体进行语义定义。

目前的空间数据库成果大多数以地理信息系统的形式出现,主要应用于环境和资源管理、土地利用、城市规划、森林保护、人口调查、交通、税收、商业网络等领域的管理与决策。

空间数据库的目的是利用数据库技术实现空间数据的有效存储、管理和检索,为各种空间数据库用户使用。目前,空间数据库的研究主要集中于空间关系与数据结构的形式化定义、空间数据的表示与组织、空间数据查询语言和空间数据库管理系统。

2. 特点

(1) 数据量庞大。空间数据库面向的是地学及其相关对象,而在客观世界中它们所涉及的往往都是地球表面信息、地质信息、大气信息等极其复杂的现象和信息,所以描述这些信息的数据容量很大,容量通常达到 GB 级。

(2) 具有高可访问性。空间信息系统要求具有强大的信息检索和分析能力,这是建立在空间数据库基础上的,需要高效访问大量数据。

(3) 空间数据模型复杂。空间数据库存储的不是单一性质的数据,而是涵盖了几乎所有与地理相关的数据类型。

(4) 属性数据和空间数据联合管理。

(5) 应用范围广泛。

7.4.5 多媒体数据库

1. 定义

多媒体数据库是数据库技术与多媒体技术结合的产物。多媒体数据库不是对现有的数据进行界面上的包装,而是从多媒体数据与信息本身的特性出发,考虑将其引入到数据库中之后而带来的有关问题。多媒体数据库从本质上来说,要解决三个难题:第一是信息媒体的多样化,不仅是数值数据和字符数据,还要扩大到多媒体数据的存储、组织、使用和管理;第二是要解决多媒体数据集成或表现集成,实现多媒体数据之间的交叉调用和融合,集成粒度越细,多媒体一体化表现才越强,应用的价值也才越大;第三是多媒体数据与人之间的交互性。

2. 特点

(1) 数据量大。格式化的数据的数据量较小,最长的字符型长为 254B。多媒体数据的数据量一般很大,1min 的视频和音频数据往往需要几十兆字节的数据空间,大小相当于一个小型数据库。

(2) 结构复杂。传统的数据以记录为单位,一条记录由多个字段组成,结构简单。多媒体数据种类繁多、结构复杂,大多是非格式化数据,来源于不同的媒体且具有不同的形式和格式。

(3) 时序性。由文字、声音、图像组成的复杂对象须有一定的同步机制,如画面的配音或文字需要与画面同步。传统数据则无此要求。

(4) 数据传输的连续性。声音、视频等多媒体数据的传输必须是连续的、稳定的,否则会影响效果造成失真。

多媒体数据的这些特点使得其需要有特殊的数据结构、存储技术、查询和处理方式,如支持大对象、基于相似性的检索、连续介质数据的检索等。

3. 功能

(1) 有效地表示各种媒体数据。对多媒体数据根据应用的不同采用不同的表示方法。

（2）有效地处理各种媒体数据。系统应能正确识别和表现各种媒体数据的特征、各种媒体间的空间或时间的关联（如正确表达空间数据的相关特性和配音、文字和视频等复合信息的同步等）。

（3）有效地操作各种媒体信息。系统应能像对格式化数据一样对各种媒体数据进行搜索、浏览等操作，且对不同的媒体可提供不同的操作，如声音的合成、图形的缩放等。

（4）具备开放性。系统应能提供多媒体数据库的 API（应用程序接口），提供不同于传统数据库的特种事务处理和版本管理功能。

*7.4.6 并行数据库

1. 定义

并行数据库系统（Parallel Database System，PDBS）是以并行计算机为基础，以高性能和可扩展性为目标，利用多处理器结构提供比大型计算机系统高得多的性价比和可用性的数据库系统。人们普遍认为，并行数据库系统将是未来的高性能数据库系统。

目前，对并行数据库系统的研究已取得很大成果，出现了一些并行数据库的原型系统，如 ARBRE、BUBBA、GAMMA、GRACE、ERADAT、XPRS 等，一些运行在大规模并行处理系统上的大型商品化数据库管理系统，如 Oracle、Sybase 等，也增加了并行处理能力。

并行数据库系统是新一代高性能的数据库系统，是在 MPP 和集群并行计算环境的基础上建立的数据库系统。

2. 历史

并行数据库技术起源于 20 世纪 70 年代的数据库机（Database Machine）研究，研究的内容主要集中在关系代数操作的并行化和实现关系操作的专用硬件设计上，希望通过硬件实现关系数据库操作的某些功能，该研究最后以失败而告终。20 世纪 80 年代后期，并行数据库技术的研究方向逐步转到了通用并行机方面，研究的重点是并行数据库的物理组织、操作算法、优化和调度策略。从 20 世纪 90 年代至今，随着处理器、存储、网络等相关基础技术的发展，并行数据库技术的研究上升到一个新的水平，研究的重点也转移到数据操作的时间并行性和空间并行性上。

3. 功能

并行数据库系统的目标是高性能和高可用性，通过多个处理节点并行执行数据库任务，以提高整个数据库系统的性能和可用性。

性能指标关注的是并行数据库系统的处理能力，具体的表现可以统一总结为数据库系统处理事务的响应时间。并行数据库系统的高性能可以从两个方面理解，一个是速度的提升（Speed Up），一个是范围的提升（Scale Up）。速度提升是指，通过并行处理，可以使用更少的时间完成两倍多的数据库事务。范围提升是指，通过并行处理，在相同的处理时间内，可以完成更多的数据库事务。并行数据库系统基于多处理节点的物理结构，将数据库管理技术与并行处理技术有机结合，来实现系统的高性能。

可用性指标关注的是并行数据库系统的健壮性，也就是当并行处理节点中的一个节点或多个节点部分失效或完全失效时,整个系统对外持续响应的能力。高可用性可以同时在硬件和软件两个方面提供保障。在硬件方面,通过冗余的处理节点、存储设备、网络链路等硬件措施,可以保证当系统中某节点部分或完全失效时,其他的硬件设备可以接管并继续处理,以对外提供持续服务。在软件方面,通过状态监控与跟踪、互相备份、日志等技术手段,可以保证当前系统中某节点部分或完全失效时,由它所进行的处理或由它所掌控的资源可以无损失或基本无损失地转移到其他节点,并由其他节点继续对外提供服务。

为了实现和保证高性能和高可用性,可扩充性也成为并行数据库系统的一个重要指标。可扩充性是指,并行数据库系统通过增加处理节点或者硬件资源(处理器、内存等),使其可以平滑地或线性地扩展其整体处理能力的特性。

*7.4.7 主动数据库

1. 定义

主动数据库(Active DataBase,ADB)是相对于传统数据库的被动性而言的。传统的数据库系统只能根据用户或应用程序的服务请求对数据库进行存储、检索等操作,而不能根据发生的事件或数据库的状态主动做出反应。

主动数据库系统是指具有主动提供各种服务功能,并且以一种统一的机制实现各种主动服务的数据库系统。

一个主动数据库系统在某一事件发生时,引发数据库管理系统去检测数据库当前的状态,若满足指定条件,则触发规定执行的动作。我们称之为 ECA 规则。

一个主动数据库系统可表示为:ADBS=DBS + EB + EM

其中,DBS 代表传统数据库系统,用来存储、操作、维护和管理数据;EB 代表 ECA 规则库,用来存储 ECA 规则,每条规则指明在何种事件发生时,根据给定条件,应主动执行什么动作;EM 代表事件监测器,一旦检测到某事件发生就主动触发系统,按照 EB 中指定的规则执行相应的动作。

2. 功能

(1) 主动数据库系统应该提供传统数据库系统的所有功能,且不能因为增加了主动性功能而使数据库的性能受到明显影响。

(2) 主动数据库系统必须给用户和应用提供关于主动特性的说明,且这种说明应该是数据库永久性的部分。

(3) 主动数据库系统必须能有效地实现(2)中说明的所有主动特性,且能与系统的其他部分有效地集成在一起,包括查询、事务处理、并发控制和权限管理等。

(4) 主动数据库系统应能够提供与传统数据库系统类似的数据库设计和调试工具。

*7.4.8 移动数据库

1. 定义

移动数据库(Mobile Database)是指在移动计算环境中的分布式数据库,其数据在物理上分散而在逻辑上集中,它涉及数据库技术、分布式计算技术、移动通信技术等多个学科领域。通俗地讲,移动数据库包括以下两层含义:人在移动时可以存取后台数据库或其副本;人可以带着后台数据库的副本移动。

2．特点

(1) 移动性与位置相关性。移动数据库可在无线通信单元内及单元间自由移动,而且在移动的同时仍可以保持通信连接。此外,应用程序及数据查询都可能是位置相关的。

(2) 频繁的断接性。移动数据库与固定网络之间经常处于主动或被动的断接状态,这要求移动数据库系统中的事务在断接的情况下能继续运行,或者自动进入休眠状态,不会因为网络断接而被撤销。

(3) 网络条件的多样性。在整个移动计算空间中,不同时间和地点的联网条件相差十分悬殊。因此移动数据库应提供充分的灵活性和适应性,提供多种系统运行方式和资源优化方式,以适应网络条件的变化。

(4) 系统规模庞大。在移动计算环境下,用户规模比常规网络环境庞大,采用普通的处理方法将导致移动数据库系统的效率十分低下。

(5) 系统的安全性和可靠性较差。由于移动计算平台可以远程访问系统资源,从而带来新的不安全因素。此外,移动主机遗失、失窃等现象也容易发生,因此移动数据库系统应提供比普通数据库系统更强的安全机制。

(6) 资源的有限性。电池电源对移动设备来说是有限的资源,通常只能维持几个小时。此外,移动设备还受通信带宽、存储容量、处理能力等的限制。移动数据库系统必须充分考虑这些限制,在查询优化、事务处理、存储管理等环节提高资源的利用效率。

(7) 网络通信的非对称性。上行链路的通信代价和下行链路有很大差异,要求在移动数据库的实现中充分考虑这种差异,采用合适的方式(如数据广播)传递数据。

7.5 大数据及其技术

7.5.1 大数据概述

1．背景

从 1990 年到 2003 年由法国、德国、日本、中国、英国和美国等国家 20 个研究所,2800 多名科学家参加的人类基因组计划耗资 13 亿英镑,产生的 DNA 数据达 200TB(B 为存储单位,一个汉字占 2B,$TB=2^{40}B$)。DNA 自动测序技术的快速发展使核酸序列数据量每天增长 106PB,生物信息呈现海量数据增长的趋势。生物信息学将其工作重点定位于对生物学数据的搜索(收集和筛选)、处理(编辑、整理、管理和显示)及利用(计算、模拟、分析和解释)。人类基因组计划研究开创了大数据或海量数据处理(数据密集计算)科学研究方法的先河。

2012 年 2 月,《纽约时报》的一篇专栏中所称,大数据时代已经降临。在商业、经济及其他领域中,决策将日益基于数据和分析而做出,而并非基于经验和直觉。哈佛大学社会学教授加里·金说:"这是一场革命,庞大的数据资源使得各个领域开始了量化进程,无论学术界、商界还是政府,所有领域都将开始这种进程。"此后,大数据(Big Data)一词越来越多地被提及,人们用它来描述和定义信息爆炸时代产生的海量数据,并命名与其相关的技术发展与创新。在国内,一些互联网主题的讲座沙龙中,甚至国金证券、国泰君安、银河证券等都将大数据写进了投资推荐报告。数据正在迅速膨胀并变大,它决定着企业的未来发展,虽然很多企业可能并没有意识到数据爆炸性增长带来的隐患,但是随着时间的推移,人们将越来越多地意识到数据对企业的重要性。

2. 定义

根据维基百科的定义,大数据是指无法在可承受的时间范围内用常规软件进行捕捉、管理和处理的数据集合。研究机构 Gartner 关于大数据的定义是需要新处理模式才能具有更强的决策力、洞察发现力和流程优化能力来适应海量、高增长率和多样化的信息资产。麦肯锡全球研究所给出的定义是:一种规模大到在获取、存储、管理、分析方面大大超出了传统数据库软件工具能力范围的数据集合,具有海量的数据规模、快速的数据流转、多样的数据类型和价值密度低四大特征。

大数据技术的战略意义不在于掌握庞大的数据信息,而在于对这些含有意义的数据进行专业化处理。换而言之,如果把大数据比作一种产业,那么这种产业实现盈利的关键在于提高对数据的加工能力,通过加工实现数据的增值。

从技术上看,大数据与云计算的关系就如同一枚硬币的正反面一样密不可分。大数据必然无法用单台的计算机进行处理,必须采用分布式架构。它的特色在于对海量数据进行分布式数据挖掘。但它必须依托云计算的分布式处理、分布式数据库和云存储、虚拟化技术。随着云时代的来临,大数据也吸引了越来越多的关注。大数据通常用来形容一家公司创造的大量非结构化数据和半结构化数据,这些数据在下载到关系型数据库用于分析时会花费过多时间和金钱。大数据分析常和云计算联系到一起,因为实时的大型数据集分析需要向数十、数百,甚至数千台计算机分配工作。

3. 特点

大数据的 4V 特点是指数据量巨大(Volume)、数据类型多样(Variety)、数据流动快(Velocity)和数据潜在价值大(Value)。

(1) 数据量巨大。大数据是互联网时代发展到一定段时期所必经的过程。伴随着现代社交工具的不断发展,及信息技术领域的不断突破,可以记录的互联网数据正在爆发式地增长。人类社会产生的数据和信息正以几何级数的方式快速增长,从 $KB(2^{10}B)$、$MB(2^{20}B)$、$GB(2^{30}B)$、$TB(2^{40}B)$、$PB(2^{50}B)$、$EB(2^{60}B)$、$ZB(2^{70}B)$、$YB(2^{80}B)$、$BB(2^{90}B)$、$NB(2^{100}B)$ 到 $DB(2^{110}B)$ 级别节节攀升。根据 IDC(国际数据公司)的监测统计,2011 年全球数据总量已经达到 1.8ZB,而这个数值还在以每两年翻一番的速度增长,预计到 2020 年,全球将总共拥有 35ZB 的数据量,比 2011 年增长了近二十倍。换句话说,近两年产生的数据总量相当于人类有史以来所有数据量的总和。互联网的数据规模非常庞大,以至于不能用 GB 或 TB 来衡量。百度平台每天响应超过 60 亿次的搜索请求,日处理数据超过 100PB,相当于 6000 多个中国国家图书馆书籍信息的总量。

(2) 数据类型多样。结构和非结构化数据及半结构化数据构成了总的数据。目前,随着信息技术的不断发展,单一结构化的数据已经不再是主要形式,各种网络的信息传播及机构组织的信息公布都会在每时每刻产生大量的数据资源,这些数据资源可以为我们所用且创造出一定的价值。互联网虚拟社会的数据类型很多,常见的有几十种。以金融为例,包括股市曲线图、嘉宾专家股市视频、QQ 聊天、手机微信、炒股网络日志、关系数据库格式、Word 文档、Excel 表格、PDF 文本、JPG 图像、网页等。

(3) 数据流动快。在大数据的构成中,实时数据占到了相当的比例。及时、有效地进行数据处理会涉及交流、传输、感应、决策等。大数据流动快,意味着数据产生速度快,传输速率快,处理速度快。为解决大数据传输瓶颈,2007 年,Internet 2(第二代互联网)建成,传输速率是传统 Internet 的 80 倍,峰值速率为 10GB。2014 年 8 月 25 日,中国工商银行利用 IBM 技术,实现跨数据中心全球核心业务分钟级切换,以应对每天几亿笔金融交易,确保每天超过 2TB 账务数据的正确性和实时性。

(4) 数据潜在价值大。当然,大数据中并不全是有价值的数据,需要进行剥离和分析,尤其是涉及科技、教育和经济领域的重要数据。因此,可以理解为数据的价值大小与数据总量的大小成反比。潜在价值的发现将是大数据挖掘的重要研究方向,也会带来高额回报。据麦肯锡公司统计,大数据可以给美国医疗保健每年提供 3000 亿美元价值,给欧洲公共管理商提供 2500 亿美元价值,给服务提供商每年带来 6000 亿美元年度盈余,给零售商带来 60% 的利润增加,给制造业带来 50% 的成本下降,给全球经济每年带来 23 000~53 000 亿美元的红利。大数据将是新的财富源,其价值堪比石油,这是很多有识之士的预测。

7.5.2 大数据技术

大数据技术有 4 个核心部分,它们是大数据采集与预处理、大数据存储与管理、大数据计算模式与系统及大数据分析与可视化。

1. 大数据采集与预处理

在大数据的生命周期中,数据采集处于第一个环节。大数据的采集主要有 4 种来源:管理信息系统、Web 信息系统、物理信息系统和科学实验系统。对于不同的数据集,可能存在不同的结构和模式,如文件、XML 树、关系表等表现为数据的异构性。对多个异构的数据集需要做进一步集成处理或整合处理,将来自不同数据集的数据收集、整理、清洗、转换后生成到一个新的数据集,为后续查询和分析处理提供统一的数据视图。人们针对管理信息系统中异构数据库集成技术、Web 信息系统中的实体识别技术和 Deep Web 集成技术、传感器网络数据融合技术已经进行了很多研究工作,取得了较大的进展,已经推出了多种数据清洗和质量控制工具。

2. 大数据存储与管理

大数据多半是以半结构化和非结构化数据为主,而大数据应用通常是对不同类型的数据进行内容检索、交叉比对、深度挖掘和综合分析。面对这种应用需求,传统数据库无论在技术上还是在功能上,都难以为继。因此,近几年出现了 OldSQL、NoSQL 与 NewSQL 并存的局面。按数据类型的不同,大数据的存储和管理可采用不同的技术路线,大致可以分为三类。

第一类主要面对的是大规模的结构化数据。针对这类大数据,通常采用新型数据库集群。它们通过列存储或行列混合存储及粗粒度索引等技术,结合 MPP(Massive Parallel Processing)架构高效的分布式计算模式,实现对 PB 量级数据的存储和管理。

第二类主要面对的是半结构化和非结构化数据。对此,基于 Hadoop 开源体系的系统平台更为擅长。它们通过对 Hadoop 生态体系的技术扩展和封装,实现对半结构化和非结构化数据的存储和管理。

第三类主要面对的是结构化和非结构化混合的大数据,对此,采用 MPP 并行数据库集群与 Hadoop 集群的混合来实现对 EB 量级数据的存储和管理。

3. 大数据计算模式与系统

大数据计算模式就是根据大数据的不同数据特征和计算特征,从多样性的大数据计算问题和需求中提炼并建立的各种高层抽象或模型。大数据处理多样性的需求驱动了多种大数据计算模式出现。与这些计算模式相对应,出现了很多对应的大数据计算系统和工具。例如,大数据查询分析计算模式,其工具为 HBase、Hive、Cassandra、Premel、Impala、Shark;批处理计算模式,其工具为 MapReduce、Spark;流式计算模式,其工具为 Scribe、Flume、Storm、S4、SparkStreaming;迭代计算模式,其工具为 HaLoop、iMapReduce、Twister、Spark;图计算模式,其工具为 Pregel、PowerGrapg、GraphX;内存计算模式,其工具为 Dremel、Hana、Redis。

4. 大数据分析与可视化

大数据分析是指对规模巨大的数据进行分析。一时间,数据仓库、数据安全、数据分析、数据挖掘等技术逐渐成为行业追捧的焦点。大数据分析包括 6 个方面:可视化分析、数据挖掘算法、预测性分析、语义引擎(从文档中智能提取信息)、数据质量与数据管理、数据仓库与商业智能。

7.5.3 大数据平台框架

1. 概述

国家大数据战略,不仅要将大数据作为其战略资源,也要将其作为国家治理的创新手段。在统筹布局建设国家大数据平台的基础上,逐渐推动数据的统一、整合、开放和共享机制。

大数据管理架构应该是"一个机制、两个体系和三个平台"的结构,如图 7-1 所示。大数据管理工作机制应包括数据共享与开放、工作协同、大数据科学决策、精准监管和公共服务机制等。两个体系指大数据的交换、共享、一致、整合和应用的安全保障和标准化工作。三个平台担负大数据集约化基础设施,网络资源、计算资源、存储资源、安全资源、集中管理、系统运维、大数据采集、处理、分析和应用。

大数据管理工作机制		
标准规范体系	大数据应用平台	安全运维体系
	大数据管理平台	
	大数据云平台	

图 7-1 大数据平台框架

大数据云平台是国家大数据战略的基础设施。因为单台计算机无法处理大数据,因此必须采用分布式架构,对海量数据进行分布式数据挖掘,必须依托云计算的分布式处理、分布式数据库、云存储和虚拟化技术。云计算的核心是将对被用网络连接的计算资源统一管理和调度,构成一个计算资源池向用户提供按需分配的服务。

大数据管理平台是云平台之上的数据交换、存储、共享和开放的平台,它为大数据应用提供统一的数据支持。其具体工作包括破除信息孤岛、整合与集中数据资源、建立数据资源目录、构建数据中心、分布式数据管理、数据互连互通等。

大数据应用平台侧重数据(关联、趋势和空间)分析模型的构建,利用可视化、仿真技术和数据挖掘工具,通过数学统计、在线分析、情报检索、机器学习、专家系统、知识推理和模式识别等,提升治国理政的能力,使决策过程科学化。

2. 大数据统一平台框架

大数据统一平台核心部分的总体框架如图 7-2 所示,其软件部分可分为:数据服务组件和运维管理,其中,数据服务组件部分可分为三层:数据归集层、存储计算层和应用开发层。

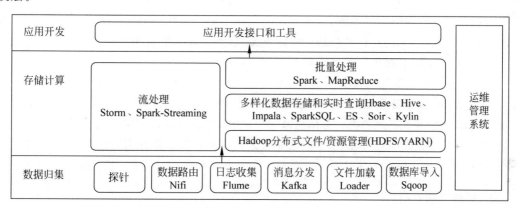

图 7-2 大数据统一平台框架

(1) 数据归集层。提供网络爬虫、Flume、Sqoop、Hadoop Loader、Nifi 等常用数据采集和处理组件,可从多种数据源获取多种格式的数据;具体实施中可以根据数据的来源和特点选用或增加新的数据采集组件。

(2) 存储计算层。负责数据的存储和计算任务的执行,集成了丰富的开源组件,如 Hadoop、HBase、MapReduce、Spark、Hive、Impala、Storm、Elastic Search 等,为大数据平台提供强大的分布式数据存储和计算能力,应用开发者可通过上层应用开发接口和工具,访问存储计算资源,开发出相应的大数据应用。

(3) 应用开发层。在大数据存储计算层之上架设统一的应用开发环境,提供统一的数据开放服务,可以调用开发环境中的组件接口或开发工具进行应用开发。

运维管理系统为大数据平台提供统一的安装部署和管理维护能力,包括自动化安装、安全管理、告警管理、平台监控、服务管理、主机管理、巡检、资源调度策略管理等。运维管理系统是商用大数据平台的核心组件,它把零散的大数据技术软件有机融合在一起,形成一个统一整体对外提供服务,大大地降低了学习、使用和建设成本,同时提供很多生产环境下必需的运维功能,保证平台可用性、可靠性、安全性、易用性。

7.5.4 大数据整合

数据整合就是把在不同数据源收集、整理、清洗、转换后的数据加载到一个新的数据源,为数据消费者提供统一数据视图的数据集成方式。

1. 数据整合的必要性

(1) 数据和信息系统相对分散。我国信息化经过多年的发展,已开发了很多信息系统,积累了大量的基础数据。然而,丰富的数据资源由于建设时期不同、开发部门不同、使用设备不同、技术发展阶段不同和能力水平不同等,数据存储管理极为分散,造成了过量的数据冗余和数据不一致性,使得数据资源难于查询访问,管理层无法获得有效的决策数据支持。管理者要想了解所管辖不同部门的信息,需要进入多个不同的系统,而且数据不能直接比较分析。

(2) 信息资源利用程度较低。一些信息系统集成度低、互连性差、信息管理分散,数据的完整性、准确性、及时性等方面存在较大差距。有些单位已建立了内部网和互联网,但多年来分散开发或引进的信息系统,对于大量的数据不能提供统一的数据接口,不能采用一种通用的标准和规范,无法获得共享通用的数据源,这使不同应用系统之间必然会形成彼此隔离和信息孤岛现象,其结果是信息资源利用程度较低。

(3) 支持管理决策能力较弱。随着计算机业务数量的增加,管理人员的操作也越来越多,越来越复杂,许多日趋复杂的中间业务处理环节依然靠手工处理进行流转;信息加工分析手段差,无法直接从各级各类业务信息系统采集数据并加以综合利用,无法对外部信息进行及时、准确的收集反馈,业务系统产生的大量数据无法提炼升华为有用的信息,并及时提供给管理决策部门;已有的业务信息系统平台及开发工具互不兼容,无法在大范围内应用等。

2. 数据整合方案

(1) 多个数据库整合。通过对各个数据源的数据交换格式进行一一映射,从而实现数据的流通与共享。对于有全局统一模式的多数据库系统,用户可以通过局部外模式访问本地库,通过建立局部概念模式、全局概念模式、全局外模式,用户可以访问集成系统中的其他数据库;对于联邦数据库系统,各局部数据库通过定义输入、输出模式,进行各联邦数据库系统之间的数据访问。基于异构数据源系统的数据整合有多种方式,所采用的体系结构也各不相同,但其最终目的是相同的,即实现数据的流通共享。

(2) 数据仓库整合。数据仓库是一个面向主题的、集成的、相对稳定的、反映历史变化的数据集合,用于支持管理决策。从数据仓库的建立过程来看,数据仓库是一种面向主题的整合方案,因此首先应该根据具体的主题进行建模,然后根据数据模型和需求从多个数据源加载数据。由于不同数据源的数据结构可能不同,因而在加载数据之前要进行数据转换和数据整合,使得加载的数据统一到需要的数据模型下,即根据匹配、留存等规则,实现多种数据类型的关联。

(3) 中间件整合。中间件是位于用户与服务器之间的中介接口软件,是异构系统集成所需的黏结剂。现有的数据库中间件允许用户在异构数据库上调用SQL服务,解决异构数据库的互操作性问题。功能完善的数据库中间件,可以对用户屏蔽数据的分布地点、数据库管理平台、特殊的本地应用程序编程接口等差异。

(4) Web 服务整合。Web 服务可理解为自包含的、模块化的应用程序,它可以在网络中被描述、发布、查找及调用;也可以把 Web 服务理解为是基于网络的、分布式的模块化组件,它执行特定的任务,遵守具体的技术规范,这些规范使得 Web 服务能与其他兼容的组件进行互操作。

(5) 主数据管理整合。主数据管理通过一组规则、流程、技术和解决方案,实现对企业数据一致性、完整性、相关性和精确性的有效管理,从而为所有企业相关用户提供准确一致的数据。主数据管理提供了一种方法,通过该方法可以从现有系统中获取最新信息,并结合各类先进的技术和流程,使得用户可以准确、及时地分发和分析整个企业中的数据,并对数据进行有效性验证。

7.5.5 大数据共享与开放

1. 大数据共享

随着信息时代的不断发展,不同部门、不同地区间的信息交流逐步增加,计算机网络技术的发展为信息传输提供了保障。当大数据出现时,数据共享问题被提上了议事日程。

数据共享就是让在不同地方使用不同计算机、不同软件的用户能够读取他人数据并进行各种操作运算和分析。数据共享可使更多人充分地使用已有的数据资源,以减少资料收集、数据采集等重复劳动和相应费用,把精力放在开发新的应用程序及系统上。由于数据来自不同的途径,其内容、格式和质量千差万别,因而给数据共享带来了很大困难,有时甚至会遇到数据格式不能转换或数据格式转换后信息丢失的问题,这阻碍了数据在各部门和各系统中的流动与共享。

数据共享的程度反映了一个地区、一个国家的信息发展水平,数据共享程度越高,信息发展水平越高。要实现数据共享,首先应建立一套统一的、法定的数据交换标准,规范数据格式,使用户尽可能采用规定的数据标准。如美国、加拿大等国家都有自己的空间数据交换标准,目前我国正在抓紧研究制定国家的空间数据交换标准,包括矢量数据交换格式、栅格影像数据交换格式、数字高程模型的数据交换格式及元数据格式,该标准建立后,将对我国大数据产业的发展产生积极影响。其次,要建立相应的数据使用管理办法,制定相应的数据版权保护、产权保护规定,各部门间签定数据使用协议,这样才能打破部门、地区间的信息保护,做到真正的信息共享。

2. 大数据开放

数据开放没有统一的定义,一般指把个体、部门和单位掌握的数据提供给社会公众或他人使用。政府数据开放就是要创造一个可持续发展机制发挥数据的社会、经济和政治价值,通过开放数据推动社会和经济发展。政府作为最大的数据拥有者,应当成为开放数据和鼓励其合理使用的主体。

1) 数据开放存在的主要问题

(1) 数据公开制度不完善。在实际工作中,很难确定数据有没有涉及个人隐私、商业机密等问题。开放是相互的,很多部门没有真正意识到数据开放的重要性和作用,往往以"保密"或者"不宜公开"为理由不愿开放数据。海量数据分散在各个部门或者层级,潜在的价值被忽略。数据的开放要经过储存、清洗、分析、挖掘、处理、利用等多个环节才能形成有价值的数据集,在每一个实施环节都需要有相应的制度法规和技术标准作为依据。

(2)数据开放程度不高。首先,各地平台提供的数据总量较小,无法满足经济发展与社会创新领域的需求。很多利用价值较高的数据只在部门内部共享,并未对社会开放。其次,数据质量参差不齐。由于对数据的质量没有严格的要求,而容易造成数据失真。另外,开放数据平台门槛较高,很多数据只开放不更新,不提供下载服务,无法形成有价值的数据源。

(3)数据安全隐患。大数据开放是双刃剑,在给人们生活带来便利的同时,构成了巨大隐患。传统方法是采用划分边界、隔离内外网等来控制风险。但是随着移动互联网、云计算、5G、Wi-Fi技术的广泛应用,网络边界已经消失,木马、漏洞和攻击都可能威胁数据安全。

2) 数据开放保障机制的建议

(1)法律保障机制。完善法律体系是促进政府数据开放的必经之路,加快制定大数据管理制度、法规和标准规范是当务之急。数据开放原则、使用权限、开放领域、分级标准及安全隐私等问题都需细化。通过制度保障保证数据安全。

(2)数据共享机制。首先,要加快国家数据库的建设,消除部门信息壁垒;其次,统筹数据管理,引导各部门发布社会公众所需的相关数据;第三,制定统一的数据开放标准和格式,方便数据上传和下载,满足不同群体的数据需求。

(3)技术保障机制。数据的有效性和正确性直接影响到数据汇聚和处理的成果,因此必须要保障数据的质量。一旦数据来源不纯、不可信或无法使用,就会影响科学决策。针对数据体量大、种类多的数据集,需要先进技术和人才的支撑,因此,既懂统计学也懂计算机的分析型和复合型人才要加强培养。

思考题

1. 什么是数据库?数据库的历史有几个阶段?数据库有几个类型?
2. 什么是关系数据库?
3. 什么是数据仓库?
4. 简述关系数据库的设计原则和步骤。
5. 简述几种常用的数据库系统。
6. 简述数据库的新发展。
7. 什么是大数据?它有什么特点?
8. 大数据技术包括哪几个方面?
9. 为什么要进行数据整合?一般有哪几种整合方案?
10. 什么是大数据共享?什么是大数据开放?

第 8 章 软件工程

8.1 软件工程概述

8.1.1 软件工程的概念

软件工程(Software Engineering)是一门研究用工程化方法构建和维护有效的、实用的和高质量的软件的学科。它涉及程序设计语言、数据库、软件开发工具、系统平台、标准、设计模式等方面。

就软件工程的概念,很多学者和组织机构都分别给出了自己的定义。

(1) BarryBoehm 运用现代科学技术知识来设计并构造计算机程序及为开发、运行和维护这些程序所必需的相关文件资料。

(2) IEEE 在软件工程术语汇编中的定义软件工程将系统化的、严格约束的、可量化的方法应用于软件的开发、运行和维护,即将工程化应用于软件。

(3) FritzBauer 在 NATO 会议上给出的定义:建立并使用完善的工程化原则,以较经济的手段获得能在实际机器上有效运行的可靠软件的一系列方法。

(4)《计算机科学技术百科全书》中的定义:软件工程是应用计算机科学、数学及管理科学等原理,开发软件的工程。软件工程借鉴传统工程的原则、方法,以提高质量、降低成本。其中,计算机科学、数学用于构建模型与算法,工程科学用于制定规范、设计范型(paradigm)、评估成本及确定权衡,管理科学用于计划、资源、质量、成本等管理。

8.1.2 软件工程过程

1. 分类

软件工程过程可概括为三类:基本过程类、支持过程类和组织过程类。

(1) 基本过程类包括获取过程、供应过程、开发过程、运作过程、维护过程和管理过程。

(2) 支持过程类包括文档过程、配置管理过程、质量保证过程、验证过程、确认过程、联合评审过程、审计过程以及问题解决过程。

(3) 组织过程类包括基础设施过程、改进过程以及培训过程。

2. 基本过程

软件工程过程主要针对软件生产和管理进行研究。为了获得满足工程目标的软件,不仅涉及工程开发,而且还涉及工程支持和工程管理。对于一个特定的项目,可以通过剪裁过程定义所需的活动和任务,使活动并发执行。与软件有关的单位,根据需要和目标,可采用不同的过程、活动和任务。

软件工程过程是指生产一个最终能满足需求且达到工程目标的软件产品所需要的步骤。软件工程过程主要包括开发过程、运作过程、维护过程。它覆盖了需求、设计、实现、确认以及维护等活动。

8.1.3 软件生命周期

1. 定义

软件生命周期(Systems Development Life Cycle,SDLC)是软件从产生直到报废的生命周期,周期内有问题定义、可行性分析、总体描述、系统设计、编码、调试和测试、验收与运行、维护升级到废弃等阶段,这种按时间分层的思想方法是软件工程中的一种思想原则,即按部就班、逐步推进,每个阶段都要有定义、工作、审查、形成文档以供交流或备查,以提高软件的质量。但随着新的面向对象的设计方法和技术的成熟,软件生命周期设计方法的指导意义正在逐步减少。

2. 软件生命周期六个阶段

同任何事物一样,一个软件产品或软件系统也要经历孕育、诞生、成长、成熟、衰亡等阶段,一般称为软件生存周期(软件生命周期)。

把整个软件生存周期划分为若干阶段,使得每个阶段有明确的任务,使规模大、结构复杂和管理复杂的软件开发变得容易控制和管理。通常,软件生存周期包括可行性分析与开发项计划、需求分析、设计(概要设计和详细设计)、编码、测试、维护等活动,可以将这些活动以适当的方式分配到不同的阶段去完成。

1) 问题的定义及规划

此阶段由软件开发方与需求方共同讨论,主要确定软件的开发目标及其可行性。

2) 需求分析

在确定软件开发可行的情况下,对软件需要实现的各个功能进行详细分析。需求分析阶段是一个很重要的阶段,这一阶段如果做得好,将为整个软件开发项目的成功打下良好的基础。需求是在整个软件开发过程中不断变化和深入的,因此必须制订需求变更计划来应付这种变化,以保护整个项目的顺利进行。

3) 软件设计

此阶段主要根据需求分析的结果,对整个软件系统进行设计,如系统框架设计、数据库设计等。软件设计一般分为总体设计和详细设计。好的软件设计将为软件程序编写打下良好的基础。

4) 程序编码

此阶段是将软件设计的结果转换成计算机可运行的程序代码。在程序编码中必须要制定统一、符合标准的编写规范,以保证程序的可读性、易维护性,提高程序的运行效率。

5）软件测试

在软件设计完成后要经过严密的测试,以发现软件在整个设计过程中存在的问题并加以纠正。整个测试过程分为单元测试、组装测试以及系统测试三个阶段进行。测试的方法主要有白盒测试和黑盒测试两种。在测试过程中需要建立详细的测试计划并严格按照测试计划进行测试,以减少测试的随意性。

6）运行维护

软件维护是软件生命周期中持续时间最长的阶段。在软件开发完成并投入使用后,由于多方面的原因,软件不能继续适应用户的要求。要延续软件的使用寿命,就必须对软件进行维护。软件的维护包括纠错性维护和改进性维护两个方面。

8.2 软件开发模型

8.2.1 瀑布模型

瀑布模型(Waterfall Model)是一个项目开发架构,开发过程是通过设计一系列阶段顺序展开的,从系统需求分析开始直到产品发布和维护,每个阶段都会产生循环反馈,因此,如果有信息未被覆盖或者发现了问题,那么最好"返回"上一个阶段并进行适当的修改。项目开发进程从一个阶段"流动"到下一个阶段,这也是瀑布模型名称的由来。瀑布模型的开发主要包括软件工程开发、企业项目开发、产品生产以及市场销售等,如图8-1所示。

1970年,温斯顿·罗伊斯(Winston Royce)提出了著名的"瀑布模型",直到20世纪80年代早期,它一直是唯一被广泛采用的软件开发模型。

瀑布模型的核心思想是按工序将问题化简,将功能的实现与设计分开,便于分工协作,即采用结构化的分析与设计方法将逻辑实现与物理实现分开。将软件生命周期划分为制定计划、需求分析、软件设计、程序编写、软件测试和运行维护6个基本活动,

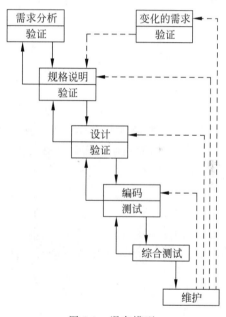

图8-1 瀑布模型

并且规定了它们自上而下、相互衔接的固定次序,如同瀑布流水,逐级下落。

8.2.2 快速原型法模型

1. 概述

快速原型法就是在系统开发之初,尽快给用户构造一个新系统的模型(原型),通过反复演示原型并征求用户意见,开发人员根据用户意见不断修改和完善原型,直到基本满足用户的要求进而实现系统,这种软件开发方法就是快速原型法。原型就是模型,而原型系统就是

应用系统的模型。它是待构筑的实际系统的缩小比例模型,但是保留了实际系统的大部分性能。这个模型可在运行中被检查、测试、修改,直到它的性能达到用户需求为止。因而这个工作模型很快就能转换成原样的目标系统。快速原型法模型如图 8-2 所示。

2. 原型法的三个层次

第一层包括联机的屏幕活动,这一层的目的是确定屏幕及报表的版式和内容、屏幕活动的顺序及屏幕排版的方法。

第二层是第一层的扩展,引用了数据库的交互作用及数据操作,这一层的主要目的是论证系统关键区域的操作,用户可以输入成组的事务数据,执行这些数据的模拟过程,包括出错处理。

第三层是系统的工作模型,它是系统的一个子集,其中应用的逻辑事务及数据库的交互作用可以用实际数据来操作,这一层的目的是开发一个模型,使其发展成为最终的系统规模。

3. 优点

原型法的主要优点在于它是一种支持用户的方法,使得用户在系统生存周期的设计阶段起到积极

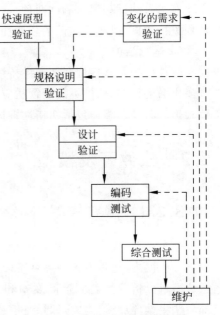

图 8-2 快速原型法模型

的作用;它能减少系统开发的风险,特别是在大型项目的开发中,由于对项目需求的分析难以一次完成,应用原型法效果更为明显。原型法的概念既适用于系统的重新开发,也适用于对系统的修改。原型法不局限于仅对开发项目中的计算机方面进行设计,第三层原型法是用于制作系统的工作模型的。快速原型法要取得成功,要求有像第四代语言(4GL)这样的良好开发环境/工具的支持。原型法可以与传统的生命周期方法相结合使用,这样会扩大用户参与需求分析、初步设计及详细设计等阶段的活动,加深对系统的理解。近年来,快速原型法的思想也被应用于产品的开发活动中。

8.2.3 螺旋模型

1. 概述

1988 年,巴利·玻姆(Barry Boehm)正式发表了软件系统开发的"螺旋模型",它将瀑布模型和快速原型模型结合起来,强调了其他模型所忽视的风险分析,特别适合于大型复杂的系统。

螺旋模型采用一种周期性的方法来进行系统开发,这会导致开发出众多的中间版本。使用它,项目经理在早期就能够为客户实证某些概念。该模型是快速原型法以进化的开发方式为中心,在每个项目阶段使用瀑布模型法。这种模型的每一个周期都包括需求定义、风险分析、工程实现和评审 4 个阶段,由这 4 个阶段进行迭代。软件开发过程每迭代一次,软件开发又前进一个层次。

2．采用螺旋模型的软件过程

螺旋模型基本做法是在"瀑布模型"的每一个开发阶段前引入一个非常严格的风险识别、风险分析和风险控制，它把软件项目分解成一个个小项目。每个小项目都标识一个或多个主要风险，直到所有的主要风险因素都被确定。螺旋模型强调风险分析，使得开发人员和用户对每个演化层出现的风险有所了解，继而做出应有的反应，因此特别适用于庞大、复杂并具有高风险的系统。对于这些系统，风险是软件开发不可忽视且潜在的不利因素，它可能在不同程度上损害软件开发过程，影响软件产品的质量。减小软件风险的目标是在造成危害之前，及时对风险进行识别及分析，决定采取何种对策，进而消除或减少风险的损害。

螺旋模型沿着螺线进行若干次迭代，图 8-3 中的四个象限代表了以下活动。

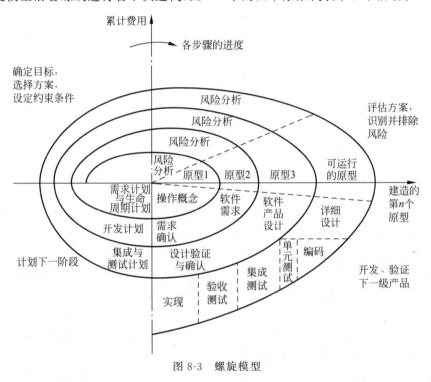

图 8-3　螺旋模型

（1）制定计划：确定软件目标，选定实施方案，弄清项目开发的限制条件。
（2）风险分析：分析评估所选方案，考虑如何识别和消除风险。
（3）实施工程：实施软件开发和验证。
（4）客户评估：评价开发工作，提出修正建议，制定下一步计划。

螺旋模型由风险驱动，强调可选方案和约束条件从而支持软件的重用，有助于将软件质量作为特殊目标融入产品开发之中。

8.2.4　喷泉模型

1．概述

喷泉模型（Fountain Model）是一种以用户需求为动力，以对象为驱动的模型，主要用于描述面向对象的软件开发过程,如图8-4所示。

该模型认为软件开发过程自下而上周期的各阶段是相互迭代和无间隙的。软件的某个部分常常被重复工作多次,相关对象在每次迭代中随之加入渐进的软件成分。无间隙指在各项活动之间无明显边界,如分析和设计活动之间没有明显的界限。由于对象概念的引入,表达分析、设计、实现等活动只用对象类和关系,从而可以较为容易地实现活动的迭代和无间隙,这一开发过程自然会包含软件的复用。

喷泉模型不像瀑布模型那样,需要分析活动结束后才开始设计活动,设计活动结束后才开始编码活动。该模型的各个阶段没有明显的界限,开发人员可以同步进行开发。其优点是可以提高软件项目开发效率,节省开发时间,适用于面向对象的软件开发过程。由于喷泉模型在各个开发阶段是重叠的,因此在开发过程中需要大

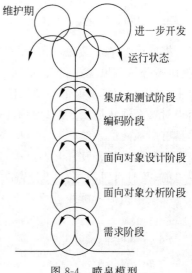

图 8-4　喷泉模型

量的开发人员,不利于项目的管理。此外,这种模型要求严格管理文档,使得审核的难度加大,尤其是面对可能随时加入各种信息、需求与资料的情况。

2. 应用解释

迭代是软件开发过程中普遍存在的一种内在属性。经验表明,软件过程各个阶段之间的迭代或一个阶段内各个工作步骤之间的迭代,在面向对象范型中比在结构化范型中更常见。如图8-4所示的喷泉模型是典型的面向对象生命周期模型。

"喷泉"这个词体现了面向对象软件开发过程的迭代和无缝的特性。图中代表不同阶段的圆圈相互重叠,这明确表示两个活动之间存在交叠;而面向对象方法在概念和表示方法上的一致性,保证了在各项开发活动之间的无缝过渡。事实上,用面向对象方法开发软件时,在分析、设计和编码等各项开发活动之间并不存在明显的边界。图8-4中在一个阶段内的向下箭头代表该阶段内的迭代(或求精)。图8-4中较小的圆圈代表维护,圆圈较小象征着采用了面向对象范型之后维护时间缩短了。

为避免使用喷泉模型开发软件时开发过程过分无序,应该把一个线性过程(例如,快速原型模型或图8-4中的中心垂线)作为总目标。但是同时也应该记住,面向对象范型本身要求经常对开发活动进行迭代或求精。

8.3　软件开发方法

8.3.1　结构化方法

1. 定义

结构化方法是一种传统的软件开发方法,它是由结构化分析、结构化设计和结构化程序设计三部分有机组合而成的。它的基本思想是:把一个复杂问题的求解过程分阶段进行,

而且这种分解是自顶向下,逐层分解,使得每个阶段处理的问题都控制在人们容易理解和处理的范围内。

结构化方法的基本要点是自顶向下、逐步求精、模块化设计。结构化分析方法是以自顶向下、逐步求精为基点,以一系列经过实践的考验被认为是正确的原理和技术为支撑,以数据流图、数据字典、结构化语言、判定表、判定树等图形表达为主要手段,强调开发方法的结构合理性和系统的结构合理性的软件分析方法。

结构化方法按软件生命周期划分,有结构化分析(SA)、结构化设计(SD)、结构化实现(SP)。其中要强调的是,结构化方法是一个思想准则的体系,虽然有明确的阶段和步骤,但是也集成了很多原则性的东西,所以学会结构化方法,不是单从理论知识上去了解就足够的,更多的还是在实践中慢慢地理解各个准则,慢慢将其变成自己的方法学。

2. 结构化分析的步骤

①分析当前的情况,做出反映当前物理模型的 DFD;②推导出等价的逻辑模型的 DFD;③设计新的逻辑系统,生成数据字典和基元描述;④建立人机接口,提出可供选择的目标系统物理模型的 DFD;⑤确定各种方案的成本和风险等级,据此对各种方案进行分析;⑥选择一种方案;⑦建立完整的需求规约。

结构化设计方法给出一组帮助设计人员在模块层次上区分设计质量的原理与技术。它通常与结构化分析方法衔接起来使用,以数据流图为基础得到软件的模块结构。SD 方法尤其适用于变换型结构和事务型结构的目标系统。在设计过程中,它从整个程序的结构出发,利用模块结构图表述程序模块之间的关系。

3. 结构化设计的步骤

①评审和细化数据流图;②确定数据流图的类型;③把数据流图映射到软件模块结构,设计出模块结构的上层;④基于数据流图逐步分解高层模块,设计中下层模块;⑤对模块结构进行优化,得到更为合理的软件结构;⑥描述模块接口。

8.3.2 面向对象方法

1. 概述

面向对象方法(Object-Oriented Method,OOM)是一种把面向对象的思想应用于软件开发过程中,指导开发活动的系统方法,简称 OO(Object-Oriented)方法,是建立在"对象"概念基础上的方法学。对象是由数据和容许的操作组成的封装体,与客观实体有直接对应关系,一个对象类定义了具有相似性质的一组对象。而继承性是对具有层次关系的类的属性和操作进行共享的一种方式。所谓面向对象就是基于对象概念,以对象为中心,以类和继承为构造机制,来认识、理解、刻画客观世界和设计、构建相应的软件系统。

用计算机解决问题需要用程序设计语言对问题求解加以描述(即编程),实质上,软件是问题求解的一种表述形式。显然,假如软件能直接表现人求解问题的思维路径(即求解问题的方法),那么软件不仅容易被人理解,而且易于维护和修改,从而会保证软件的可靠性和可维护性,并能提高公共问题域中的软件模块和模块重用的可靠性。面向对象的机能和机制恰好可以使得人们按照通常的思维方式来建立问题域的模型,设计出尽可能自然的表达求解方法的软件。

面向对象方法作为一种新型的独具优越性的新方法,正引起全世界越来越广泛的关注和高度的重视,它被誉为"研究高技术的好方法",更是当前计算机界关心的重点。20世纪80年代以来,在对OO方法如火如荼的研究热潮中,许多专家和学者预言:正像20世纪70年代结构化方法对计算机技术应用所产生的巨大影响和促进那样,20世纪90年代OO方法会强烈地影响、推动和促进一系列高技术的发展和多学科的综合。

2. 由来与发展

OO方法起源于面向对象的编程语言(简称为OOPL)。20世纪50年代后期,在用FORTRAN语言编写大型程序时,常出现变量名在程序不同部分发生冲突的问题。鉴于此,ALGOL语言的设计者在ALGOL60中采用了以"Begin…End"为标识的程序块,使块内变量名是局部的,以避免它们与程序中块外的同名变量相冲突。这是编程语言中首次提供封装(保护)的尝试。此后,程序块结构广泛用于高级语言如Pascal、Ada、C之中。

20世纪60年代中后期,Simula语言在ALGOL基础上研制开发,它将ALGOL的块结构概念向前进一步发展,提出了对象的概念,并使用了类,也支持类继承。20世纪70年代,Smalltalk语言诞生,它取Simula的类为核心概念,很多内容借鉴于Lisp语言。由Xerox公司经过对Smalltalk 72、76持续不断的研究和改进之后,于1980年推出商品化的Simula,它在系统设计中强调对象概念的统一,引入对象、对象类、方法、实例等概念和术语,采用动态联编和单继承机制。从20世纪80年代起,人们基于以往已提出的有关信息隐蔽和抽象数据类型等概念,以及由Modula2、Ada和Smalltalk等语言所奠定的基础,再加上客观需求的推动,进行了大量理论研究和实践探索。由此,不同类型的面向对象语言(如Object-c、Eiffel、C++、Java、Object-Pascal等)逐步发展起来并建立了比较完整的系统,包括OO方法的概念理论体系和实用的软件系统。

面向对象源自于Simula,真正的OOP由Smalltalk奠基。Smalltalk现在被认为是最纯粹的OOPL。正是通过Smalltalk 80的研制与推广应用,人们注意到OO方法所具有的模块化、信息封装与隐蔽、抽象性、继承性、多样性等独特之处,这些优异特性为研制大型软件,提高软件可靠性、可重用性、可扩充性和可维护性提供了有效的手段和途径。20世纪80年代以来,人们将面向对象的基本概念和运行机制运用到其他领域,获得了一系列相应领域的面向对象的技术。面向对象方法在许多领域的应用都得到了很大发展,已被广泛应用于程序设计语言、形式定义、设计方法学、操作系统、分布式系统、人工智能、实时系统、数据库、人机接口、计算机体系结构以及并发工程、综合集成工程等。1986年在美国举行了首届"面向对象编程、系统、语言和应用(OOPSLA'86)"国际会议,使面向对象受到世人瞩目,其后每年都举行一次,这进一步标志OO方法的研究已普及全世界。

8.3.3 软件复用和构件技术

1. 定义

软件复用(Software Reuse)就是将已有的软件成分用于构造新的软件系统,以缩减软件开发和维护的花费。无论对可复用构件原封不动地使用还是做适当的修改后再使用,只要是用来构造新软件,都可称作复用。被复用的软件成分一般称作可复用构件。软件复用是提高软件生产力和质量的一种重要技术。早期的软件复用主要是代码级复用,后来扩大到包括领域知识、开发经验、项目计划、可行性报告、体系结构、需求、设计、测试用例和文档等一切有关方面。对一个软件进行修改,使它运行于新的软硬件平台不称作复用,而称作软件移植。

2. 复用级别

(1)代码的复用。包括目标代码和源代码的复用。其中,目标代码的复用级别最低,历史也最久,当前大部分编程语言的运行支持系统都提供了链接(Link)、绑定(Binding)等功能来支持这种复用。源代码的复用级别略高于目标代码的复用,程序员在编程时把一些想复用的代码段复制到自己的程序中,但这样往往会产生一些新旧代码不匹配的错误。想大规模地实现源程序的复用只有依靠含有大量可复用构件的构件库。如"对象链接及嵌入"(OLE)技术,既支持在源程序级定义构件并用以构造新的系统,又使这些构件在目标代码的级别上仍然是一些独立的可复用构件,能够在运行时被灵活地更新组合为各种不同的应用。

(2)设计的复用。设计结果比源程序的抽象级别更高,因此它的复用受实现环境的影响较少,从而使可复用构件被复用的机会更多,并且所需的修改更少。这种复用有三种途径,第一种途径是从现有系统的设计结果中提取一些可复用的设计构件,并把这些构件应用于新系统的设计;第二种途径是把一个现有系统的全部设计文档在新的软硬件平台上重新实现,也就是把一个设计运用于多个具体的实现;第三种途径是独立于任何具体的应用,有计划地开发一些可复用的设计构件。

(3)分析的复用。这是比设计结果更高级别的复用,可复用的分析构件是针对问题域的某些事物或某些问题的抽象程度更高的解法,受设计技术及实现条件的影响很少,所以可复用的机会更大。复用的途径也有三种,即从现有系统的分析结果中提取可复用构件用于新系统的分析;用一份完整的分析文档作输入产生针对不同软硬件平台和其他实现条件的多项设计;独立于具体应用,专门开发一些可复用的分析构件。

(4)测试信息的复用。主要包括测试用例的复用和测试过程信息的复用。前者是把一个软件的测试用例在新的软件测试中使用,或者在软件做出修改时在新的一轮测试中使用。后者是在测试过程中通过软件工具自动地记录测试的过程信息,包括测试员的每一个操作、输入参数、测试用例及运行环境等一切信息。这种复用的级别,不便和分析、设计、编程的复用级别做准确的比较,因为被复用的不是同一事物的不同抽象层次,而是另一种信息,但从这些信息的形态看,大体处于与程序代码相当的级别。

8.4 软件开发环境与工具

8.4.1 软件开发环境

1. 概述

软件开发环境是指在计算机的基本软件的基础上,为了支持软件的开发而提供的一组工具软件系统。

软件开发环境的主要组成成分是软件工具。人机界面是软件开发环境与用户之间的一个统一的交互式对话系统,它是软件开发环境的重要质量标志。存储各种软件工具加工所产生的软件产品或半成品(如源代码、测试数据和各种文档资料等)的软件环境数据库是软件开发环境的核心。工具间的联系和相互理解都是通过存储在信息库中的共享数据得以实现的。

软件开发环境数据库是面向软件工作者的知识型信息数据库,其数据对象是多元化、带有智能性质的。软件开发数据库用来支撑各种软件工具,尤其是自动设计工具、编译程序等的主动或被动的工作。

2. 对软件开发环境的要求与特性

(1) 软件开发环境的要求:①软件开发环境应是高度集成的一体化的系统;②软件开发环境应具有高度的通用性;③软件开发环境应易于定制、裁剪或扩充以符合用户要求,即软件开发环境应具有高度的适应性和灵活性;④软件开发环境不但可应用性要好,而且是易使用的、经济高效的系统;⑤软件开发环境应是辅助开发向半自动开发和自动开发逐步过渡的系统。

(2) 软件开发环境的特性:可用性、自动性、公共性、集成性、适应性、价值性。

3. 分类

软件开发环境是与软件生存期、软件开发方法和软件处理模型紧密相关的。其分类方法很多,本节按解决的问题、软件开发环境的演变趋向与集成化程度对软件开发环境进行分类。

(1) 按解决的问题分类:程序设计环境,系统合成环境,项目管理环境。

(2) 按软件开发环境的演变趋向分类:以语言为中心的环境,工具箱环境,基于方法的环境。

(3) 按集成化程度分类:第一代,建立在操作系统上;第二代,具有真正的数据库,而不是文件库;第三代,建立在知识库系统上,出现集成化工具集。

8.4.2 软件开发工具

1. 概述

软件开发工具是用于辅助软件生命周期过程的计算机程序。通常可以设计并实现工具来支持特定的软件工程方法,减少手工方式管理的负担。与软件工程方法一样,它们试图让软件工程更加系统化。软件工具的种类包括支持单个任务的工具及囊括整个生命周期的工具。

软件开发工具的概念要点:①它是在高级程序设计语言之后,软件技术进一步发展的产物;②它的目的是在人们开发软件过程中给予人们各种不同方面、不同程度的支持或帮助;③它支持软件开发的全过程,而不是仅限于编码或其他特定的工作阶段。

2. 分类

(1) 软件需求工具:包括需求建模工具和需求追踪工具。

(2) 软件设计工具：用于创建和检查软件设计，由于软件设计方法的多样性，这类工具的种类很多。

(3) 软件构造工具：包括程序编辑器、编译器和代码生成器、解释器和调试器等。

(4) 软件测试工具：包括测试生成器、测试执行框架、测试评价工具、测试管理工具和性能分析工具。

(5) 软件维护工具：包括理解工具（如可视化工具）和再造工具（如重构工具）。

(6) 软件配置管理工具：包括追踪工具、版本管理工具和发布工具。

(7) 软件工程管理工具：包括项目计划与追踪工具、风险管理工具和量度工具。

(8) 软件工程过程工具：包括建模工具、管理工具和软件开发环境。

(9) 软件质量工具：包括检查工具和分析工具。

3．发展特点

(1) 软件工具由单个工具向多个工具集成化方向发展。

(2) 重视用户界面的设计。

(3) 不断地采用新理论和新技术。

(4) 软件工具的商品化推动了软件产业的发展，而软件产业的发展，又增加了对软件工具的需求，促进了软件工具的商品化进程。

4．功能要求

软件开发工具应提供以下 5 个方面的功能。

(1) 认识与描述客观系统。这主要用于软件工作的需求分析阶段。由于需求分析在软件开发中的地位越来越重要，人们迫切需要在明确需求、形成软件功能说明书方面得到工具的支持。与具体的编程相比，这方面工作的不确定程度更高，更需要经验，更难形成规范化。

(2) 存储及管理开发过程中的信息。在软件开发的各阶段都要产生以及使用许多信息。当项目规模比较大时，这些信息量就会大大增加，当项目持续时间较长的时候，信息的一致性就成为一个十分重要、十分困难的问题。如果再涉及软件的长期发展和版本更新，则有关的信息保存与管理问题就显得更为突出了。

(3) 代码的编写或生成。在整个软件开发工作过程中，程序编写工作占了相当的人力物力和实践比重，提高代码的编制速度与效率显然是改进软件工作的一个重要方面。根据目前以第三代语言编程的实际情况，这方面的改进主要是从代码自动生成和软件模块重用两个方面考虑。

(4) 文档的编制或生成。文档编写也是软件开发中十分繁重的一项工作，不但费时费力，而且很难保持一致。在这方面，计算机辅助的作用可以得到充分的发挥。在各种文字处理软件的基础上，已有不少专用的软件开发工具提供了这方面的支持与帮助。这里的困难往往在于保持与程序的一致性，而且最后归结于信息管理方面的要求。

(5) 软件项目的管理。这一功能是为项目管理人员提供支持的。对于软件项目来说，一方面由于软件的质量比较难于测定，所以不仅需要根据设计任务书提出测试方案，而且还需要提供相应的测试环境与测试数据，人们希望软件开发工具能够提供这些方面的帮助。另一方面是当软件规模比较大的时候，版本更新、各模块之间以及模块与使用说明之间的一致性、向外提供的版本的控制等,都会带来一系列十分复杂的管理问题。如果软件开发工具能够提高这方面的支持与帮助,无疑将有利于软件开发工作的进行。

8.4.3 CASE

1. 定义

计算机辅助软件工程这一术语的英文为 Computer-Aided Software Engineering,缩写为 CASE。CASE 是一组工具和方法集合,可以辅助软件开发生命周期各阶段进行软件开发。使用 CASE 工具的目标一般是为了降低开发成本,达到软件的功能要求,取得较好的软件性能,使开发的软件易于移植,降低维护费用,使开发工作按时完成并及时交付使用。

CASE 有如下三大作用,这些作用从根本上改变了软件系统的开发方式。

(1) CASE 是一个具有快速响应、专用资源和早期查错功能的交互式开发环境。

(2) 使软件的开发和维护过程中的许多环节实现了自动化。

(3) 通过一个强有力的图形接口,实现了直观的程序设计。

借助于 CASE,计算机可以完成与开发有关的大部分繁重工作,包括创建并组织所有诸如计划、合同、规约、设计、源代码和管理信息等人工产品。另外,应用 CASE 还可以帮助软件工程师解决软件开发的复杂性并有助于小组成员之间的沟通,它包含计算机支持软件工程的所有方面。

2. CASE 工作台

1) CASE 工作台概述

一个 CASE 工作台是一组工具集,支持像设计、实现或测试等特定的软件开发阶段。将 CASE 工具组装成一个工作台后工具能协调工作,可提供比单一工具更好的支持,可实现通用服务程序,这些程序能被其他工具调用。工作台工具能通过共享文件、共享仓库或共享数据结构来集成。CASE 工作台可分为开放式工作台和封闭式工作台。

2) 程序设计工作台

程序设计工作台由支持程序开发过程的一组工具组成。将编译器、编辑器和调试器这样的软件工具一起放在一个宿主机上,该机器是专门为程序开发设计的。组成程序设计工作台的工具可能有:①语言编译器;②结构化编辑器;③连接器;④加载器;⑤交叉引用;⑥按格式打印;⑦静态分析器;⑧动态分析器;⑨交互式调试器。

3) 分析和设计工作台

分析和设计工作台支持软件过程的分析和设计阶段,在这一阶段,系统模型已建立(例如,一个数据库模型、一个实体关系模型等)。这些工作台通常支持结构化方法中所用的图形符号。支持分析和设计的工作台有时称为上游 CASE 工具。它们支持软件开发的早期过程。程序设计工作台则称为下游 CASE 工具。

4) 测试工作台

测试是软件开发过程中较为昂贵和费力的阶段。测试工作台永远应为开放系统,可以不断演化以适应被测试系统的需要。

*8.5 软件新的开发方法

8.5.1 敏捷设计

2001年2月11～13日,在犹他州Wasateh山的滑雪胜地,17个计算机专家在两天的聚会中,签署了"敏捷软件开发宣言"(The Manifesto for Agile Software Development),宣告"我们通过实践寻找开发软件的更好方法,并帮助其他人使用这些方法。通过这一工作我们得到以下结论:'个体和交流胜于过程和工具;工作软件胜于综合文档;客户协作胜于洽谈协议;回应变革胜于照计划行事。'"

1. 方法类型

敏捷过程(Agile Process)来源于敏捷开发。敏捷开发是应对快速变化的需求的一种软件开发能力。相对于"非敏捷",敏捷开发更强调沟通、变化和产品效益,也更注重作为软件开发中人的作用。敏捷开发包括一系列方法,主流的有如下7种。

(1) XP 极限编程。XP(极限编程)的思想源自 Kent Beck 和 Ward Cunningham 在软件项目中的合作经历。XP 注重的核心是沟通、简明、反馈和勇气。因为知道计划永远赶不上变化,XP 无须开发人员在软件开始初期做出很多文档。XP 提倡测试先行,这是为了将以后出现 bug 的概率降到最低。

(2) SCRUM 方法。SCRUM 是一种迭代的增量化过程,用于产品开发或工作管理。它是一种可以集合各种开发实践的经验化过程框架。SCRUM 中发布产品的重要性高于一切。该方法由 Ken Schwaber 和 Jeff Sutherland 提出,旨在寻求充分发挥面向对象和构件技术的开发方法,是对迭代式面向对象方法的改进。

(3) Crystal Methods 水晶方法。Crystal Methods(水晶方法族)由 Alistair Cockburn 在20世纪90年代末提出。之所以是一个系列,是因为他相信不同类型的项目需要不同的方法。虽然水晶系列没有 XP 那样的产出效率,但却有更多的人能够接受并遵循它。

(4) FDD 特性驱动开发。FDD(Feature-Driven Development,特性驱动开发)由 Peter Coad、Jeff de Luca、Eric Lefebvre 共同开发,是一套针对中小型软件开发项目的开发模式。此外,FDD 是一个模型驱动的快速迭代开发过程,它强调的是简化、实用、易于被开发团队接受,适用于需求经常变动的项目。

(5) ASD 自适应软件开发。ASD(Adaptive Software Development,自适应软件开发)由 Jim Highsmith 在1999年正式提出。ASD 强调开发方法的适应性(Adaptive),这一思想来源于复杂系统的混沌理论。ASD 不像其他方法那样有很多具体的实践做法,它更侧重为 ASD 的重要性提供最根本的基础,并从更高的组织和管理层次来阐述开发方法为什么要具备适应性。

(6) DSDM 动态系统开发方法。DSDM(动态系统开发方法)是众多敏捷开发方法中的一种,它倡导以业务为核心,快速而有效地进行系统开发。实践证明,DSDM 是成功的敏捷开发方法之一。在英国,由于其在各种规模的软件组织中的成功,它已成为应用最为广泛的快速应用开发方法。

(7) 轻量型 RUP 框架。轻量型 RUP 其实是一个过程的框架，它可以包容许多不同类型的过程，Craig Larman 极力主张以敏捷型方式来使用 RUP。他的观点是：目前如此众多的努力以推进敏捷型方法，只不过是在接受能被视为 RUP 的主流 OO 开发方法而已。

2．敏捷开发的工作方式

"敏捷软件开发宣言"提到的 4 个核心价值观会导致高度迭代式的、增量式的软件开发过程，并在每次迭代结束时交付经过编码与测试的软件。敏捷开发小组的主要工作方式包括：增量与迭代式开发；作为一个整体工作；按短迭代周期工作；每次迭代交付一些成果；关注业务优先级；检查与调整。

（1）增量与迭代：增量开发，意思是每次递增地添加软件功能。每一次增量都会添加更多的软件功能。迭代式开发允许在每次迭代过程中需求可能有变化，通过不断细化来加深对问题的理解。

（2）敏捷小组的整体工作：项目取得成功的关键在于，所有的项目参与者都把自己看作朝向一个共同目标前进的团队的一员。一个成功的敏捷开发小组应该具有"我们一起参与其中"的思想。虽然敏捷开发小组是以小组整体进行工作，但是小组中仍然有一些特定的角色。有必要指出和阐明那些在敏捷估计和规划中承担一定任务的角色。

（3）敏捷小组的短迭代周期：迭代是受时间框（timebox）限制的，这意味着即使放弃一些功能，也必须按时结束迭代。时间框一般很短。大部分敏捷开发小组采用 2～4 周的迭代，但也有一些小组采用长达 3 个月的迭代周期仍能维持敏捷性。大多数小组采用相对稳定的迭代周期长度，但是也有一些小组在每次迭代开始的时候选择合适的周期长度。

（4）敏捷小组每次迭代交付：在每次迭代结束的时候让产品达到潜在可交付状态是很重要的。实际上，这并不是说小组必须全部完成发布所需的所有工作，因为他们通常并不会每次迭代都真的发布产品。由于单次迭代并不总能提供足够的时间来完成足够满足用户或客户需要的新功能，因此我们需要引入更广义的发布（release）概念。一次发布由一次或一次以上（通常是以上）相互接续，完成一组相关功能的迭代组成。最常见的迭代一般是 2～4 周，一次发布通常是 2～6 个月。

（5）敏捷小组的优先级：敏捷开发小组从两个方面显示出他们对业务优先级的关注。首先，他们按照产品所有者所制定的顺序交付功能，而产品所有者一般会按照使机构在项目上的投资回报最大化的方式来确定功能的优先级，并将它们组织到产品发布中。要达到这一目的，需要根据开发小组的能力和所需新功能的优先级建立一个发布计划。其次，敏捷开发小组关注完成和交付具有用户价值的功能，而不是完成孤立的任务（任务最终组合成具有用户价值的功能）。

（6）敏捷小组的检查与调整：在每次新迭代开始的时候，敏捷开发小组都会结合在上一次迭代中获得的所有新知识做出相应的调整。如果小组认识到一些可能影响到计划的准确性或是价值的内容，他们就会调整计划。小组可能发现他们过高或过低地估计了自己的进展速度，或者发现某项工作比原来以为的更耗费时间，从而影响到计划的准确性。

8.5.2 软件产品线

1．概念

软件产品线是一组具有共同体系构架和可复用组件的软件系统,它们共同构建支持特定领域内产品开发的软件平台。一个软件产品线由一个产品线体系结构、一个可重用构件集合和一个源自共享资源的产品集合组成,是组织一组相关软件产品开发的方式。软件产品线的产品则是根据基本用户需求对产品线架构进行定制,将可复用部分和系统独特部分集成而得到。软件产品线方法集中体现一种大规模、大粒度软件复用实践,是软件工程领域中软件体系结构和软件重用技术发展的结果。

1997 年,由北京大学主持的国家重大科技攻关项目"青鸟工程"是软件产品线方法的原型平台。进入 21 世纪,为了适应 Internet 应用及信息技术方面的重大变革,软件系统开始呈现出一种柔性可演化、连续反应式、多目标自适应的新系统形态。从技术的角度看,在面向对象、软件构件等技术支持下的软件实体以主体化的软件服务形式存在于 Internet 的各个节点之上,各个软件实体相互间通过协同机制进行跨网络的互连、互通、协作和联盟,从而形成一种与 WWW 相类似的软件 Web(Software Web)。将这样一种 Internet 环境下的新的软件形态称为网构软件(Internetware)。

2．流程

软件产品线的开发有 4 个技术特点——过程驱动、特定领域、技术支持和架构为中心。与其他软件开发方法相比,选择软件产品线的宏观原因有：对产品线及其实现所需的专家知识领域的清楚界定,对产品线的长期远景进行了策略性规划。软件生产线的概念和思想,将软件的生产过程分到三类不同的生产车间进行,即应用体系结构生产车间、构件生产车间和基于构件、体系结构复用的应用集成(组装)车间,从而形成软件产业内部的合理分工,实现软件的产业化生产。软件生产线如图 8-5 所示。

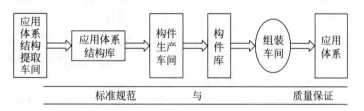

图 8-5　软件生产线

1) 软件产品线工程

软件产品线是一种基于架构的软件复用技术,它的理论基础是：特定领域(产品线)内的相似产品具有大量的公共部分和特征,通过识别和描述这些公共部分和特征,可以开发需求规范、测试用例、软件组件等产品线的公共资源。而这些公共资产可以直接应用或适当调整后应用于产品线内产品的开发,从而不再从草图开始开发产品。因此典型的产品线开发过程包括两个关键过程——领域工程和应用工程。

2) 软件产品线的组织结构

软件产品线开发过程分为领域工程和应用工程,相应的软件开发的组织结构也有两个部分——负责核心资源的小组和负责产品的小组。在 EMS 系统开发过程中采用的产品线方法中,主要有三个关键小组:平台组、配置管理组和产品组。

3) 软件产品线构件

产品线构件是用于支持产品线中产品开发的可复用资源的统称。这些构件远不是一般意义上的软件构件,它们包括:领域模型、领域知识、产品线构件、测试计划及过程、通信协议描述、需求描述、用户界面描述、配置管理计划及工具、代码构件、性能模型与度量、工作流结构、预算与调度、应用程序生成器、原型系统、过程构件(方法和工具)、产品说明、设计标准、设计决策、测试脚本等。在产品线系统的每个开发周期都可以对这些构件进行精化。

8.5.3 知识工程与知件

1. 知识工程

知识工程这个术语最早由美国人工智能专家 E. A. 费根鲍姆提出。由于在建立专家系统时所要处理的主要是专家的或书本上的知识,正像在数据处理中数据是处理对象一样。其研究内容主要包括知识的获取、知识的表示以及知识的运用和处理等三大方面。费根鲍姆及其研究小组在 20 世纪 70 年代中期研究了人类专家们解决其专门领域问题时的方式和方法。人工智能与计算机技术的结合产生了所谓"知识处理"的新课题。即要用计算机来模拟人脑的部分功能,或解决各种问题,或回答各种询问,或从已有的知识推出新知识等。

2. 知件

知件是独立的、计算机可操作的、商品化的、符合某种工业标准的、有完备文档的、可被某一类软件或硬件访问的知识模块。

专家系统和通常的知识库都在某些方面类似于知件,但是它们都不是知件。专家系统是传统意义上的软件,因为它包括以推理程序为核心的一系列应用程序模块。通常的知识库也不是知件。首先是因为它至少包含一个知识库管理程序,从而不满足知件的基本条件(只含知识);其次是因为这些知识库的知识表示和界面一般不是标准化的,难以用即插即用方式和任意的软件模块组合使用,而且一般的知识库还没有商品化。知件应该成为一种标准的部件,使更换知件就像更换计算机上的插件一样方便。

通过知件的形式,可以把软件中的知识含量分离出来,使软件和知件成为两种不同的研究对象和两种不同的商品,使硬件、软件和知件在 IT 产业中三足鼎立。对软件开发过程施以科学化和工程化的管理,就形成了软件工程。类似地,对知件开发过程施以科学化和工程化的管理,就形成了知件工程。两者有某些共同之处,但也有很多不同。计算机发现知识,或计算机和人合作发现知识已经成为一种产业——知识产业。而如果计算机生成的是规范化的、包装好的、商品化的知识,即知件,那么这个生成过程(包括维护、使用)涉及的全部技术之总和可以称为知件工程。从某种意义上可以说,知件工程是商品化和大规模生产形式的知识工程。

3. 知件工程

根据知识获取和建模的 3 种不同方式,知件工程有 3 种开发模型。

1) 熔炉模型

它适用于存在着可以批量获取知识的知识来源的情形。采用类自然语言理解技术,让计算机把整本教科书或整批技术资料自动地转换为一个知识库,也可以把一个专家的谈话记录自动地转换为知识库。这个知识库就称为熔炉。由于成批资料中所含的知识必须分解成知识元后在知识库中重新组织,特别是当这些知识来自多个来源(多本教科书,或多批技术资料,或多位专家,以及它们的组合)时,更需要把获取的知识综合起来,这种重新组织的过程就是知识熔炼的过程。我们把熔炉中的知识称为知识浆。熔炉模型的基本结构如图 8-6 所示。

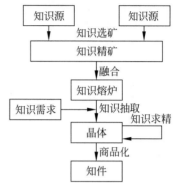

图 8-6　熔炉模型

2) 结晶模型

它适用于从分散的知识资源中提取和凝聚知识。结晶模型的基本构思是:在知件的整个生命周期中,新的、有用的知识是不断积累的,它需要一个获取、提炼、分析、融合、重组的过程。从这个观点看,我们周围的环境更像是一种稀释了的知识溶液,提取知识的过程就像是一个结晶过程。由于其规模之大,我们称它为知识海。而熔炉模型中的知识浆则是浓缩了的知识溶液。对知识的需求就像一个结晶中心,围绕这个中心,海里的知识不断析出并向它聚集,使结晶越来越大。知识晶体的结构就是知识表示和知识组织的规范。蕴含于因特网上的知识就是一种典型的知识海。

我们需要两个控制机制来控制知识晶体的形成和更新过程。第一个机制称为知识泵。它的任务是从分散的知识源中提取并凝聚知识。上面提到的类自然语言就是这样一种知识泵。它不仅可以控制知识析取的内容,还可以控制知识析取的粒度。已经获得的知识晶体可以作为新的知识颗粒进入知识海中,以便在高一级的水平上重用。类自然语言的使用在某种程度上体现了知识结晶的方式。第二个机制称为知识肾。由于知识是会老化和过时的,旧的、过时的知识不断被淘汰,它表现为结晶的风化和蒸发。知识肾的任务是综合分析新来的和原有的知识,排除老化、过时和不可靠的知识,促进知识晶体的新陈代谢。

综合这两者,知识泵和知识肾合作完成知识晶体的知识析取、知识融合和知识重组。知件的演化有赖于作为它的基础的知识晶体的演化和更新。从理论上说,这是一个无穷的过程。结晶模型如图 8-7 所示。

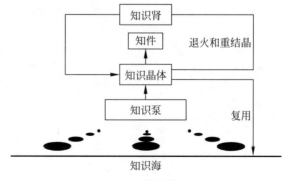

图 8-7　结晶模型

3) 螺旋模型

它适用于获取通过反复实践积累起来的经验知识。该模型反映了学术界区分显知识和隐知识的观点,认为知识创建的过程体现为显知识和隐知识的不断互相转换,螺旋上升。它包括如下 4 个阶段:外化(通过建模等手段使隐知识变为显知识)、组合(显知识的系统化)、内化(运用显知识积累新的隐知识)和社会化(交流和共享隐知识),如图 8-8 所示。

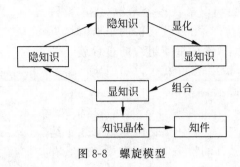

图 8-8 螺旋模型

以上 3 种知件工程模型生成的知识模块统称为知识晶体。从应用的角度看,知识晶体还只是一个半成品,需要经过进一步的加工才能成为知件。

思考题

1. 什么是软件工程?
2. 简述软件工程过程。
3. 什么是软件生命周期?
4. 什么是瀑布模型?什么是快速原型模型?什么是螺旋模型?什么是喷泉模型?
5. 简述结构化方法。
6. 简述面向对象方法。
7. 简述软件复用和构件技术。
8. 什么是软件开发工具?什么是 CASE?
9. 简述敏捷设计思想。
10. 简述软件产品线技术。

第9章 计算机图形学

9.1 图形学与数字图像处理

9.1.1 图形学

1. 概述

计算机图形学(Computer Graphics,CG)是一种使用数学算法将二维或三维图形转换为计算机显示器的栅格形式的科学。简单地说,就是研究如何在计算机中表示图形及利用计算机进行图形的计算、处理和显示的相关原理与算法。

图形学涉及图形的输入、模型(图形对象)的构造和表示、图形数据库管理、图形数据通信、图形的操作、图形数据的分析和如何以图形信息为媒介实现人机交互作用的方法、技术与应用。

矢量图,也称为面向对象的图形,在数学上定义为一系列由线连接的点。矢量文件中的图形元素称为对象。每个对象都是一个自成一体的实体,它具有颜色、形状、轮廓、大小和屏幕位置等属性。矢量图是根据几何特性来绘制的图形,矢量图只能靠软件生成,文件占用内存空间较小,因为这种类型的图像文件包含独立的分离图像,可以自由、无限制地重新组合。它的特点是放大后图像不会失真,与分辨率无关,适用于图形设计、文字设计和一些标志设计、版式设计等。矢量图使用直线和曲线来描述图形,这些图形的元素是一些点、线、矩形、多边形、圆和弧线等,它们都是通过数学公式计算获得的。例如,一幅花的矢量图形实际上是由线段形成外框轮廓,由外框的颜色及外框所封闭的颜色决定花显示出的颜色。

2. 计算机图形学历史

1950年,显示器在美国麻省理工学院(MIT)诞生。20世纪50年代中期,美国战术防空系统则是第一个使用具有命令和控制功能的CRT显示控制台的系统;操作员可以用光笔在屏幕上指出被确定的目标。1958年,美国Calcomp公司由联机的数字记录仪发展成滚筒式绘图仪,GerBer公司把数控机床发展成为平板式绘图仪。计算机图形学处于准备和酝酿期。同时,类似技术在设计和生产过程中也陆续得到了应用,它预示着交互式计算机图形学的诞生。

1963年,MIT林肯实验室的Ivan E. Sutherland在他的博士论文《Sketchpad(画板):一个人机交互通信的图形系统》中首次使用了计算机图形学这个术语,确定了计算机图形学作为一个新的独立科学分支。1964 年,MIT 的教授 Steven A. Coons 提出了插值 4 条任意的边界曲线的 Coons 曲面。1966 年,法国雷诺汽车公司的工程师 Pierre Bézier 发展了一套自由曲线和曲面的方法。Coons 方法和 Bézier 方法为计算机辅助几何设计(CAGD)奠定了基础。

1970 年,光栅扫描显示器的出现,使光栅图形学算法迅速发展起来。随后,区域填充、多边形裁剪、三维景物消隐和真实感图形的基本图形算法纷纷诞生,标志着计算机图形学进入了第一个兴盛的历史时期。

20 世纪 80 年代中期,超大规模集成电路的发展,特别是 PC 及其图形加速硬件性能的迅速提高,为计算机图形学的飞速发展奠定了基础。CPU 运算能力提高、图形处理速度的加快,进一步促进了计算机图形学的理论研究和技术开发,推动计算机图形学更广泛地应用于 CAD/CAM、动画、医学成像、科学计算可视化、影视娱乐等各个领域。

20 世纪 70—90 年代,由于计算机图形和软件技术的发展,对图形系统之间的数据交换和接口提出了越来越高的要求,图形软件系统功能的标准化问题被提出来了。这些标准的制定,使图形应用系统与计算机硬件无关,提高了程序的可移植性,对计算机图形学的推广、应用、资源信息共享,起到了极其重要的作用。

21 世纪,计算机图形学正向着标准化、集成化、智能化发展,并衍生出多媒体技术、可视化、虚拟现实和增强现实技术等新兴学科。

9.1.2 数字图像处理

1. 概述

数字图像处理(Digital Image Processing)是通过计算机对图像进行去除噪声、增强、复原、分割、提取特征等处理的方法和技术。

位图图像(Bitmap),也称为点阵图像或绘制图像,是由称为像素(图片元素)的单个点组成的。这些点可以进行不同的排列和染色以构成图样。当放大位图时,可以看见赖以构成整个图像的无数单个方块。扩大位图尺寸的效果是增大单个像素,从而使线条和形状显得参差不齐。然而,如果从稍远的位置观看,位图图像的颜色和形状又是连续的。常用的位图处理软件是 Photoshop 软件和 Windows 绘画板。

2. 处理

处理位图时,输出图像的质量决定于处理过程开始时设置的分辨率高低。分辨率是指一个图像文件中包含的细节和信息的大小,及输入、输出设备或显示设备能够产生的细节程度。操作位图时,分辨率既会影响最后输出的质量,也会影响文件的大小。

进行数字图像处理所需要的设备包括摄像机、数字图像采集器(包括同步控制器、数/模转换器及帧存储器)、图像处理计算机和图像显示终端。主要的处理任务通过图像处理软件来完成。为了对图像进行实时处理,需要非常高的计算速度;通用计算机无法满足,需要专用的图像处理系统。这种系统由许多单处理器组成阵列式处理机,并行操作,以提高处理的实时性。随着超大规模集成电路的发展,专门用于各种处理算法的高速芯片(即图像处理专用芯片),会出现较大市场。

一般来讲,对图像进行处理(或加工、分析)的主要目的有以下3个方面。

(1) 提高图像的视感质量,例如,进行图像的亮度、彩色变换、增强、抑制某些成分,对图像进行几何变换等,以改善图像的质量。

(2) 提取图像中所包含的某些特征或特殊信息,这些被提取的特征或信息可为计算机分析图像提供便利。提取特征或信息的过程是模式识别或计算机视觉的预处理。提取的特征可以包括很多方面,例如频域特征、灰度或颜色特征、边界特征、区域特征、纹理特征、形状特征、拓扑特征和关系结构等。

(3) 图像数据的变换、编码和压缩,以便于图像的存储和传输。

3. 颜色

(1) RGB是位图颜色的一种编码方法,用红、绿、蓝三原色的光学强度来表示一种颜色。这是最常见的位图编码方法,可以直接用于屏幕显示。

(2) CMYK是位图颜色的一种编码方法,用青、品红、黄、黑4种颜料含量来表示一种颜色。这是常用的位图编码方法之一,可以直接用于彩色印刷。

(3) 索引颜色/颜色表是位图常用的一种压缩方法。从位图图像中选择最有代表性的若干种颜色(通常不超过256种)编制成颜色表,然后将图像中原有颜色用颜色表的索引来表示。这样原图像可以被大幅度有损压缩。它适合压缩网页图像等颜色数较少的图像,不适合压缩照片等色彩丰富的图像。

(4) Alpha通道。在原有的图像编码方法基础上,增加像素的透明度信息。图像处理中,通常把RGB三种颜色信息称为红通道、绿通道和蓝通道,相应地,把透明度称为Alpha通道。大多数使用颜色表的位图格式都支持Alpha通道。

(5) 色彩深度又叫色彩位数,即位图中要用多少个二进制位来表示每个点的颜色,是分辨率的一个重要指标。常用的位数有1位(单色)、2位(4色,CGA)、4位(16色,VGA)、8位(256色)、16位(增强色)、24位(真彩色)和32位等。

4. 图像处理方法

(1) 图像变换:由于图像阵列很大,直接在空间域中进行处理,计算量很大。因此,往往采用各种图像变换的方法,如傅里叶变换、沃尔什变换、离散余弦变换等间接处理技术,将空间域的处理转换为变换域处理,不仅可减少计算量,而且可获得更有效的处理。

(2) 图像编码压缩:图像编码压缩技术可减少描述图像的数据量(即比特数),以便节省图像传输、处理的时间和减少所占用的存储器容量。压缩可以在不失真的前提下获得,也可以在允许的失真条件下进行。

(3) 图像增强和复原:图像增强和复原是为了提高图像的质量,如去除噪声、提高图像的清晰度等。图像增强,即突出图像中所感兴趣的部分,如强化图像高频分量,可使图像中物体轮廓清晰、细节明显;强化低频分量,可减少图像中噪声影响。图像复原要求对图像降质的原因有一定的了解,一般来讲应根据降质过程建立"降质模型",再采用某种滤波方法,恢复或重建原来的图像。

(4) 图像分割:图像分割是将图像中有意义的特征部分提取出来,其有意义的特征有图像中的边缘、区域等,这是进一步进行图像识别、分析和理解的基础。

(5) 图像描述：它是图像识别和理解的必要前提。作为最简单的二值图像可采用其几何特性描述物体的特性，一般图像的描述方法采用二维形状描述，它有边界描述和区域描述两类方法。对于特殊的纹理图像，可采用二维纹理特征描述。随着图像处理研究的深入发展，已经开始进行三维物体描述的研究，提出了体积描述、表面描述、广义圆柱体描述等方法。

(6) 图像分类(识别)：图像分类(识别)属于模式识别的范畴，其主要内容是图像经过某些预处理(增强、复原、压缩)后，进行图像分割和特征提取，从而进行判决分类。图像分类常采用经典的模式识别方法，有统计模式分类和句法(结构)模式分类；新发展起来的模糊模式识别和人工神经网络模式分类在图像识别中也越来越受到重视。

5. 历史

数字图像处理最早出现于 20 世纪 50 年代，那时人们试图利用计算机来处理数字图像。数字图像处理作为一门学科形成于 20 世纪 60 年代初期。早期的图像处理是为了改善图像的质量，主要是用以改善人的视觉体验。常用的图像处理方法有图像增强、复原、编码、压缩等技术。首次应用的是美国喷气推进实验室航天探测器"徘徊者 7 号"在 1964 年发回的几千张月球照片使用了图像处理技术，如几何校正、灰度变换、去除噪声等方法进行处理，并考虑了太阳位置和月球环境的影响，由计算机成功地绘制出月球表面地图。数字图像处理的另一个应用是在医学上。1972 年，英国 EMI 公司工程师 Housfield 发明了用于头颅诊断的 X 射线计算机断层摄影装置，即 CT(Computer Tomograph)。CT 的基本方法是根据人的头部截面的投影，经计算机处理来重建截面图像，称为图像重建。1979 年，该技术获诺贝尔奖。

6. 位图与矢量图比较

为了更好地了解位图，这里将对位图和矢量图进行比较，见表 9-1。

表 9-1 位图与矢量图的比较

类型	组成	优　点	缺　点	常用工具
位图图像	像素	只要不同色彩的像素足够多，就可制作色彩丰富的图像，逼真地表现自然界的景象	缩放和旋转容易失真，同时文件容量较大	Photoshop、画图工具等
矢量图像	数学向量	文件容量较小，在进行放大、缩小或旋转等操作时图像不会失真	不易制作色彩变化太多的图像	Illustrator、CorelDraw、Flash 等

9.2 计算机图形学应用

9.2.1 计算机辅助设计

1. 定义

计算机辅助设计(Computer Aided Design，CAD)利用计算机及其图形设备帮助设计人员进行设计工作,简称 CAD。在工程和产品设计中,计算机可以帮助设计人员担负计算、信息存储和制图等工作。在设计中通常要用计算机对不同方案进行大量的计算、分析和比较,以决定最优方案。各种设计信息,不论是数字的、文字的或图形的,都能存放在计算机的内存或外存里,并能快速地检索。设计人员通常用草图开始设计,将草图变为工作图的繁重工作可以交给计算机完成。利用计算机可以进行与图形的编辑、放大、缩小、平移和旋转等有关的图形数据加工工作。

2. 发展历史

20 世纪 50 年代在美国诞生第一台计算机绘图系统,开始出现具有简单绘图输出功能的被动式的计算机辅助设计技术。20 世纪 60 年代初期出现了 CAD 的曲面片技术,中期推出商品化的计算机绘图设备。20 世纪 70 年代,完整的 CAD 系统开始形成,后期出现了能产生逼真图形的光栅扫描显示器,接着推出了手动游标、图形输入板等多种形式的图形输入设备,促进了 CAD 技术的发展。

20 世纪 80 年代,随着强有力的超大规模集成电路制成的微处理器和存储器件的出现,工程工作站问世,CAD 技术在中小型企业逐步普及。20 世纪 80 年代中期以来,CAD 技术向标准化、集成化、智能化方向发展。一些标准的图形接口软件和图形功能相继推出,为 CAD 技术的推广、软件的移植和数据共享起到了重要的促进作用。系统构造由过去的单一功能变成综合功能,出现了计算机辅助设计与辅助制造连成一体的计算机集成制造系统。固化技术、网络技术、多处理机和并行处理技术在 CAD 中的应用,极大地提高了 CAD 系统的性能。人工智能和专家系统技术引入 CAD,出现了智能 CAD 技术,使 CAD 系统的问题求解能力大为增强,设计过程更趋自动化。

3. 应用

现在,CAD 已在电子电气、科学研究、机械设计、软件开发、机器人、服装业、出版业、工厂自动化、土木建筑、地质、计算机艺术等各个领域得到广泛应用,如图 9-1 所示。

9.2.2 多媒体

1. 概念

(1) 媒体(Media)就是人与人之间实现信息交流的中介,简单地说,就是信息的载体,也称为媒介。媒体在计算机行业里,有两种含义:其一是指传播信息的载体,如语言、文字、图像、视频、音频等;其二是指存储信息的载体,如 ROM、RAM、磁带、磁盘、光盘等。

(2) 多媒体,一般理解为多种媒体的综合,是计算机和视频技术的结合。可以理解为直接作用于人感官的文字、图形、图像、动画、声音和视频等各种媒体的统称,即多种信息载体的表现形式和传递方式。

2. 基本形式

(1) 文本:是以文字和各种专用符号表达的信息形式,它是现实生活中使用得最多的一种信息存储和传递方式。用文本表达信息给人充分的想象空间,它主要用于对知识的描

(a) 电子电气、科学研究、机械设计

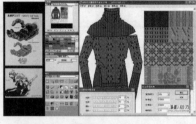

(b) 机器人、服装业、出版业

(c) 土木建筑、地质、计算机艺术

图 9-1　计算机辅助设计的应用

述性表示,如阐述概念、定义、原理和问题以及显示标题、菜单等内容。

(2) 图像:是多媒体软件中最重要的信息表现形式之一,它是决定一个多媒体软件视觉效果的关键因素。

(3) 动画:是利用人的视觉暂留特性,快速播放一系列连续运动变化的图形图像,也包括画面的缩放、旋转、变换、淡入淡出等特殊效果。通过动画可以把抽象的内容形象化,使许多难以理解的教学内容变得生动有趣。合理使用动画可以达到事半功倍的效果。

(4) 声音:是人们用来传递信息、交流感情最方便、最熟悉的方式之一。在多媒体课件中,按其表达形式,可将声音分为讲解、音乐、效果三类。

(5) 视频影像:视频影像具有时序性与丰富的信息内涵,常用于交代事物的发展过程。视频非常类似于我们熟知的电影和电视,有声有色,在多媒体中充当着重要的角色。

3. 多媒体技术

多媒体技术是计算机技术和视频技术的结合。多媒体由硬件和软件组成。多媒体是数字控制和数字媒体的汇合,计算机负责数字控制系统,数字媒体是音频和视频先进技术的结合。

多媒体技术是多种信息类型技术的综合。这些媒体可以是图形、图像、声音、文字、视频、动画等信息表示形式,也可以是显示器、扬声器、电视机等信息的展示设备,传递信息的光纤、电缆、电磁波、计算机等中介媒质,还可以是存储信息的磁盘、光盘、磁带等存储实体。多媒体技术应该包括:音频技术、视频技术、图像技术、通信技术、存储技术等。

4. 多媒体技术特点

(1) 集成性:能够对信息进行多通道统一获取、存储、组织与合成。

(2) 控制性:多媒体技术是以计算机为中心,综合处理和控制多媒体信息,并按人的要求以多种媒体形式表现出来,同时作用于人的多种感官。

(3) 交互性:交互性是多媒体应用有别于传统信息交流媒体的主要特点之一。传统信息交流媒体只能单向地、被动地传播信息,而多媒体技术则可以实现人对信息的主动选择和控制。

(4) 非线性:多媒体技术的非线性特点将改变人们传统循序性的读写模式。以往人们读写方式大都采用章、节、页的框架,循序渐进地获取知识,而多媒体技术将借助超文本链接的方法,把内容以一种更灵活、更具变化的方式呈现给读者。

(5) 实时性:当用户给出操作命令时,相应的多媒体信息都能够得到实时控制。

(6) 互动性:它可以形成人与机器、人与人及机器间的互动,互相交流的操作环境及身临其境的场景,人们根据需要进行控制。人机相互交流是多媒体最大的特点。

(7) 方便性:用户可以按照自己的需要、兴趣、任务要求、偏爱和认知特点来使用信息,任取图、文、声等信息表现形式。

(8) 动态性:"多媒体是一部永远读不完的书",用户可以按照自己的目的和认知特征重新组织信息,增加、删除或修改节点,重新建立链接。

5. 多媒体系统

一般的多媒体系统由如下 4 个部分组成:多媒体硬件系统、多媒体操作系统、媒体处理系统工具和用户应用软件,如图 9-2 所示。

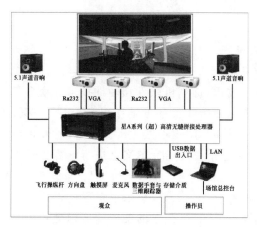

图 9-2　多媒体系统

(1) 多媒体硬件系统:包括计算机硬件、声音/视频处理器、多种媒体输入/输出设备及信号转换装置、通信传输设备及接口装置等。其中,最重要的是根据多媒体技术标准而研制生成的多媒体信息处理芯片和板卡、光盘驱动器等。

(2) 多媒体操作系统：或称为多媒体核心系统(Multimedia Kernel System)，具有实时任务调度、多媒体数据转换和对多媒体设备的驱动和控制，以及图形用户界面管理等功能。

(3) 媒体处理系统工具：或称为多媒体系统开发工具软件，是多媒体系统重要组成部分。

(4) 用户应用软件：根据多媒体系统终端用户要求而定制的应用软件或面向某一领域的用户应用软件系统，它是面向大规模用户的系统产品。

6. 多媒体计算机的硬件

多媒体计算机的主要硬件除了常规的硬件如主机、硬盘驱动器、显示器、网卡之外，还要有音频信息处理硬件、视频信息处理硬件及光盘驱动器等部分。

(1) 音频卡(Sound Card)：用于处理音频信息，它可以把话筒、录音机、电子乐器等输入的声音信息进行模数转换(A/D)、压缩等处理，也可以把经过计算机处理的数字化的声音信号通过还原(解压缩)、数模转换(D/A)后用音箱播放出来，或者用录音设备记录下来。

(2) 视频卡(Video Card)：用来支持视频信号(如电视)的输入与输出。

(3) 采集卡：能将电视信号转换成计算机的数字信号，便于使用软件对转换后的数字信号进行剪辑处理、加工和色彩控制。还可将处理后的数字信号输出到录像带中。

(4) 扫描仪：将摄影作品、绘画作品或其他印刷材料上的文字和图像，甚至实物，扫描到计算机中，以便进行加工处理。

(5) 光驱：分为只读光驱(CD-ROM)和可读写光驱(CD-R，CD-RW)，可读写光驱又称刻录机，用于读取或存储大容量的多媒体信息。

9.2.3　计算机动画艺术

1. 历史回顾

计算机动画技术的发展是和许多其他学科的发展密切相关的。计算机图形学、计算机绘画、计算机音乐、计算机辅助设计、电影技术、电视技术、计算机软件和硬件技术等众多学科的最新成果都对计算机动画技术的研究和发展起着十分重要的推动作用。20世纪50—60年代，大部分的计算机绘画艺术作品都是在打印机和绘图仪上产生的。一直到20世纪60年代后期，才出现利用计算机显示点阵的特性，通过精心的设计图案来进行计算机艺术创造的活动。

20世纪70年代开始，计算机艺术走向繁荣和成熟。1973年，在东京索尼公司举办了"首届国际计算机艺术展览会"。20世纪80年代至今，计算机艺术的发展速度远远超出了人们的想象。在代表计算机图形研究最高水平的历届SIGGRAPH年会上，精彩的计算机艺术作品层出不穷。另外，在此期间的奥斯卡奖的获奖名单中，采用计算机特技制作电影频频上榜，大有舍我其谁的感觉。在中国，首届计算机艺术研讨会和作品展示活动于1995年在北京举行，它总结了计算机艺术在中国的发展，对未来的工作起到了重要的推动作用。

2. 电影特技中的应用

计算机动画的一个重要应用就是制作电影特技,可以说电影特技的发展和计算机动画的发展是相互促进的。1987年,由著名的计算机动画专家塔尔曼夫妇领导的MIRA实验室制作了一部7min的计算机动画片《相会在蒙特利尔》,再现了国际影星玛丽莲·梦露的风采。1988年,美国电影《谁陷害了兔子罗杰》(Who Framed Roger Rabbit?)中二维动画人物和真实演员的完美结合,令人瞠目结舌、叹为观止,其中用了不少计算机动画处理。1991年,美国电影《终结者Ⅱ:世界末日》展现了奇妙的计算机技术。此外,还有《侏罗纪公园》(Jurassic Park)、《狮子王》、《玩具总动员》(Toy Story)等,如图9-3所示。

(a)《星球大战》《哈利波特》《功夫熊猫》

(b) 动画设计,《阿凡达》

(c)《玩具总动员》与《侏罗纪公园》

图9-3 计算机动画在电影特技中的应用

9.2.4 虚拟现实

1. 技术起源和发展

19世纪60年代末,美国有一位名叫艾万·萨斯兰的计算机专家创造了一个世界上并不存在的"几何王国"。参观这个王国的人只要戴上特制的头盔,就会身不由己地徜徉在一个由各种几何图形组成的世界里,这时在你眼前闪过、头顶上飘浮和身边掠过的都是一些大大小小、形状和颜色各不相同的圆形、方形等图案,你可以尽情浏览,随意欣赏,品味这个虚幻世界带来的乐趣。这个"几何王国"就是世界上最早出现的虚拟现实系统。

2. 概念

虚拟现实技术将计算机、传感器、图文声像等多种设置结合在一起，创造出一个虚拟的"真实世界"。在这个世界里，人们看到、听到和触摸到的，都是一个并不存在的虚幻世界，是现代高超的模拟技术使人们产生了"身临其境"的感觉。

虚拟现实是一种三维的、由计算机制造的模拟环境。在这个环境里，用户可以操纵机器，与机器相互影响，并完全沉浸其中。因此，从这个定义上看，"虚拟"是从计算机的"虚拟记忆"这个概念派生出来的。虚拟现实为我们提供了一个与现实生活极为相似的虚幻世界。

虚拟现实不仅是一种设计，还是一个表达和交流的媒体。借助头盔显示器、数字手套和其他传感设备，一个人可以与另外一个"虚拟人"进行交流，虚拟现实中的虚拟人可以是机器，也可以是现实人的"虚影"，如图 9-4 所示。

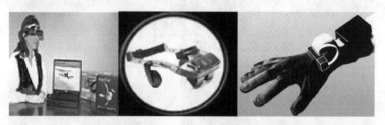

图 9-4 虚拟现实系统、3D 头盔、数据手套

虚拟现实（Virtual Reality，VR）是一种高新技术。VR 是一项综合集成技术，涉及计算机图形学、人机交互技术、传感技术、人工智能等领域，它用计算机生成逼真的三维视、听、嗅觉等感觉，使人作为参与者通过适当装置，自然地与虚拟世界进行体验和交互。VR 主要有三方面的含义：第一，虚拟现实是借助于计算机生成逼真的实体，"实体"是对于人的感觉（视、听、触、嗅）而言的；第二，用户可以通过人的自然技能与这个环境交互，自然技能是指人的头部转动、眼动、手势等其他人体的动作；第三，虚拟现实往往要借助于一些三维设备和传感设备来完成交互操作。虚拟现实的系统框图如图 9-5 所示。

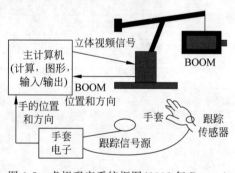

图 9-5 虚拟现实系统框图（1992 年 Bryson）

3. 虚拟现实技术的应用

虚拟现实是未来最重要的技术之一，它将带动许多领域的进步。目前，虚拟现实在许多领域都得到了应用，比如娱乐、艺术、商业、通信、设计、教育、工程、医学、航空、科学计算等。

（1）建筑领域。虚拟现实已经展示了它在雕塑和建筑工业方面的潜能。一座建筑在它还处于设计阶段时，就可以被模拟出来，人们修改它，并可以身临其境地体验它的建筑风格。建筑师和业主在建筑开工之前就可看到建筑的外部造型、内部结构及装饰，通风和温控效果,灯光、视屏及声响感官舒适度等,从而及时完善原有设计,如图9-6所示。

图 9-6　建筑模拟图

(2) 艺术。目前,我们可以通过 Internet 虚拟地参观真实的艺术画廊和博物馆。美国和一些欧洲国家博物馆已经具备了虚拟现实艺术品特殊展览的能力。虚拟现实将改变我们关于艺术构成的概念。一件艺术品有可能成为一个可操作、可人机对话并令人沉浸其中的经历。你也许会在虚拟油画中漫游,这里实际上成了你探索的迷你世界;你可以影响画中的某些要素,甚至可以进行涂改;你可以走进一个雕塑画廊,然后对其中的艺术品进行修改,在你这样做的时候,你的思想实际上已经融入到艺术品中。虚拟现实技术在艺术领域中的应用如图9-7所示。

图 9-7　艺术变形

(3) 教育和技能培训。今后,学生们可以通过虚拟世界学习他们想学的知识。化学专业的学生不必冒着爆炸的危险也可以做实验;天文学专业的学生可以在虚拟星系中遨游,以掌握它们的性质;历史专业的学生可以观看不同的历史事件,甚至可以参与历史人物的行动;英语专业的学生可以在世界剧院看莎士比亚戏剧,如同这些剧目首次上演一样。

(4) 工程设计。许多工程师已经在利用虚拟现实模拟器制造和检验样品了。在航空工业,首次利用虚拟现实技术设计、实验的飞机是波音 777 飞机。实物样品的生产需要许多时间和经费。而改用电子样品或模拟样品则可以省时、省钱,缩短新产品的推出周期,因为提出意见与改进的过程都可以在计算机内完成,如图9-8所示。

图 9-8　工业设计

(5) 航天。虚拟现实技术近年来在航空业也得到了长足的发展。美国宇航局埃姆斯研究中心的科学家将探索火星的数据进行处理，得到了火星的虚拟现实图像。研究人员可以看到全方位的火星表面景象。高山、平川、河流以及纵横的沟壑里被风化得斑斑驳驳的巨石，都显得十分清晰逼真，而且不论从哪个方向看这些图，视野中的景象都会随着头的转动而改变，就好像真的置身于火星上漫游、探险一样，如图9-9所示。

(6) 娱乐业。虚拟现实已经在娱乐领域得到了广泛应用。在一些大城市的娱乐中心或游戏机室，虚拟现实娱乐节目已经随处可见。不久的将来，几乎所有的录像厅和电影院都将会变成虚拟现实娱乐中心。随着虚拟现实的不断发展，虚拟现实游戏已进入家庭。想象你在这个游戏里，你可以和其他同伴互动。它可以成为一个真实的、由真人在其中扮演角色的事件，如图9-10所示。

图9-9 航天

图9-10 游戏

(7) 医学。一些公司制作的模拟人体，这是一种电子化的人体，它将满足医学院教学和培训的需要。国内一些医学院也正在进行电子化人体的项目。医学院的学生将通过解剖模拟尸体学习解剖学，这是一种了解人体的有效途径。医学专业的学生和外科医生可以尝试在一个新手术前进行模拟手术，如图9-11所示。

(8) 军事。虚拟现实技术最先应用的领域之一就是战斗模拟。如今，这些应用不仅用于飞机模拟，而且用于船舰、坦克通信及步兵演习。今后，战争的任何侧面都将在实战之前进行模拟演练，模拟演练将变得十分真实，完全可以达到乱真的地步。也许我们可以用模拟战争代替实战，如图9-12所示。

图9-11 医学

图9-12 军事

(9) 科学表达。科学计算可能会产生大规模数据，运用可视化技术将其形象化表达出来，可帮助人们理解其科学含义，如图9-13所示。

图 9-13 分形图

9.2.5 计算机美术

1. 概述

计算机美术是一门计算机技术和美术相结合的学科,它要求创作者既要懂美术又要懂计算机。它利用计算机作为工具,按照美学原理,以图像和图形的形式进行信息交流和升华,形成了自身的特点,创造了新的艺术形式。它的成果使我们得到美的享受,也为人类社会创造了新的文化。

随着计算机软硬件技术的进步及计算机的广泛应用,人们开始使用计算机来进行美术创作。由于这种方法产生的某些效果是传统方法无法相比的,因此一片新天地被拓展了出来,计算机美术开始蓬勃地发展。

用计算机进行美术创作的形式可以说是百花齐放,有的类似油画,有的能做素描,有的在屏幕上写毛笔字。在风格上,有的精细如工笔画,有的粗犷如水墨画,既可作雕塑也可作剪影,所有这些艺术形式都是软件制作者的匠心,如图 9-14 所示。

图 9-14 计算机美术作品欣赏

2. 发展

1952年，美国的 Ben. Laposke 用模拟计算机制作的波型图《电子抽象画》预示着计算机美术的开始（比计算机图形学的正式确立还要早）。计算机美术的发展可分为如下三个阶段。

（1）早期探索阶段（1952—1968年）。主创人员大部分为科学家和工程师，作品以平面几何图形为主。1963年，美国《计算机与自动化》杂志开始举办年度"计算机美术比赛"，代表作品有1960年 Wiuiam Ferrter 为波音公司制作的人体工程学实验动态模拟，模拟飞行员在飞机中的各种情况；1963年 Kenneth Know Iton 的打印机作品《裸体》；1967年日本 GTG 小组的《回到方块》。

（2）中期应用阶段（1968—1983年）。以1968年伦敦第一次世界计算机美术大展——"控制论珍宝"（Cybernehic Serendipity）为标志，进入世界性研究与应用阶段；计算机与计算机图形技术逐步成熟，一些大学开始设置相关课题，出现了一些 CAD 应用系统和成果，三维造型系统产生并逐渐完善。代表作品为1983年美国 IBM 研究所 Richerd Voss 设计出的分形山。

（3）应用与普及阶段（1984—现在）。以微机和工作站为平台的个人计算机图形系统逐渐走向成熟，大批商业性美术（设计）软件面市。以苹果公司的 MAC 计算机和图形化系统软件为代表的桌面创意系统被广泛接受，CAD 成为美术设计领域的重要组成部分。代表作品为1990年 Jefrey Shaw 的交互图形作品"易读的城市（The legible city）"。

*9.2.6 计算机可视化

近年来，随着计算机的广泛应用和科学技术的迅速发展，来自超级计算机、卫星遥感、CT、天气预报以及地震勘测等领域的数据量越来越大，由于没有有效的处理和观察理解手段，科学家们和工程师们惊呼"我们可以做的仅仅是将数据收集和存放起来"。

三维大规模数值模拟可产生上百兆、上千兆的大量数据，已无法用传统的方法来理解大量科学数据中包含的复杂现象和规律。因此，科学计算可视化技术已经成为科学研究中必不可少的手段。它是科学工作者以及工程技术人员洞察数据内含信息、确定内在关系与规律的有效方法，使科学家和工程师以直观形象的方式揭示理解抽象科学数据中包含的客观规律，从而摆脱直接面对大量无法理解的抽象数据的被动局面。

1. 科学计算可视化的定义

所谓"可视化"，就是将科学计算的中间数据或结果数据，转换为人们容易理解的图形图像形式。随着计算机、图形图像技术的飞速发展，人们现在已经可以用丰富的色彩、动画技术、三维立体显示及仿真（虚拟现实）等手段，形象地显示各种地形特征和植被特征模型，也可以模拟某些还未发生的物理过程（如天气预报）、自然现象及产品外形（如新型飞机）。

目前，科学计算可视化已广泛应用于流体计算力学、有限元分析、医学图像处理、分子结构模型、天体物理、空间探测、地球科学、数学等领域。从可视化的数据上来分，有点数据、标量场、矢量场；有二维、三维、以至多维。从可视化实现层次来分，有简单的结果后处理、实时跟踪显示、实时交互处理等。通常一个可视化过程包括数据预处理、构造模型、绘图及显示等几个步骤。随着科学技术的发展,人们对可视化的要求不断提高,可视化技术也向着实时、交互、多维、虚拟现实及因特网应用等方面不断发展。

2. 科学计算可视化的发展历史

可视化技术由来已久,早在 20 世纪初期,人们已经将图表和统计等原始的可视化技术应用于科学数据分析当中,如图 9-15 所示。

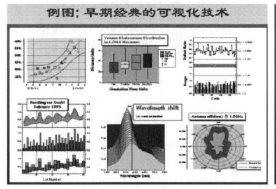

图 9-15　早期的可视化结果

作为学科术语,"可视化"一词正式出现在 1987 年 2 月美国国家科学基金会(National Science Foundation)召开的一个专题研讨会上。1995 年前后,随着网络信息技术的发展,一批可视技术有了新的突破。1995 年开始的 InfoVis 年会是信息可视化领域的一个里程碑。每年 10 月在美国举办的 IEEE Symposium on Information Visualization 和从 1997 年开始在英国伦敦每年 7 月举办的 International Conference on Information Visualization 研讨会集中体现了当代该领域的研究水平。美国科学院 2003 年举办了知识领域可视化专题讨论会。IEEE Visualization 2004 会议总结了可视化方面的成就,提出三个重要研究热点——分子可视化、面向工程的可视化和信息可视化。

我国科学信息可视化技术研究始于 20 世纪 90 年代中期,由于条件关系,起初主要在国家级研究中心、一流大学和大公司的研发中心进行。近年来,随着 PC 功能的提高,各种图形显示卡以及可视化软件的发展,IV(可视化)技术已扩展到科学研究、工程、军事、医学、经济等各个领域。随着 Internet 兴起,IV 技术方兴未艾。至今,我国不论在算法方面,还是在油气勘探、气象、计算力学、医学等领域的应用都取得了一大批可喜成果,如"数字中国""数字长江""数字黄河""数字城市"等工程的进展,IV 技术在我国得到了广泛应用。但从总体上来说,我国 IV 技术的水平与国外先进水平相比差距甚大,特别是商业软件方面还是空白。因此,组织力量开发 IV 商业软件已成为当务之急。

3. 科学计算可视化的应用

可视化技术从诞生之日起,便受到了各行各业的欢迎。在过去的十几年里,可视化的应用范围已从最初的科研领域走到了生产领域,到今天它几乎涉及所有能应用计算机的部门,如图 9-16 所示。

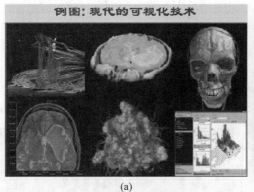
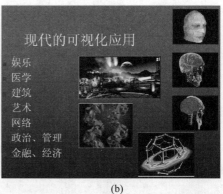

图 9-16 可视化在各个领域的应用

（1）医学。在医学上由核磁共振、CT 扫描等设备产生的人体器官密度场，对于不同的组织，表现出不同的密度值。通过在多个方向多个剖面来表现病变区域，或者重建为具有不同细节程度的三维真实图像，使医生对病灶部位的大小、位置，不仅有定性的认识，而且有定量的认识，尤其是对大脑等复杂区域，数据场可视化所带来的效果尤其明显。借助虚拟现实的手段，医生可以对病变的部位进行确诊，制定出有效的手术方案，并在手术之前模拟手术。在临床上也可应用于放射诊断、制定放射治疗计划等，如图 9-17 所示。

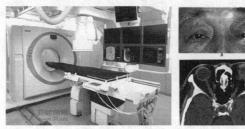
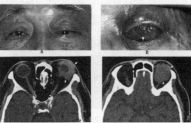

图 9-17 医学成像设备和检查结果

（2）生物、分子学。在对蛋白质和 DNA 分子等复杂结构进行研究时，可以利用电镜、光镜等辅助设备对其剖片进行分析、采样获得剖片信息，利用这些剖片构成的体数据可以对其原形态进行定性和定量分析，因此可视化是研究分子结构必不可少的工具。分子模拟可视图如图 9-18 所示。

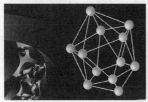

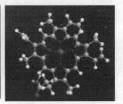

图 9-18 分子模拟可视图

（3）航天工业。飞行器运动情况和飞行器表现在可视化技术下，可以非常直观地展现出来，如图 9-19 所示。借助可视化技术，许多困难都可以迎刃而解了。

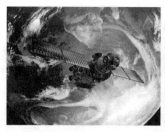

图 9-19 卫星运动飞行图和宇宙星座模拟图

(4) 工业无损探伤。在工业无损探伤中,可以用超声波探测,在不破坏部件的情况下,不仅可以清楚地认识其内部结构,而且对发生变异的区域也可以准确地探出。显然,能够及时检查出有可能发生断裂等具有较大破坏性的隐患是有极大现实意义的,如图 9-20 所示。

图 9-20 工业无损探伤设备和可视化结果

(5) 人类学和考古学。在考古过程中找到古人类化石的若干碎片,由此重构出古人类的骨架结构。传统的方法是按照物理模型,用黏土米拼凑而成。现在,利用基于几何建模的可视化系统,人们可以从化石碎片的数字化数据完整地恢复三维人体结构,甚至模拟人的表情,向研究人员提供了既可以做基于计算机几何模型的定量研究,又可以实施物理上可塑考古原址,如图 9-21 所示。

图 9-21 模拟考古建筑和人体面部图

(6) 地质勘探。利用模拟人工地震的方法,可以获得地质岩层信息。通过数据特征的抽取和匹配,可以确定地下的矿藏资源。用可视化方法对模拟地震数据的解释,可以大大提高地质勘探的效率和安全性。数字城市地图和模拟地形图如图 9-22 所示。

(7) 立体云图显示。气象分析和预报要处理大量的测量或计算数据,气象云图是其中一种非常重要的气象数据,也常用于发布天气预报。气象研究中,地形和云层的高度是影响天气演变的重要因素,运用可视化技术,将三维立体地形图和三维立体云图合成显示输出,能给人更形象、直观的认识,如图 9-23 所示。

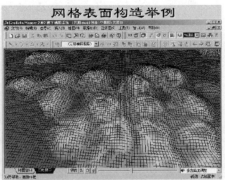

图 9-22 数字城市地图和模拟地形图

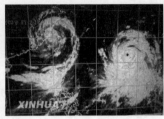

图 9-23 合成云图

*9.2.7 医学成像

1. 核磁共振成像

核磁共振(Nuclear Magnetic Resonance,NMR)全名是核磁共振成像(Nuclear Magnetic Resonance Imaging,NMRI),又称磁共振成像(Magnetic Resonance Imaging,MRI)。MRI 是磁矩不为零的原子核,在外磁场作用下自旋能级发生塞曼分裂,共振吸收一定频率的射频辐射的物理过程。核磁共振是处于静磁场中的原子核在另一交变磁场作用下发生的物理现象。通常人们所说的核磁共振指的是利用核磁共振现象获取分子结构、人体内部结构信息的技术。MRI 是一种生物磁自旋成像技术,它利用原子核自旋运动的特点,在外加磁场内,经射频脉冲激发后产生信号,用探测器检测并输入计算机,经过处理转换在屏幕上显示图像。MRI 是继 CT 后医学影像学的又一重大进步,如图 9-24 所示。

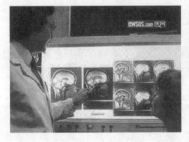
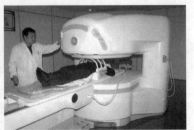

图 9-24 核磁共振成像

MRI 将人体置于特殊的磁场中,用无线电射频脉冲激发人体内氢原子核,引起氢原子核共振,并吸收能量。在停止射频脉冲后,氢原子核按特定频率发出射电信号,并将吸收的能量释放出来,被体外的接收器收录,经电子计算机处理获得图像,这就叫作核磁共振成像。其原理如图 9-25 所示。

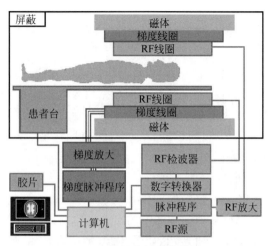

图 9-25 核磁共振成像的原理

1930 年,物理学家伊西多·拉比发现在磁场中的原子核会沿磁场方向呈正向或反向的有序平行排列,而施加无线电波之后,原子核的自旋方向将发生翻转。这是人类关于原子核与磁场以及外加射频场相互作用的最早认识。由于这项研究,拉比于 1944 年获得了诺贝尔物理学奖。

1946 年,两位美国科学家布洛赫和珀塞尔发现,将具有奇数个核子(包括质子和中子)的原子核置于磁场中,再施加以特定频率的射频场,就会发生原子核吸收射频场能量的现象,这就是人们最初对核磁共振现象的认识。为此他们两人获得了 1952 年度诺贝尔物理学奖。

1969 年,纽约州立大学南部医学中心的医学博士达马迪安通过检测核磁共振的弛豫时间成功地将小鼠的癌细胞与正常组织细胞区分开来。在达马迪安新技术的启发下纽约州立大学石溪分校的物理学家保罗·劳特布尔于 1973 年开发出了基于核磁共振现象的成像技术(MRI),并且应用他的设备成功地绘制出了一个活体蛤蜊的内部结构图像。他的实验立刻引起了广泛重视,短短 10 年间就进入了临床应用阶段。之后,MRI 技术日趋成熟,应用范围日益广泛,成为一项常规的医学检测手段,广泛应用于帕金森氏疾病、多发性硬化疾病等脑部与脊椎病变以及癌症的治疗和诊断。

由于人们对大脑组织,对大脑如何工作以及为何有如此高级的功能知之甚少,美国贝尔实验室于 1988 年开始了对人脑的功能和高级思维活动进行功能性核磁共振成像的研究,美国政府还将 20 世纪 90 年代确定为"脑的十年"。用核磁共振技术可以直接对生物活体进行观测,而且被测对象意识清醒,还具有无辐射损伤、成像速度快、时空分辨率高(可分别达到 100 μm 和几十毫秒)、可检测多种核素、化学位移有选择性等优点。美国威斯康星医院已拍摄了数千张人脑工作时的实况图像,有望在不久的将来揭开人脑工作的奥秘。

医疗卫生领域中的第一台 MRI 设备产生于 20 世纪 80 年代。到了 2002 年,全球已经大约有 22 000 台 MRI 照相机在使用,而且完成了六千多万例 MRI 检查。

2. CT

1) CT 简介

CT(Computed Tomography)是一种功能齐全的病情探测仪器,它是电子计算机 X 射线断层扫描技术的简称。

CT 的工作程序是根据人体不同组织对 X 射线的吸收与透过率的不同,应用灵敏度极高的仪器对人体进行测量,然后将测量所获取的数据输入电子计算机,电子计算机对数据进行处理后,就可摄下人体被检查部位的断面或立体的图像,发现体内任何部位的细小病变。

CT 检查对中枢神经系统疾病的诊断价值较高,应用广泛。对颅内肿瘤、脓肿与肉芽肿、寄生虫病、外伤性血肿与脑损伤、脑梗塞与脑出血以及椎管内肿瘤与椎间盘突出等病诊断效果好,诊断较为可靠。因此,脑的 X 射线造影除脑血管造影仍用于诊断颅内动脉瘤、血管发育异常和脑血管闭塞以及了解脑瘤的供血动脉以外,其他如气脑、脑室造影等均已少用。螺旋 CT 扫描,可以获得比较精细和清晰的血管重建图像,即 CTA,而且可以做到三维实时显示,有希望取代常规的脑血管造影,如图 9-26 所示。

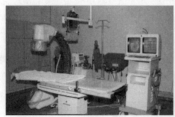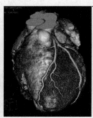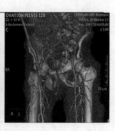

图 9-26　CT 机及人体内部结构成像图

2) CT 的发明史

自从发现 X 射线后,医学上就开始用它来探测人体疾病。但是,由于人体内有些器官对 X 射线的吸收差别极小,因此 X 射线对那些前后重叠的组织的病变就难以发现。于是,美国与英国的科学家开始寻找一种新的东西来弥补用 X 射线技术检查人体病变的不足。

1963 年,美国物理学家科马克发现人体不同的组织对 X 射线的透过率有所不同,在研究中还得出了一些有关的计算公式,这些公式为后来 CT 的应用奠定了理论基础。

1967 年,英国电子工程师亨斯费尔德在并不知道科马克研究成果的情况下,也开始了研制一种新技术的工作。他首先研究了模式的识别,然后制作了一台能加强 X 射线放射源的简单的扫描装置,即后来的 CT,用于对人的头部进行实验性扫描测量。后来,他又用这种装置去测量全身,获得了同样的效果。

1971 年 9 月,亨斯费尔德又与一位神经放射学家合作,在伦敦郊外一家医院安装了他设计制造的这种装置,开始了头部检查。10 月 4 日,医院用它检查了第一个病人。患者在完全清醒的情况下仰卧,X 射线管装在患者的上方,绕检查部位转动,同时在患者下方装一计数器,使人体各部位对 X 射线吸收的多少反映在计数器上,再经过电子计算机的处理,使人体各部位的图像从荧屏上显示出来。这次实验非常成功。

1972 年 4 月,亨斯费尔德在英国放射学年会上首次公布了这一结果,正式宣告了 CT 的诞生。这一消息引起科技界的极大震动,CT 的研制成功被誉为自伦琴发现 X 射线以后,放射诊断学上最重要的成就。

由于对计算机 X 射线断层扫描技术 CT 的突出贡献,亨斯费尔德和科马克分别获取 1979 年诺贝尔生理学和医学奖。

3) CT 成像的基本原理

CT 是用 X 射线束对人体某部一定厚度的层面进行扫描,由探测器接收透过该层面的 X 射线,转变为可见光后,由光电转换变为电信号,再经模拟/数字转换器转为数字,输入计算机处理。图像形成的处理有如对选定层面分成若干个体积相同的长方体,称之为体素。扫描所得信息经计算而获得每个体素的 X 射线衰减系数或吸收系数,再排列成矩阵,即数字矩阵,数字矩阵可存储于磁盘或光盘中。经数字/模拟转换器把数字矩阵中的每个数字转为由黑到白不等灰度的小方块,即像素,并按矩阵排列,即构成 CT 图像。所以,CT 图像是重建图像。每个体素的 X 射线吸收系数可以通过不同的数学方法算出。

CT 设备主要有以下三部分:①扫描部分由 X 射线管、探测器和扫描架组成;②计算机系统,将扫描收集到的信息数据进行储存运算;③图像显示和存储系统,将经计算机处理、重建的图像显示在电视屏上或用多架照相机或激光照相机将图像摄下。

4) X 刀计划系统

X 刀放射治疗机是一种新型的医疗设备,它利用一些高精度的定位手段,用大剂量、能量集中的 X 射线束,一次性杀死肿瘤。但 X 刀放射治疗计划参数的精度要求非常高,一旦参数设置不合理,大剂量射线对人的损伤将是难以挽救的。因此仅靠医生的经验进行放疗计划的设定是不够的,必须配备相应的三维立体定向放射治疗计划系统。三维立体定向放射治疗计划系统的目的是为医生提供一个直接在三维空间中进行放射治疗计划制订的辅助设计手段,并提供一种放射治疗计划的正确性的辅助检查手段,在对病人进行实际治疗以前,在计算机上对放射治疗的效果进行模拟检查,它把 CT 机诊断和 X 刀放疗机的治疗有机地结合起来。与 X 刀放射治疗设备配套的三维立体定向放射治疗计划系统,又称为 X 刀计划系统,如图 9-27 所示。

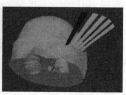

图 9-27　病灶与 X 射线扫描

9.2.8　计算机仿真

1. 概述

仿真是对现实系统某一层次抽象属性的模仿。利用这样的模型进行实验,从中得到所需的信息,可对现实世界某一问题做出决策。任何逼真的仿真都只能是对真实系统某些属性的逼近,而非事件本身。仿真既要针对客观系统的问题,又要针对观察者的需求。

随着计算机技术的快速发展,仿真技术也得到不断发展和完善。它是一种直观描述性技术,也是一种定量分析方法。通过建立某一过程或某一系统的模型来描述该过程或该系统,然后用一系列有目的、有条件的计算机仿真实验来刻画系统的特征,从而得出数量指标,为决策者提供关于这一过程或系统的定量分析结果。

计算机仿真技术是以相似原理、信息技术、系统技术及相应领域的专业技术为基础,以计算机和各种物理效应设备为工具,利用系统模型对实际的或设想的系统进行实验研究的一门综合性技术,具有经济、安全、可重复和不受气候、场地、时间限制的优势,被称为除理论推导和科学实验外的人类认识自然、改造自然的第三种手段。

系统仿真的本质是构建一个实际系统的模型,通过实验,以便了解系统规律和特性。这里的模型包含数学模型、物理模型、化学模型、实物模型等。系统可以分为连续时间系统和离散时间系统两大类,与其对应,仿真也对应连续时间系统仿真和离散时间系统仿真。

2. 半实物仿真

半实物仿真(Hardware-in-loop Simulation)是将控制器(实物)与在计算机上实现的控制对象的仿真模型连接在一起进行实验的技术。在这种实验中,控制器的动态特性、静态特性和非线性因素等都能真实地反映出来,因此,它是一种更接近实际的仿真实验技术。这种仿真技术可用于修改控制器设计(即在控制器尚未安装到真实系统中之前,通过半实物仿真来验证控制器的设计性能,若系统性能指标不满足设计要求,则可调整控制器的参数或修改控制器的设计),同时也广泛用于产品的修改定型、产品改型和出厂检验等方面。

半实物仿真的特点:①只能是实时仿真,即仿真模型的时间标尺和自然时间标尺相同。②需要解决控制器与仿真计算机之间的接口问题。例如,在进行飞行器控制系统的半实物仿真时,在仿真计算机上计算得出的飞机姿态角、飞行高度、飞行速度等飞行动力学参数会被飞行控制器的传感器所感知,因而必须有信号接口或变换装置。这些装置是三自由度飞行仿真转台、动压-静压仿真器、负载力仿真器等。③半实物仿真的实验结果比数学仿真更接近实际。

半实物仿真体系由操作者、实时光电场景生成、测试单元及场景生成和测试单元接口4个部分组成,见图9-28。仿真系统主要包括3个部分:①控制计算机,进行非实时数据库和场景建立;②实时紫外场景生成;③向实验传感器投影紫外线辐射,或向紫外信号处理器直接注入处理后的场景数据。

图9-28 半实物仿真体系

3. 仿真技术的发展过程

仿真技术最初主要应用在军事领域。20世纪50—60年代,仿真技术开始应用于洲际导弹的研制、阿波罗登月计划、核电站运行等方面。20世纪80年代,仿真技术借助计算机技术的发展开始进入了计算机仿真的时代,计算机仿真技术开始大规模地应用于仪器、仪表、虚拟制造、电子产品设计、仿真训练等人类生产和生活的各个方面。20世纪90年代,出现了半实物仿真系统,如射频制导导弹半实物仿真系统、红外制导导弹半实物仿真系统、歼击机工程飞行模拟器、歼击机半实物仿真系统、驱逐舰半实物仿真系统等。

思考题

1. 什么是矢量图？什么是位图？它们有什么区别？
2. 什么是计算机辅助设计？
3. 什么是多媒体技术？
4. 什么是计算机动画艺术？
5. 什么是虚拟现实？
6. 什么是计算机美术？
7. 什么是计算机可视化？
8. 简述医学成像技术。
9. 什么是计算机仿真？

第 10 章

人工智能

10.1 人工智能概述

10.1.1 人工智能的概念

人工智能(Artificial Intelligence,AI)是一门综合了计算机科学、生理学、哲学的交叉学科。人工智能的研究课题涵盖面很广,从机器视觉到专家系统,包括许多不同的领域。其特点是让机器学会"思考"。为了区分机器是否会"思考",有必要给出"智能"的定义。究竟"会思考"到什么程度才叫智能?

人工智能学科是计算机科学中涉及研究、设计和应用智能机器的一个分支。它近期的主要目标在于研究用机器来模仿和执行人脑的某些智力功能,并开发相关理论和技术。

人工智能是智能机器所执行的通常与人类智能有关的智能行为,如判断、推理、证明、识别、感知、理解、通信、设计、思考、规划、学习和问题求解等思维活动。

10.1.2 人工智能的历史

人工智能的发展并非一帆风顺,它经历了以下几个阶段。

第一阶段:20 世纪 50 年代人工智能的兴起和冷落。人工智能概念首次提出后,相继出现了一批显著的成果,如机器定理证明、跳棋程序、通用问题求解程序、LISP 表处理语言等。但由于消解法推理能力有限,以及机器翻译等的失败,使人工智能走入了低谷。

第二阶段:20 世纪 60 年代末到 20 世纪 70 年代,专家系统使人工智能研究出现新高潮。DENDRAL 化学质谱分析系统、MYCIN 疾病诊断和治疗系统、PROSPECTIOR 探矿系统、Hearsay-II 语音理解系统等专家系统的研究和开发,将人工智能引向了实用化。并且,1969 年成立了国际人工智能联合会议。

第三阶段:20 世纪 80 年代,第五代计算机使人工智能得到了很大发展。日本于 1982 年开始了"第五代计算机研制计划",即"知识信息处理计算机系统 KIPS",其目的是使逻辑推理达到数值运算那么快。虽然此计划最终失败了,但它的开展形成了一股研究人工智能的热潮。

第四阶段:20 世纪 80 年代末,神经网络飞速发展。1987 年,美国召开第一次神经网络国际会议,宣告了这一新学科的诞生。此后,各国在神经网络方面的投资逐渐增加,神经网络迅速发展起来。

第五阶段：20 世纪 90 年代，人工智能再次出现新的研究高潮。随着互联网技术的发展，人工智能由单个智能主体转向基于网络环境下的分布式人工智能研究。不仅研究基于同一目标的分布式问题求解，而且研究多个智能主体的多目标问题求解，使人工智能更面向实用。另外，由于 Hopfield 多层神经网络模型的提出，使人工神经网络研究与应用出现了欣欣向荣的景象。

10.1.3 人类智能学派

人工智能自诞生以来，从符号主义、联结主义到行为主义变迁，这些研究从不同角度模拟人类智能，在各自的研究中都取得了很大的成就。

1. 符号主义

符号主义，又称为逻辑主义、心理学派或计算机学派，其原理主要为物理符号系统假设和有限合理性原理。符号主义认为，人工智能源于数学逻辑，人的认知基元是符号，而且认知过程即符号操作过程，通过分析人类认知系统所具备的功能和机能，然后用计算机模拟这些功能，来实现人工智能。符号主义的主要困难主要表现在机器博弈的困难、机器翻译不完善和人的基本常识问题表现的不足。

2. 联结主义

联结主义，又称为仿生学派或生理学派，其原理主要为神经网络及神经网络间的连接机制与学习算法。联结主义认为，人工智能源于仿生学，特别是人脑模型的研究，人的思维基元是神经元，而不是符号处理过程，因而人工智能应着重于结构模拟，也就是模拟人的生理神经网络结构。功能、结构和智能行为是密切相关的，不同的结构表现出不同的功能和行为。所谓人工神经网络模拟，也即通过改变神经元之间的连接强度来控制神经元的活动，以之模拟生物的感知与学习能力，可用于模式识别、联想记忆等。联结主义的主要困难主要表现在对知识获取、在技术上的困难和模拟人类心智方面的局限。

3. 行为主义

行为主义，又称进化主义或控制论学派，行为主义认为，人工智能源于控制论，智能取决于感知和行动。行为主义提出了智能行为的"感知-动作"模式，智能不需要知识、表示和推理。人工智能可以像人类智能一样逐步进化。智能行为只能在现实世界中与周围环境交互作用而表现出来。

10.2 人工智能应用

10.2.1 机器人

1. 机器人概念引入

1920 年，捷克斯洛伐克作家雷尔·卡佩克发表了科幻剧《罗萨姆的万能机器人》。在剧本中,卡佩克把捷克语"Robota"写成了"Robot","Robota"是农奴的意思。该剧预告了机器人的发展对人类社会的悲剧性影响,引起了人们的广泛关注,被当成机器人的起源。

2. 什么是机器人

机器人是具有一些类似人的功能的机械电子装置或者叫自动化装置。

机器人有三个特点:一是有类人的功能,比如作业功能、感知功能、行走功能,还能完成各种动作;二是根据人的编程能自动地工作;三是它可以编程,改变它的工作、动作、工作的对象和工作的一些要求。它是人造的机器或机械电子装置,所以这个机器人仍然是个机器,如图 10-1 所示。

图 10-1　机器人

以下三个基本特点可以用以判断一个机器人是否是智能机器人。

(1) 具有感知功能,即获取信息的功能。机器人通过"感知"系统可以获取外界环境信息,如声音、光线、物体温度等。

(2) 具有思考功能,即加工处理信息的功能。机器人通过"大脑"系统进行思考,它的思考过程就是对各种信息进行加工、处理、决策的过程。

(3) 具有行动功能,即输出信息的功能。机器人通过"执行"系统(执行器)来完成工作,如行走、发声等。

3. 机器人三原则

美国科幻小说家阿西莫夫总结出了著名的"机器人三原则"。

第一,机器人不可伤害人,或眼看着人将遇害而袖手不管。

第二,机器人必须服从人给它的命令,当该命令与第一条抵触时,不予服从。

第三,机器人必须在不违反第一、第二项原则的情况下保护自己。

4. 机器人的发展阶段

1947 年,美国橡树岭国家实验室在研究核燃料的时候,由于 X 射线对人体具有伤害性,必须有一台机器来完成像搬运和核燃料的处理工作。于是,1947年产生了世界上第一台主从遥控的机器人。机器人发展经历了如下三个发展阶段。

1)第一阶段

第一代机器人,也叫示教再现型机器人,它是通过一个计算机,来控制一个多自由度的机械,通过示教存储程序和信息,工作时把信息读取出来,然后发出指令,这样机器人就可以重复地根据人当时示教的结果,再现出这种动作,比如汽车的点焊机器人,只要把这个点焊的过程示教完以后,它总是会重复这样一种工作,它对于外界的环境没有感知,这个操作力的大小,这个工件存在不存在,焊得好与坏,它并不知道,实际上这也是第一代机器人的缺陷,如图10-2所示。

图10-2 第一代机器人

2)第二阶段

在20世纪70年代后期,人们开始研究第二代机器人,也叫带感觉的机器人。这种带感觉的机器人具有类似人的某种感觉,比如力觉、触觉、滑觉、视觉、听觉。比如在机器人抓一个物体的时候,它能感觉出来实际力的大小,它能够通过视觉去感受和识别物体的形状、大小、颜色。抓一个鸡蛋,它能通过触觉,知道力的大小和鸡蛋滑动的情况,如图10-3所示。

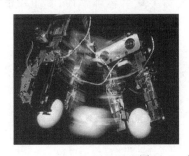

图10-3 第二代机器人

3)第三阶段

第三代机器人,也是机器人学中所追求的一个最高级的理想阶段,叫作智能机器人。只要告诉它做什么,不用告诉它怎么去做,它就能完成运动,感知思维和人机通信的这种功能和机能。这个阶段目前的发展还是相对的,只是在局部有这种智能的概念和含义,但真正完整意义的这种智能机器人实际上还未出现。随着科学技术不断地发展,智能的概念越来越丰富,内涵也越来越广泛。理想的智能机器人如图10-4所示。

图 10-4　第三代机器人

5. 机器人的发展趋势

现在科技界研究机器人大体上是沿着三个方向前进：一是让机器人具有更强的智能和功能；二是让机器人更具人形，也就是更像人；三是微型化，让机器人可以做更多细致的工作。

1）类人机器人

目前，机器人正在进入"类人机器人"的高级发展阶段，即无论从相貌到功能还是从思维能力和创造能力方面，都向人类"进化"，甚至在某些方面远远超过人类，如计算能力和特异功能等。类人型机器人技术，集自动控制、体系结构、人工智能、视觉计算、程序设计、组合导航、信息融合等众多技术于一体。专家指出，未来的机器人在外形方面将大有改观，如目前的机器人大都为方脑袋、四方身体以及不成比例的粗大四肢，行进时要靠轮子或只做上下、前后、左右的机械运动，而未来的机器人从相貌上来看与人并无区别，它们将靠双腿行走，其上下坡和上下楼梯的平衡能力也与人无异，有视觉、嗅觉、触觉、思维，能与人对话，能在核反应堆工作，能灭火，能在所有危险场合工作，甚至能为人治病，还可克隆自己和自我修复。总之，它们能在各种非常艰难危险的工作中，代替人类去从事各种工作，其工作能力甚至会超过人类，如图 10-5 所示。

图 10-5　类人机器人

2) 生化机器人

人类的终极形态将是生化机器人。未来的人类和机器人的界限将逐渐消失,人类将拥有机器人一样强壮的身体,机器人将拥有人类一样聪明的大脑。随着生化机器人技术的逐步成熟,人脑机器人可能是人类的终极形态,而肉身机器人可能是机器人的终极形态。有了生化机器人技术后,机器器官和人类大脑能够"对话",让身体的免疫系统接受这个外来的器官,这样就不会产生不良的排斥反应。人类到死亡的时候,往往大脑中的大部分细胞还是活的。如果把这些细胞移植到一个机器身体内,制造一个具有人类大脑的机器人,人类就有望实现永生的梦想。图 10-6 展现了具有人造皮肤的生化机器人。

图 10-6 具有人造皮肤的生化机器人

3) 纳微机器人

微机器人作为人们探索微观世界的技术装备,在微机械零件装配、MEMS 的组装和封装、生物工程、微外科手术、光纤耦合作业、超精密加工及测量等方面具有广阔的应用前景和研究价值。微机器人的研究方向,包括纳米级微驱动机器人、微操作机器人和微小型机器人。纳米微驱动机器人是指机器人的运动位移在几微米和几百微米的范围内;微操作机器人是指对微小物体的整体或部分进行精度在微米或亚微米级的操作和处理;微小型机器人体积小、耗能低,能进入一般机械系统无法进入的狭窄作业空间,方便地进行精细操作。韩国 Chonnam National 大学的科学家在 2007 年 10 月研制出一种微型机器人,可以很轻松地进入人体的动脉血管,清除一些血栓内的疾病,如图 10-7 所示。

图 10-7 血管纳米"潜水艇"

10.2.2 决策支持系统

1. 概述

决策支持系统(Decision Support System,DSS)是辅助决策者通过数据、模型和知识,以人机交互方式进行半结构化或非结构化决策的计算机应用系统。它是管理信息系统（MIS）向更高一级发展而产生的先进信息管理系统。它为决策者提供分析问题、建立模型、模拟决策过程和方案的环境，调用各种信息资源和分析工具，帮助决策者提高决策水平和质量。

决策支持系统的基本结构主要由 4 个部分组成，即数据部分、模型部分、推理部分和人机交互部分。数据部分是一个数据库系统；模型部分包括模型库（MB）及其管理系统（MBMS）；推理部分由知识库（KB）、知识库管理系统（KBMS）和推理机组成；人机交互部分是决策支持系统的人机交互界面，用以接收和检验用户请求，调用系统内部功能软件为决策服务，使模型运行、数据调用和知识推理达到有机地统一，有效地解决决策问题。决策支持系统的结构如图 10-8 所示。

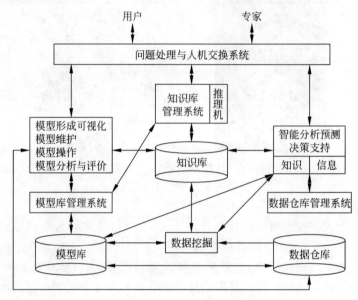

图 10-8　决策支持系统的结构

2．发展过程

自从 20 世纪 70 年代决策支持系统概念被提出以来，决策支持系统已经得到很大的发展。1980 年，Sprague 提出了决策支持系统三部件（对话部件、数据部件、模型部件）结构，明确了决策支持系统的基本组成，极大地推动了决策支持系统的发展。

20 世纪 80 年代末 90 年代初，决策支持系统开始与专家系统（Expert System，ES）相结合，形成智能决策支持系统（Intelligent Decision Support System，IDSS）。智能决策支持系统既充分发挥了专家系统以知识推理形式解决定性分析问题的特点，又发挥了决策支持系统以模型计算为核心的解决定量分析问题的特点，充分做到了定性分析和定量分析的有机结合，使得解决问题的能力和范围得到了很大的发展。智能决策支持系统是决策支持系统发展的一个新阶段。

20 世纪 90 年代中期出现了数据仓库（Data Warehouse，DW）、联机分析处理（On-Line Analysis Processing，OLAP）和数据挖掘（Data Mining，DM）新技术，DW＋OLAP＋DM 逐渐形成新决策支持系统的概念。把数据仓库、联机分析处理、数据挖掘、模型库、数据库、知识库结合起来形成的决策支持系统，即将传统决策支持系统和新决策支持系统结合起来的决策支持系统是更高级形式的决策支持系统,称为综合决策支持系统(Synthetic Decision Support System,SDSS)。

由于Internet的普及,网络环境的决策支持系统将以新的结构形式出现。决策支持系统的决策资源,如数据资源、模型资源、知识资源,将作为共享资源,以服务器的形式在网络上提供并发共享服务,为决策支持系统开辟一条新路。网络环境的决策支持系统是决策支持系统的发展方向。

知识经济时代的管理——知识管理(Knowledge Management,KM)与新一代Internet技术——网格计算,都与决策支持系统有一定的关系。知识管理系统强调知识共享,网格计算强调资源共享。决策支持系统是利用共享的决策资源(数据、模型、知识)辅助解决各类决策问题,基于数据仓库的新决策支持系统是知识管理的应用技术基础。在网络环境下的综合决策支持系统将建立在网格计算的基础上,充分利用网格上的共享决策资源,达到随需应变的决策支持。

10.2.3 专家系统

1. 概述

专家系统是一个智能计算机程序系统,其内部含有大量的某个领域专家水平的知识与经验,能够利用人类专家的知识和解决问题的方法来处理该领域的问题。也就是说,专家系统是一个具有大量的专门知识与经验的程序系统,它应用人工智能技术和计算机技术,根据某领域一个或多个专家提供的知识和经验,进行推理和判断,模拟人类专家的决策过程,以便解决那些需要人类专家处理的复杂问题,简而言之,专家系统是一种模拟人类专家解决领域问题的计算机程序系统。

专家系统是人工智能中最重要的也是最活跃的一个应用领域,它实现了人工智能从理论研究走向实际应用、从一般推理策略探讨转向运用专门知识的重大突破。二十多年来,随着对知识工程的研究,专家系统的理论和技术不断发展,应用渗透到几乎各个领域,包括化学、数学、物理、生物、医学、农业、气象、地质勘探、军事、工程技术、法律、商业、空间技术、自动控制、计算机设计和制造等众多领域,开发了几千个专家系统,其中不少在功能上已达到,甚至超过同领域中人类专家的水平,并在实际应用中产生了巨大的经济效益。

2. 发展历史

专家系统的发展已经历了三个阶段,正向第四代过渡和发展。

第一代专家系统(Dendral、Macsyma等)以高度专业化、求解专门问题的能力强为特点。但在体系结构的完整性、可移植性等方面存在缺陷,求解问题的能力弱。

第二代专家系统(MYCIN、CASNET、Prospector、Hearsay等)属单学科专业型、应用型系统,其体系结构较完整,移植性方面也有所改善,而且在系统的人机接口、解释机制、知识获取技术、不确定推理技术、增强专家系统的知识表示和推理方法的启发性、通用性等方面都有所改进。

第三代专家系统属多学科综合型系统,采用多种人工智能语言,综合采用各种知识表示方法和多种推理机制及控制策略,并开始运用各种知识工程语言、骨架系统及专家系统开发工具和环境来研制大型综合专家系统。

在总结前三代专家系统的设计方法和实现技术的基础上，已开始采用大型多专家协作系统、多种知识表示、综合知识库、自组织解题机制、多学科协同解题与并行推理、专家系统工具与环境、人工神经网络知识获取及学习机制等最新人工智能技术来实现具有多知识库、多主体的第四代专家系统。

3. 基本结构

专家系统的基本结构如图10-9所示，其中，箭头方向为数据流动的方向。专家系统通常由人机交互界面、知识库、推理机、解释器、综合数据库、知识获取等6个部分构成。

知识库用来存放专家提供的知识。专家系统的问题求解过程是通过知识库中的知识来模拟专家的思维方式的，因此，知识库是专家系统质量是否优越的关键所在，即知识库中知识的质量和数量决定着专家系统的质量水平。

推理机针对当前问题的条件或已知信息，反复匹配知识库中的规则，获得新的结论，以得到问题求解结果。推理机就如同专家解决问题的思维方式，知识库就是通过推理机来实现其价值的。

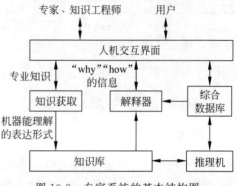

图10-9 专家系统的基本结构图

人机界面是系统与用户进行交流时的界面。通过该界面，用户输入基本信息，回答系统提出的相关问题，并输出推理结果及相关的解释等。

综合数据库专门用于存储推理过程中所需的原始数据、中间结果和最终结论，往往是作为暂时的存储区。

解释器能够根据用户的提问，对结论、求解过程做出说明，因而使专家系统更具有人情味。

知识获取是专家系统知识库是否优越的关键，也是专家系统设计的"瓶颈"问题，通过知识获取，可以扩充和修改知识库中的内容，也可以实现自动学习功能。

10.2.4 深度学习与推荐系统

1. 深度学习

深度学习的概念源于人工神经网络的研究。含多隐层的感知器是一种深度学习结构。深度学习通过组合低层特征形成更加抽象的高层表示属性类别或特征，以发现数据的分布式特征。深度学习是机器学习中一种基于对数据进行表征学习的方法。观测值可以使用多种方式来表示，如每个图像素强度值的向量，或者更抽象地表示成一系列边、特定形状的区域等。而使用某些特定的表示方法更容易从实例中学习（如人脸识别或面部表情识别）。深度学习的好处是用非监督式或半监督式的特征学习和分层特征提取高效算法来替代手工获取特征。

从一个输入中产生一个输出所涉及的计算可以通过一个流向图来表示。流向图是一种能够表示计算的图，在这种图中每一个节点表示一个基本的计算及一个计算的值，计算的结果被应用到这个节点的子节点。考虑这样一个计算集合,它可以被允许在每一个节点和可能的图结构中,并定义一个函数族。输入节点没有父节点,输出节点没有子节点。这种流向图的一个特别属性是深度,即从一个输入到一个输出的最长路径的长度。

深度机器学习方法分为有监督学习与无监督学习。不同学习框架下建立的学习模型不一定相同。例如,卷积神经网络(Convolutional Neural Networks,CNNs)是一种深度的监督学习下的机器学习模型,而深度置信网(Deep Belief Nets,DBNs)就是一种无监督学习下的机器学习模型。

深度学习的概念于2006年由Hinton等人提出。基于深度置信网络提出的非监督贪心逐层训练算法,为解决深层结构相关的优化难题带来希望,随后提出的多层自动编码器属于深层次结构。此外,Lecun等人提出的卷积神经网络是第一个真正多层结构学习算法,它利用空间相对关系减少参数数目以提高训练性能。深度学习是机器学习研究中的一个新的领域,其动机在于建立、模拟人脑进行分析学习的神经网络,它模仿人脑的机制来解释(图像、声音和文本)数据。

2. 个性推荐系统

1) 概述

个性化推荐系统是互联网和电子商务发展的产物,是建立在海量数据挖掘基础上的一种高级商务智能平台,可向顾客提供个性化的信息服务和决策支持。近年来已经出现了许多非常成功的大型推荐系统实例,与此同时,个性化推荐系统也逐渐成为学术界的研究热点之一。

推荐系统是利用电子商务网站向客户提供商品信息和建议,帮助用户决定应该购买什么产品,模拟销售人员帮助客户完成购买过程。个性化推荐是根据用户的兴趣特点和购买行为,向用户推荐用户感兴趣的信息和商品。

随着电子商务规模的不断扩大,商品个数和种类快速增长,顾客需要花费大量的时间才能找到自己想买的商品。这种浏览大量无关的信息和产品过程无疑会使淹没在信息过载问题中的消费者不断流失。

为了解决这些问题,个性化推荐系统应运而生。个性化推荐系统是建立在海量数据挖掘基础上的一种高级商务智能平台,以帮助电子商务网站为其顾客购物提供完全个性化的决策支持和信息服务。

互联网的出现和普及给用户带来了大量的信息,满足了用户在信息时代对信息的需求,但随着网络的迅速发展而带来的网上信息量的大幅增长,使得用户在面对大量信息时无法从中获得对自己真正有用的那部分信息,对信息的使用效率反而降低了,这就是所谓的信息超载(Information Overload)问题。

解决信息超载问题一个非常有潜力的办法是推荐系统,它是根据用户的信息需求、兴趣等,将用户感兴趣的信息、产品等推荐给用户。和搜索引擎相比,推荐系统通过研究用户的兴趣偏好,进行个性化计算,由系统发现用户的兴趣点,从而引导用户发现自己的信息需求。一个好的推荐系统不仅能为用户提供个性化的服务,还能和用户之间建立密切关系,让用户对推荐产生依赖。

推荐系统现已广泛应用于很多领域,其中最典型并具有良好的发展和应用前景的领域就是电子商务。同时学术界对推荐系统的研究热度一直很高,逐步形成了一门独立的学科。

推荐系统有3个重要的模块：用户建模模块、推荐对象建模模块、推荐算法模块。推荐系统把用户模型中兴趣需求信息和推荐对象模型中的特征信息匹配，同时使用相应的推荐算法进行计算筛选，找到用户可能感兴趣的推荐对象，然后推荐给用户。

2）应用

随着推荐技术的研究和发展，其应用领域也越来越多。例如，新闻推荐、商务推荐、娱乐推荐、学习推荐、生活推荐、决策支持等。推荐方法的创新性、实用性、实时性、简单性也越来越强。例如，上下文感知推荐、移动应用推荐、从服务推荐到应用推荐。下面分别分析几种技术的特点及应用案例。

(1) 新闻推荐。新闻推荐包括传统新闻、博客、微博、RSS等新闻内容的推荐，一般有三个特点：①新闻的item时效性很强，更新速度快；②新闻领域里的用户更容易受流行和热门的item影响；③新闻领域推荐的另一个特点是新闻的展现问题。

(2) 电子商务推荐。电子商务推荐算法可能会面临各种难题，例如：①大型零售商有海量的数据，以千万计的顾客，及数以百万计的登记在册的商品；②实时反馈需求，在半秒之内，还要产生高质量的推荐；③新顾客的信息有限，只能以少量购买或产品评级为基础；④老顾客信息丰富，以大量的购买和评级为基础；⑤顾客数据不稳定，每次的兴趣和关注内容差别较大，算法必须对新的需求及时响应。解决电子商务推荐问题通常有三个途径：协同过滤，聚类模型，基于搜索的方法。

(3) 娱乐推荐。音乐推荐系统的目标是基于用户的音乐口味向终端用户推送喜欢和可能喜欢但不了解的音乐。而音乐口味和音乐的参数设定是受着用户群特征和用户个性特征等不确定因素影响。例如，对年龄、性别、职业、音乐、受教育程度等的分析能帮助提升音乐推荐的准确度。部分因素可以通过使用类似FOAF(Friend Of A Friend,朋友的朋友)的方法去获得。

*10.2.5 机器学习

1. 概述

机器学习(Machine Learning)是研究计算机怎样模拟或实现人类的学习行为，以获取新的知识或技能，重新组织已有的知识结构使之不断改善自身的性能。它是人工智能的核心，是使计算机具有智能的根本途径，其应用遍及人工智能的各个领域，主要使用归纳、综合而不是演绎。

机器学习在人工智能的研究中具有十分重要的地位。机器学习逐渐成为人工智能研究的核心之一。它的应用已遍及人工智能的各个分支，如专家系统、自动推理、自然语言理解、模式识别、计算机视觉、智能机器人等领域。其中尤其典型的是专家系统中的知识获取瓶颈问题，人们一直在努力试图采用机器学习的方法加以克服。

机器学习的研究是根据生理学、认知科学等对人类学习机理的了解，建立人类学习过程的计算模型或认识模型，发展各种学习理论和学习方法，研究通用的学习算法并进行理论上的分析，建立面向任务的具有特定应用的学习系统。这些研究目标相互影响相互促进。自从1980年在卡内基·梅隆大学召开第一届机器学术研讨会以来，机器学习的研究工作发展很快，已成为中心课题之一。

2. 发展史

机器学习是人工智能研究较为年轻的分支,它的发展过程大体上可分为 4 个时期。第一阶段是在 20 世纪 50 年代中叶到 20 世纪 60 年代中叶,属于机器学习的热烈时期。第二阶段是在 20 世纪 60 年代中叶至 20 世纪 70 年代中叶,被称为机器学习的冷静时期。第三阶段是从 20 世纪 70 年代中叶至 20 世纪 80 年代中叶,称为机器学习的复兴时期。机器学习的最新阶段始于 1986 年。

机器学习进入新阶段的重要表现在下列诸方面。

(1) 机器学习已成为新的边缘学科并在高校形成一门课程。它综合应用心理学、生物学和神经生理学以及数学、自动化和计算机科学形成机器学习理论基础。

(2) 结合各种学习方法,取长补短的多种形式的集成学习系统研究正在兴起。特别是连接学习符号学习的耦合可以更好地解决连续性信号处理中知识与技能的获取与求精问题,这种学习方法因此而受到重视。

(3) 机器学习与人工智能各种基础问题的统一性观点正在形成。例如,学习与问题求解结合进行、知识表达便于学习的观点产生了通用智能系统 SOAR 的组块学习。类比学习与问题求解结合的基于案例的方法已成为经验学习的重要方向。

(4) 各种学习方法的应用范围不断扩大,一部分已形成商品。归纳学习的知识获取工具已在诊断分类型专家系统中广泛使用。连接学习在声图文识别中占优势。分析学习已用于设计综合型专家系统。遗传算法与强化学习在工程控制中有较好的应用前景。与符号系统耦合的神经网络连接学习将在企业的智能管理与智能机器人运动规划中发挥作用。

(5) 与机器学习有关的学术活动空前活跃。国际上除每年一次的机器学习研讨会外,还有计算机学习理论会议以及遗传算法会议。

*10.2.6 模式识别

1. 概述

模式识别(Pattern Recognition)是人类的一项基本智能,在日常生活中,人们经常在进行"模式识别"。随着 20 世纪 40 年代计算机的出现以及 20 世纪 50 年代人工智能的兴起,人们当然也希望能用计算机来代替或扩展人类的部分脑力劳动。(计算机)模式识别在 20 世纪 60 年代初迅速发展并成为一门新学科。

模式识别是指对表征事物或现象的各种形式的(数值的、文字的和逻辑关系的)信息进行处理和分析,以对事物或现象进行描述、辨认、分类和解释的过程,是信息科学和人工智能的重要组成部分。模式识别又常称作模式分类,从处理问题的性质和解决问题的方法等角度,模式识别分为有监督的分类(Supervised Classification)和无监督的分类(Unsupervised Classification)两种。二者的主要差别在于,各实验样本所属的类别是否预先已知。一般说来,有监督的分类往往需要提供大量已知类别的样本,但在实际问题中,这是存在一定困难的,因此研究无监督的分类就变得十分有必要了。

应用计算机对一组事件或过程进行辨识和分类,所识别的事件或过程可以是文字、声音、图像等具体对象,也可以是状态、程度等抽象对象。这些对象与数字形式的信息相区别,称为模式信息。

模式识别所分类的类别数目由特定的识别问题决定。有时,开始时无法得知实际的类别数,需要识别系统反复观测被识别对象以后确定。

模式识别与统计学、心理学、语言学、计算机科学、生物学、控制论等都有关系。它与人工智能、图像处理的研究有交叉关系。例如,自适应或自组织的模式识别系统包含人工智能的学习机制,人工智能研究的景物理解、自然语言理解也包含模式识别问题。又如,模式识别中的预处理和特征抽取环节应用图像处理的技术,图像处理中的图像分析也应用模式识别的技术。

2．应用

（1）文字识别。文字识别可应用于许多领域,如阅读、翻译、文献资料的检索、信件和包裹的分拣、稿件的编辑和校对、大量统计报表和卡片的汇总与分析、银行支票的处理、商品发票的统计汇总、商品编码的识别、商品仓库的管理,以及水、电、煤气、房租、人身保险等费用的征收业务中的大量信用卡片的自动处理和办公室打字员工作的局部自动化等。

（2）语音识别。近二十年来,语音识别技术取得显著进步,开始从实验室走向市场。语音识别技术将进入工业、家电、通信、汽车电子、医疗、家庭服务、消费电子产品等各个领域。

（3）图像识别。图像识别是利用计算机对图像进行处理、分析和理解,以识别各种不同模式的目标和对象的技术。遥感图像识别已广泛用于农作物估产、资源勘察、气象预报和军事侦察等领域。

（4）医学诊断。在癌细胞检测、X射线照片分析、血液化验、染色体分析、心电图诊断和脑电图诊断等方面,模式识别已取得了一定成果。

思考题

1．什么是人工智能？
2．简述人工智能的几个学派。
3．简述人工智能应用。
4．什么是机器人？
5．什么是决策支持系统？
6．什么是专家系统？
7．什么是机器翻译？
8．什么是机器学习？
9．什么是模式识别？
10．什么是个性推荐系统？

第11章 信息安全

信息安全是指信息网络的硬件、软件及其系统中的数据受到保护,不受偶然的或者恶意的原因而遭到破坏、更改、泄漏,系统连续可靠正常地运行,信息服务不中断。信息安全的实质就是要保护信息系统或信息网络中的信息资源免受各种类型的威胁、干扰和破坏,即保证信息的安全性。根据国际标准化组织的定义,信息安全性的含义主要是指信息的完整性、可用性、保密性和可靠性。信息安全是任何国家、政府、部门、行业都必须十分重视的问题,是一个不容忽视的国家安全战略。但是,对于不同的部门和行业来说,其对信息安全的要求和重点却是有区别的。

11.1 信息安全威胁

11.1.1 计算机病毒

1. 概述

1) 计算机病毒的定义

计算机病毒,是指编制或者在计算机程序中插入的破坏计算机功能或者毁坏数据,影响计算机使用,并能自我复制的一组计算机指令或者程序代码。

2) 计算机病毒的特性

(1) 传染性。计算机病毒会通过各种渠道从已被感染的计算机扩散到未被感染的计算机,在某些情况下造成被感染的计算机工作失常甚至瘫痪。因此,这也是计算机病毒这一名称的由来。

(2) 潜伏性。有些计算机病毒并不是一侵入机器,就会对机器造成破坏,它可能隐藏在合法文件中,静静地呆几周或者几个月甚至几年,具有很强的潜伏性,一旦时机成熟就会迅速繁殖、扩散。

(3) 隐蔽性。计算机病毒是一种具有很高编程技巧、短小精悍的可执行程序,如不经过程序代码分析或计算机病毒代码扫描,病毒程序与正常程序是不容易区别开来的。

(4) 破坏性。任何计算机病毒侵入到机器中,都会对系统造成不同程度的影响。轻者占有系统资源,降低工作效率,重者数据丢失、机器瘫痪。

除了上述四点外,计算机病毒还具有不可预见性、可触发性、衍生性、针对性、欺骗性、持久性等特点。正是由于计算机病毒具有这些特点,给计算机病毒的预防、检测与清除工作带来了很大的难度。

2. 计算机病毒的检测与防治

1) 病毒的检测

从计算机病毒的特性可知,计算机病毒具有很强的隐蔽性和极大的破坏性。因此在日常中如何判断病毒是否存在于系统中是非常关键的工作。一般用户可以根据下列情况来判断系统是否感染病毒:计算机的启动速度较慢且无故自动重启;工作中机器出现无故死机现象;桌面上的图标发生了变化;桌面上出现了异常现象,如奇怪的提示信息,特殊的字符等;在运行某一正常的应用软件时,系统经常报告内存不足;文件中的数据被篡改或丢失;音箱无故发生奇怪声音;系统不能识别存在的硬盘;当你的朋友向你抱怨你总是给他发出一些奇怪的信息,或你的邮箱中发现了大量的不明来历的邮件;打印机的速度变慢或者打印出一系列奇怪的字符。

2) 病毒的预防

计算机一旦感染病毒,可能给用户带来无法恢复的损失。因此在使用计算机时,要采取一定的措施来预防病毒,从而最大限度地降低损失。这些措施包括:不使用来历不明的程序或软件;在使用移动存储设备之前应先杀毒,在确保安全的情况下再使用;安装防火墙,防止网络上的病毒入侵;安装最新的杀毒软件,并定期升级,实时监控;养成良好的计算机使用习惯,定期优化、整理磁盘,养成定期全面杀毒的习惯;对于重要的数据信息要经常备份,以便在机器遭到破坏后能及时得到恢复。

计算机病毒及其防御措施都是在不停发展和更新的,因此应做到认识病毒,了解病毒,及早发现病毒并采取相应的措施,从而确保计算机能安全工作。

3. 计算机病毒趋势

1) 网络成为病毒的主要传播途径

网络使得计算机病毒的传播速度大大提高,感染的范围也越来越广,"冲击波"和"震荡波"以及"熊猫烧香"的表现最为突出。2007年,"熊猫烧香"病毒使中毒企业和政府机构超过千家,其中不乏金融、税务、能源等关系到国计民生的重要单位。

2) 病毒变种的速度极快并向混合型、多样化发展

"熊猫烧香"大规模爆发后,其变形病毒就接踵而至,不断更新。2007年4月,"熊猫烧香"已有数十个不同变种。另外,计算机病毒向混合型、多样化发展的结果是一些病毒会更精巧,另一些病毒会更复杂,混合多种病毒特征,如红色代码病毒(Code Red)就是综合了文件型、蠕虫型病毒的特性。

3) 运行方式和传播方式的隐蔽性

微软的 MS04-028 漏洞,危害等级为"严重"。该漏洞涉及 GDI+组件,在用户浏览特定 JPG 图片的时候,会导致缓冲区溢出,进而执行病毒攻击代码。该漏洞针对所有基于 IE 浏览器内核的软件、Office 系列软件、微软.NET 开发工具,以及微软其他的图形相关软件等。这类病毒可能通过以下形式发作:群发邮件,附带有病毒的 JPG 图片文件;采用恶意网页形式,浏览网页中的 JPG 文件,甚至网页上自带的图片即可被病毒感染;通过即时通信软件(如 QQ、MSN 等)的自带头像等图片或者发送图片文件进行传播。

4）利用系统漏洞进行攻击和传播

"蠕虫王""冲击波""震荡波"和"熊猫烧香"都是利用 Windows 系统的漏洞，在短短的几天内就造成了巨大的社会危害和经济损失。

5）计算机病毒技术与黑客技术将日益融合

木马和后门程序并不是计算机病毒。但随着计算机病毒技术与黑客技术的发展，病毒编写者最终将会把这两种技术进行融合。

6）经济利益将成为推动计算机病毒发展的最大动力

越来越多的迹象表明，经济利益已成为推动计算机病毒发展的最大动力。最近国内外一些知名的游戏网站和商业网站，也频繁遭到黑客攻击，攻击的动机无非是恶性竞争或借此来推销自己的防毒（或防火墙）产品以此牟利。其实不仅网上银行、商业网站，网上的股票账号、信用卡账号乃至游戏账号等都可能被病毒攻击，甚至网上的虚拟货币也在病毒目标范围之内。

11.1.2 计算机犯罪

1. 概述

计算机犯罪（Computer Crime），就是在信息活动领域中，利用计算机信息系统或计算机信息知识作为手段，或者针对计算机信息系统，对国家、团体或个人造成危害，依据法律规定，应当予以刑罚处罚的行为。

计算机犯罪的概念有广义和狭义之分。广义的计算机犯罪是指行为人故意直接对计算机实施侵入或破坏，或者利用计算机实施有关金融诈骗、盗窃、贪污、挪用公款、窃取国家秘密或其他犯罪行为的总称。狭义的计算机犯罪仅指行为人违反国家规定，故意侵入国家事务、国防建设、尖端科学技术等计算机信息系统，或者利用各种技术手段对计算机信息系统的功能及有关数据、应用程序等进行破坏、制作、传播计算机病毒，影响计算机系统正常运行且造成严重后果的行为。

计算机犯罪始于 20 世纪 60 年代，到了 20 世纪 80 年代，特别是进入 20 世纪 90 年代在国内外呈愈演愈烈之势。为了预防和降低计算机犯罪，给计算机犯罪合理的、客观的定性已是当务之急。

2. 原因

（1）经济利益驱动。贪欲往往是犯罪的原始动力，计算机犯罪也不例外。目前，从掌握的资料分析，多数计算机犯罪的案件是属于财产犯罪。利用计算机盗窃、诈骗、贪污、盗版等财产犯罪已经成为计算机犯罪的主流，从而成为导致计算机犯罪的最主要的原因。

（2）计算机网络安全方面的缺陷。过去的十几年中，网络黑客们一直在通过计算机的漏洞来对计算机系统进行攻击，而且这种攻击的方法变得越来越复杂。这就给网络安全提出了严峻的挑战。

（3）法律不健全。网络犯罪之所以如此猖獗，其最主要的原因就在于网络空间还不是一个法制社会。计算机犯罪是一种新兴的高技术、高智能犯罪，计算机犯罪的立法又严重滞后，从而在一定程度上放纵了计算机犯罪。

(4) 寻求刺激。黑客喜欢挑战，并对计算机技术细节着迷不已，正是这种痴迷常常使他们越过界限，利用计算机进行不同程度的犯罪活动。

(5) 存有侥幸心理。由于网络犯罪没有固定的犯罪现场，网上作案后不留任何痕迹，因此犯罪很难被发现，而电子取证更是难上加难。

3．特点

(1) 作案手段智能化、隐蔽性强。大多数的计算机犯罪，都是行为人经过狡诈而周密的安排，运用计算机专业知识，所从事的智力犯罪行为。进行这种犯罪行为时，犯罪分子只需要向计算机输入错误指令，篡改软件程序，作案时间短且对计算机硬件和信息载体不会造成任何损害，作案不留痕迹，使一般人很难觉察到计算机内部软件上发生的变化。

(2) 目标较集中。就国内已经破获的计算机犯罪案件来看，作案人主要是为了非法占有财富和蓄意报复，因而目标主要集中在金融、证券、电信、大型公司等重要经济部门和单位，其中以金融、证券等部门尤为突出。

(3) 侦查取证困难，破案难度大。据统计，99％的计算机犯罪不能被人们发现。另外，在受理的这类案件中，侦查工作和犯罪证据的采集相当困难。

(4) 后果严重，社会危害性大。国际计算机安全专家认为，计算机犯罪社会危害性的大小，取决于计算机信息系统的社会作用，取决于社会资产计算机化的程度和计算机应用的程度，其作用越大，计算机犯罪的社会危害性也越来越大。

4．对策

(1) 健全人事管理、严格规章制度、减少作案可能。在管理中要分工明确，严格遵守规章制度，形成必要的监督制约机制。

(2) 改进技术、堵塞漏洞、控制诱发犯罪。与计算机有关的安全防护措施需要不断完善，包括对有关系统的物理和技术安全防范。

(3) 完善有关的监察惩治法律，使案犯得到相应的惩罚。任何安全防范的技术措施都会有不足之处，因此国家必须通过立法对高技术犯罪实施社会控制以减少犯罪条件、打击犯罪分子。

(4) 重视政治思想、道德品质教育，消除不良文化刺激。科学知识、专业技术不能代替政治思想和道德品质教育。学校、家庭和社会应重视政治思想、道德和法制方面的教育，使年轻人树立正确的世界观和人生观。

11.1.3 计算机黑客

1．概述

"Hacker"(黑客)这个词的原意指的是熟悉某种计算机系统，并具有极高的技术能力，长时间将心力投注在信息系统的研发，并且乐此不疲的人，早期在美国的计算机界是带有褒义的。但在媒体报道中，黑客一词往往指那些"软件骇客"(Software Cracker)。到了今天，黑客一词已被用于泛指那些专门利用计算机网络搞破坏或恶作剧的家伙。对这些人的正确英文叫法是 Cracker，有人翻译成"骇客"。

开放源代码的创始人 Eric Raymond 认为，Hacker 与 Cracker 是分属两个不同世界的族群，其基本差异在于，Hacker 是有建设性的，而 Cracker 则专门搞破坏。

黑客所做的不是恶意破坏，他们是一群纵横于网络上的技术人员，热衷于科技探索、计算机科学研究。在黑客圈中，Hacker 一词无疑是带有正面意义的，例如，System Hacker 熟悉操作的设计与维护；Password Hacker 精通于找出使用者的密码；Computer Hacker 则是通晓计算机，可让计算机乖乖听话的高手。

Hacker 原意是指用斧头砍木材的工人，最早被引进计算机圈则可追溯至 20 世纪 60 年代。加州柏克莱大学计算机教授 Brian Harvey 在考证此词时曾写到，当时在麻省理工学院 (MIT) 的学生通常分成两派，一派是 Tool，意指乖乖的学生，成绩都拿甲等；另一派则是所谓的 Hacker，也就是常逃课，上课爱睡觉，但晚上却又精力充沛喜欢搞课外活动的学生。

Cracker 是以破解各种加密或有限制的商业软件为乐趣的人，这些以破解(Crack)最新版本的软件为己任的人，从某些角度来说是一种义务性的、发泄性的，他们讲究 Crack 的艺术性和完整性，从文化上体现的是计算机大众化。他们以年轻人为主，对软件的商业化怀有敌意。

很多人认为 Hacker 及 Cracker 之间没有明显的界线，但实际上，Hacker 和 Cracker 不但很容易分开，而且可以分出第三群"互联网海盗(Internet Pirate)"，他们是大众认定的"破坏份子"。但是，人们还是把这群人称为"黑客"。

2．分类

网络中常见的黑客大体有以下三种。

(1) 业余计算机爱好者。他们偶尔从网络上得到一些入侵的工具，一试之下居然攻无不胜，然而却不懂得消除证据，因此也是最常被揪出来的黑客。这些人多半并没有什么恶意，只觉得入侵是证明自己技术能力的方式，是一个有趣的游戏，有一定成就感。即使造成什么破坏，也多半是无心之过。只要有称职的系统管理员，是能预防这类无心的破坏发生的。

(2) 职业的入侵者。这些人把入侵当成事业，认真并且有系统地整理所有可能发生的系统弱点，熟悉各种信息安全攻防工具。他们有能力成为一流的信息安全专家，也许他们的正式工作就是信息安全工程师；但是也绝对有能力成为破坏力极大的黑客。只有经验丰富的系统管理员，才有能力应付这种类型的入侵者。

(3) 计算机高手。他们对网络、操作系统的运作了如指掌，对信息安全、网络侵入也许丝毫不感兴趣，但是只要系统管理员稍有疏失，整个系统在他们眼中看来就会变得不堪一击。因此可能只是为了不想和同学分享主机的时间，也可能只是懒得按正常程序申请系统使用权，就偶尔客串，扮演入侵者的角色。这些人通常对系统的破坏性不高，取得使用权后也会小心使用，避免造成系统损坏。使用后也多半会记得消除痕迹。因此，此类入侵比职业的入侵者更难找到踪迹。这类高手通常有能力演变成称职的系统管理员。

3．目的

黑客入侵的目的主要有以下几个方面。

(1) 好奇心和满足感。这类人入侵他人的网络系统，以成功与否为技术能力的指标，借以满足其好奇心和成就感。

（2）作为入侵其他系统的跳板。安全敏感度较高的机器，通常有多重使用记录，有严密的安全保护，入侵所负担的法律责任也更大，所以多数的入侵者会选择安全防护较差的系统，作为访问敏感度较高的机器的跳板。让跳板机器承担责任。

（3）盗用系统资源数。互联网上的上亿台计算机是一笔庞大的财富。破解密码，盗取资源可获取巨大的经济利益。

（4）窃取机密资料。互联网中存放有许多重要的资料，如信用卡号、交易资料等。这些有价值的机密资料对入侵者具有很大的吸引力。他们入侵系统的目的就是得到这些资料。

（5）出于政治目的或报复心理。这类人入侵的目的就是要破坏他人的系统，以达到报复或政治目的。

4．攻击方式

黑客攻击通常分为以下七种典型的模式。

（1）监听。这种攻击是指监听计算机系统或网络信息包以获取信息。监听实质上并没有进行真正的破坏性攻击或入侵，但却通常是攻击前的准备动作，黑客利用监听来获取他想攻击对象的信息，如网址、用户账号、用户密码等。这种攻击可以分成网络信息包监听和计算机系统监听两种。

（2）密码破解。这种攻击是指使用程序或其他方法来破解密码。破解密码主要有两个方式：猜出密码或是使用遍历法一个一个尝试所有可能的密码。这种攻击程序相当多，如果是要破解系统用户密码的程序，通常需要一个储存着用户账号和加密过的用户密码的系统文件，例如 UNIX 系统的 Password 和 Windows NT 系统的 SAM，破解程序就利用这个系统文件来猜或试密码。

（3）漏洞。漏洞是指程序在设计、实现或操作上的错误，而被黑客用来获得信息、取得用户权限、取得系统管理者权限或破坏系统。由于程序或软件的数量太多，所以这种数量相当庞大。缓冲区溢出是程序在实现上最常发生的错误，也是最多漏洞产生的原因。缓冲区溢出的发生原因是把超过缓冲区大小的数据放到缓冲区，造成多出来的数据覆盖到其他变量，绝大多数的状况是程序发生错误而结束。但是如果适当地放入数据，就可以利用缓冲区溢出来执行自己的程序。

（4）扫描。这种攻击是指扫描计算机系统以获取信息。扫描和监听一样，实质上并没有进行真正的破坏性攻击或入侵，但却通常是攻击前的准备动作，黑客利用扫描来获取他想攻击对象的信息，如开放哪些服务、提供服务的程序，甚至利用已发现的漏洞样本做对比直接找出漏洞。

（5）恶意程序码。这种攻击是指黑客通过外部设备和网络把恶意程序码安装到系统内。它通常是黑客成功入侵后做的后续动作，可以分成两类：病毒和后门程序。病毒有自我复制性和破坏性两个特性，这种攻击就是把病毒安装到系统内，利用病毒的特性破坏系统和感染其他系统。最有名的病毒就是世界上第一位因特网黑客所写的蠕虫病毒，它的攻击行为其实很简单，就是复制，复制的同时做到感染和破坏。后门程序攻击通常是黑客在入侵成功后，为了方便下次入侵而安装的程序。

（6）阻断服务。这种攻击的目的并不是要入侵系统或是取得信息，而是阻断被害主机的某种服务，使得正常用户无法接受网络主机所提供的服务。这种攻击有很大部分是从系统漏洞这个攻击类型中独立出来的,它是把稀少的资源用尽,让服务无法继续。例如,TCP 同步信号洪泛攻击是把被害主机的等待队列填满。最近出现一种有关阻断服务攻击的新攻击模式:分布式阻断服务攻击,黑客从 Client 端控制 Handler,而每个 Handler 控制许多 Agent,因此黑客可以同时命令多个 Agent 来对被害者做大量的攻击。而且 Client 与 Handler 之间的沟通是经过加密的。

(7) 社会工程攻击。这种攻击是指不通过计算机或网络的攻击行为。例如,黑客自称是系统管理者,发电子邮件或打电话给用户,要求用户提供密码,以便测试程序或其他理由。其他像是躲在用户背后偷看他人的密码也属于社会工程攻击。

11.1.4 系统漏洞与后门

1. 恶意代码

恶意代码(Unwanted Code)指没有作用却会带来危险的代码。恶意代码又称恶意软件。比较安全的定义是把所有不必要的代码都看作是恶意的,而不必要代码比恶意代码具有更宽泛的安全含义,包括所有可能与某个组织安全策略相冲突的软件。因为危险程度不同,所以对应的英文也有差异,比如 Malicious Software(恶意的,有敌意的,蓄意的)或 Malevolent Software(恶毒的),Malicious Code,Malevolent Code 或者简称 Malware。从危险程度上看,可以将其划分为两类,一是轻微危险程度的,一是严重危险程度的。

轻微危险程度是指在未明确提示用户或未经用户许可的情况下,在用户计算机或其他终端上安装运行,侵犯用户合法权益的软件。与病毒或蠕虫不同,这些软件很多不是小团体或者个人秘密地编写和散播,反而有很多知名企业和团体涉嫌此类软件。有时也称其为流氓软件(Rogue Software)。更具体的可称为广告软件(Adware)、间谍软件(Spyware)、恶意共享软件(Malicious Shareware)。

恶意代码是指故意编制或设置的、对网络或系统会产生威胁或潜在威胁的计算机代码。最常见的恶意代码有计算机病毒(简称病毒,Viruses)、特洛伊木马(简称木马,Trojan Horses)、计算机蠕虫(简称蠕虫,Worms)、后门(System Backdoor)、逻辑炸弹(Logic Bombs)等。

恶意代码编写者的一种典型手法是把恶意代码邮件伪装成其他恶意代码受害者的感染报警邮件,恶意代码受害者往往是 Outlook 地址簿中的用户或者是缓冲区中 Web 页的用户,这样可以吸引受害者的注意力。一些恶意代码的作者还表现了高度的心理操纵能力,Love Letter(爱虫,情人节病毒)就是一个突出的例子。一般用户对来自陌生人的邮件附件越来越警惕,而恶意代码的作者也会设计一些诱饵吸引受害者的兴趣。附件的使用正在和必将受到网关过滤程序的限制和阻断,恶意代码的编写者也会设法绕过网关过滤程序的检查,使用的手法可能包括采用模糊的文件类型,将公共的执行文件类型压缩成 zip 文件等。

2. 系统漏洞

系统漏洞(System Vulnerabilities)是指应用软件或操作系统软件在逻辑设计上的缺陷或错误,被不法者利用,通过网络植入木马、病毒等方式来攻击或控制计算机,窃取其中的重要资料和信息,甚至破坏系统。在不同种类的软、硬件设备,同种设备的不同版本之间,由不同设备构成的不同系统之间,以及同种系统在不同的设置条件下,都会存在各自不同的安全漏洞问题。漏洞会影响到的范围很大,包括系统本身及其支撑软件,网络客户和服务器软件,网络路由器和安全防火墙等。

Windows 系统漏洞与时间紧密相关。从发布之日起,Windows 系统中存在的漏洞会被逐渐暴露出来,这些被发现的漏洞会被微软发布的补丁软件修补,或在以后发布的新版系统中得以纠正。而在新版系统纠正了旧版本中具有漏洞的同时,也会引入一些新的漏洞和错误。例如,比较流行的是 ani 鼠标漏洞,由于利用了 Windows 系统对鼠标图标处理的缺陷,木马作者制造畸形图标文件从而溢出,木马可以在用户毫不知情的情况下执行恶意代码。随着时间的推移,旧的系统漏洞会不断消失,新的系统漏洞会不断出现。系统漏洞问题也会长期存在。

3. 系统后门

系统后门指绕过安全性控制而获取对程序或系统访问权的方法。在软件的开发阶段,程序员常常会在软件内创建后门程序以便可以修改程序设计中的缺陷。但是,如果这些后门被其他人知道,或是在发布软件之前没有删除后门程序,那么它就成了安全风险,容易被黑客当成漏洞进行攻击。即使管理员通过改变所有密码类似的方法来提高安全性,仍然能再次侵入,使再次侵入被发现的可能性减至最低。大多数后门设法躲过日志,大多数情况下即使入侵者正在使用系统也无法显示他已在线。因此,后门是系统最脆弱的地方。

不仅 Windows 系统有后门,UNIX 系统也有。系统后门大致有以下几类,例如,密码破解后门,即薄弱的口令账号;Rhosts++ 后门,即入侵者只要向可以访问的某用户的 rhosts 文件中输入"++",就可以允许任何人从任何地方无需口令便能进入这个账号;Login 后门,即入侵者获取 login.c 源代码并修改它,使它在比较输入口令与存储口令时先检查后门口令,这样就可以长驱直入;服务后门,即入侵者连接到某个 TCP 端口的 Shell,通过后门口令就能获取网络服务。

11.2 信息安全技术

11.2.1 密码学

1. 概述

加密是将原始数据(称之为明文),转换成一种看似随机的、不可读的形式(称之为密文)。明文是能够被人理解(文件)或者被机器所理解(可执行代码)的一种形式。一旦明文被转换为密文,不管是人还是机器都不能正确地处理它,除非它被解密。其作用是机密信息在传输过程中不会泄漏。

能够提供加密和解密机制的系统被称为密码系统,它可由硬件组件和应用程序代码构成。密码系统使用一种加密算法,该算法决定了这个加密系统的简单或复杂程度。大部分加密算法都是复杂的数学公式,这种算法以特定顺序作用于明文。

加密方法使用一种秘密的数值,称为密钥(通常是一长串二进制数),密钥使算法得以具体实现,用来加密和解密。

算法是一组数学规则,规定加密和解密是如何进行的。加密算法的工作机制可以保密,但是大部分加密算法都被公开并为人们所熟悉。如果加密算法的内在机制被公开,那么必须有其他的方面是保密的。被秘密使用的一种众所周知的加密算法就是密钥。密钥可以由一长串随机比特组成。一个算法包括一个密钥空间,密钥空间是一定范围的值,这些值能被用来产生密钥。密钥就是由密钥空间中的随机值构成的。密钥空间越大,那么可用的随机密钥也就越多,密钥越随机,入侵者就越难攻破它。

较大的密钥空间能允许更多的密钥。加密算法应该使用整个密钥空间,并尽可能随机地选取密钥空间中的值构成密钥。密钥空间越小,可供选择的构成密钥的值就越少。这样,攻击者计算出密钥值、解密被保护信息的机会就会增大。

当消息在两个人之间传递时,如果窃听者截获这个消息,他可以看这个消息,但是消息已经被加密,因此毫无用处。即使攻击者知道这两者之间使用的加密和解密信息的算法,但是不知道密钥,攻击者所拦截的消息也是毫无用处的。

2. 保密通信模型

保密通信的基本模型如图 11-1 所示,其中,信源(发送者)、信宿(接收者)、密钥管理、密码机、密钥、加密、解密的定义如下。①信源:信息的发送者;②信宿:信息的接收者;③密钥管理是第三方的密钥分发中心(密钥管理之间通信的密钥的信道假设为绝对安全信道);④密钥:由密钥管理中心分发,用于密码机加/解密的信息(Key);⑤密码机:负责相关的加密运算的机器;⑥加密:通过加密机再结合密钥(Key)使明文变成密文;⑦解密:通过加密机再结合密钥使密文变成明文,是加密的逆过程(其使用的 Key 和加密使用的 Key 未必完全相同)。

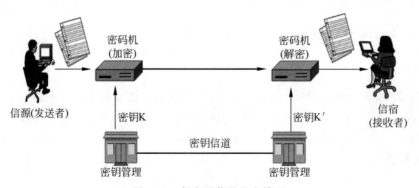

图 11-1 保密通信的基本模型

3. 对称密码

对称密码术已被人们使用了数千年。对称系统速度非常快,却易受攻击,因为用于加密的密钥必须与需要对消息进行解密的所有人一起共享。非对称密码术的过程有一个公共元素,且不共享私钥。与非对称密码术不同,对称密码术通常需要在一个受限组内共享密钥并同时维护其保密性。对于一个查看用对称密码加密的数据的人来说,如果对用于加密数据的密钥根本没有访问权,那么他完全不可能查看加密数据。如果这样的密钥落入坏人之手,那么就会马上彻底地危及使用该密钥加密数据的安全性。

对称密码体制是一种传统密码体制,也称为私钥密码体制。在对称加密系统中,加密和解密采用相同的密钥。因为加解密密钥相同,需要通信的双方必须选择和保存他们共同的密钥,各方必须信任对方不会将密钥泄漏出去,这样就可以实现数据的机密性和完整性。

4. 非对称密钥加密体制

非对称密钥加密体制,又称为公钥密码体制,指对信息加密和解密时所使用的密钥是不同的,即有两个密钥,一个是可以公开的,另一个是私有的,这两个密钥组成一对密钥对。如果使用其中一个密钥对数据进行加密,则只有用另外一个密钥才能解密。由于加密和解密时所使用的密钥不同,这种加密体制称为非对称密钥加密体制。非对称加密体制是由明文、加密算法、公开密钥和私有密钥对、密文、解密算法组成。一个实体的非对称密钥对中,由该实体使用的密钥称为私有密钥,私有密钥是保密的;能够被公开的密钥称为公开密钥,这两个密钥相关但不相同。在公开密钥算法中,用公开的密钥进行加密,用私有密钥进行解密的过程,称为加密。而用私有密钥进行加密,用公开密钥进行解密的过程称为认证。非对称加密技术是建立在数学函数基础上的一种加密方法,它使用两个密钥,在保密通信、密钥分配和鉴别等领域都产生了深远的影响。

在运用非对称密码技术传送数据文件时,文件发送者也可以使用接收者的公开密钥对原始文件进行加密,这样只有掌握了相应的私有密钥的接收者才能对其进行解密,任何没有相应私有密钥的其他人都无法对其解密和阅读文件内容,而接收者收到文件并解密后,则可以从文件的内容来识别文件的来源。因此,将对称密钥密码技术与非对称密钥密码技术结合起来使用,再加上数字摘要、数字签名等安全认证手段,则可以解决电子商务交易中信息传送的安全性和身份的认证问题。

11.2.2 数字签名

1. 概述

数字签名,又称公钥数字签名、电子签章,即只有信息的发送者才能产生的别人无法伪造的一段数字串,这段数字串同时也是对信息发送者发送信息真实性的一个有效证明。

数字签名是一种类似写在纸上的普通的物理签名,但是使用了公钥加密领域的技术实现,用于鉴别数字信息的方法。一套数字签名通常定义两种互补的运算,一个用于签名,另一个用于验证。数字签名是非对称密钥加密技术与数字摘要技术的应用。经过数字签名的文件完整性是很容易验证的(不需要骑缝章,骑缝签名,也不需要笔迹专家),而且数字签名具有不可抵赖性(不需要笔迹专家来验证)。

数字签名是附加在数据单元上的一些数据,或是对数据单元所做的密码变换。这种数据或变换允许数据单元的接收者用以确认数据单元的来源和数据单元的完整性并保护数据,防止被人(例如接收者)伪造。它是对电子形式的消息进行签名的一种方法,一个签名消息能在一个通信网络中传输。基于公钥密码体制和私钥密码体制都可以获得数字签名,主要是基于公钥密码体制的数字签名,包括普通数字签名和特殊数字签名。普通数字签名算法有 RSA、ElGamal、Fiat-Shamir、Guillou-Quisquarter、Schnorr、Ong-Schnorr-Shamir 数字签名算法、Des/DSA、椭圆曲线数字签名算法和有限自动机数字签名算法等。特殊数字签名有盲签名、代理签名、群签名、不可否认签名、公平盲签名、门限签名、具有消息恢复功能的签名等,它与具体应用环境密切相关。数字签名的应用涉及法律问题,美国联邦政府基于有限域上的离散对数问题制定了自己的数字签名标准。

数字签名是一个加密的过程,数字签名验证是个解密的过程,其目的是保证信息传输的完整性、发送者的身份认证,防止交易中的抵赖发生。

2. 数字签名过程

数字签名技术是将摘要信息用发送者的私钥加密,与原文一起传送给接收者。接收者只有用发送者的公钥才能解密被加密的摘要信息,然后用哈希函数对收到的原文产生一个摘要信息,与解密的摘要信息对比。如果相同,则说明收到的信息是完整的,在传输过程中没有被修改,否则说明信息被修改过,因此数字签名能够验证信息的完整性。

发送报文时,发送方用一个哈希函数从报文文本中生成报文摘要,然后用自己的私人密钥对这个摘要进行加密,这个加密后的摘要将作为报文的数字签名和报文一起发送给接收方。接收方首先用与发送方一样的哈希函数从接收到的原始报文中计算出报文摘要,接着再用发送方的公用密钥来对报文附加的数字签名进行解密,如果这两个摘要相同,那么接收方就能确认该数字签名是发送方的,见图11-2。

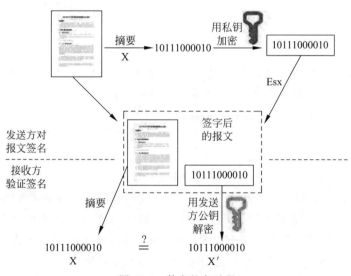

图11-2 数字签名过程

数字签名过程:发送方用自己的密钥对报文 X 进行 Encrypt(编码)运算,生成不可读取的密文 Esx,然后将 Esx 传送给接收方,接收方为了核实签名,用发送方的公用密钥进行 Decrypt(解码)运算,还原报文得到 X′。比较 X 和 X′是否相等。

数字签名有两种功效:一是能确定消息确实是由发送方签名并发出来的,因为别人假冒不了发送方的签名;二是数字签名能确定消息的完整性。因为数字签名的特点是它代表了文件的特征,文件如果发生改变,数字签名的值也将发生变化。不同的文件将得到不同的数字签名。一次数字签名涉及一个哈希函数、发送者的公钥、发送者的私钥。

11.2.3　身份认证技术

1．概述

身份认证是在计算机网络中确认操作者身份的过程。身份认证可分为用户与主机间的认证和主机与主机之间的认证。用户与主机之间的认证可以基于如下一个或几个因素：用户所知道的东西，例如口令、密码等；用户拥有的东西，例如印章、智能卡（如信用卡等）；用户所具有的生物特征，例如指纹、声音、视网膜、签字、笔迹等。

计算机网络中的一切信息包括用户的身份信息都是用一组特定的数据来表示的，计算机只能识别用户的数字身份，所有对用户的授权也是针对用户数字身份的授权。

如何保证以数字身份进行操作的操作者就是这个数字身份的合法拥有者？也就是说，保证操作者的物理身份与数字身份相对应，身份认证就是为了解决这个问题。作为防护网络资产的第一道关口，身份认证有着举足轻重的作用。

在真实世界中，对用户的身份认证的基本方法可以分为三种：①根据你所知道的信息来证明你的身份（what you know，你知道什么）；②根据你所拥有的东西来证明你的身份（what you have，你有什么）；③直接根据独一无二的身体特征来证明你的身份（who you are，你是谁），比如指纹、面貌等。在网络世界中，方法与真实世界中一致，为了达到更高的身份认证安全性，某些场景会从上面三种中挑选两种混合使用，即所谓的双因素认证。

2．常见身份认证形式

常见的身份认证形式包括：静态密码，智能卡（IC 卡），短信密码，动态口令牌，USB Key，OCL，数字签名，生物识别技术，双因素身份认证等。

（1）静态密码。用户的密码是由用户自己设定的。如果密码是静态的数据，在验证过程中需要在计算机内存中和传输过程中可能会被木马程序或在网络中截获。因此，静态密码机制是不安全的身份认证方式。

（2）智能卡（IC 卡）。一种内置集成电路的芯片，芯片中存有与用户身份相关的数据，智能卡由专门的厂商通过专门的设备生产，是不可复制的硬件。智能卡可随身携带，登录时将智能卡插入专用读卡器，以验证用户的身份。智能卡认证通过智能卡硬件不可复制来保证用户身份不会被仿冒。因为智能卡中的数据是静态的，通过内存扫描或网络监听等技术还是很容易截取到用户的身份验证信息，因此也存在安全隐患。

（3）短信密码。短信密码以手机短信形式请求包含 6 位随机数的动态密码，身份认证系统以短信形式发送随机的 6 位密码到客户的手机上。客户在登录或者交易认证时输入此动态密码，从而确保系统身份认证的安全性。

（4）动态口令牌。这是目前最为安全的身份认证方式。动态口令牌是客户手持用来生成动态密码的终端，主流的是基于时间同步方式的，每 60 秒变换一次动态口令，口令一次有效，它产生 6 位动态数字进行一次一密的方式认证。由于它使用起来非常便捷，85%以上的世界 500 强企业运用它保护登录安全，广泛应用于 VPN、网上银行、电子政务、电子商务等领域。

（5）USB Key。USB Key 是一种 USB 接口的硬件设备，它内置单片机或智能卡芯片，可以存储用户的密钥或数字证书，利用 USB Key 内置的密码算法实现对用户身份的认证。

基于 USB Key 的身份认证系统主要有两种应用模式：一是基于冲击/响应的认证模式，二是基于 PKI 体系的认证模式。目前运用在电子政务、网上银行。

（6）OCL（省去输出端大电容的功率放大电路）。OCL 不但可以提供身份认证，同时还可以提供交易认证功能，可以最大程度地保证网络交易的安全。它是智能卡数据安全技术和 U 盘相结合的产物，为数据安全解决方案提供了一个强有力的平台，为客户提供了坚实的身份识别和密码管理方案，为如网上银行、期货、电子商务和金融传输提供了坚实的身份识别和真实交易数据的保证。

（7）数字签名。又称电子加密，可以区分真实数据与伪造、被篡改过的数据。

（8）生物识别技术。生物特征指唯一的可以测量或可自动识别和验证的生理特征或行为方式。生物特征分为身体特征和行为特征两类。①身体特征，包括声纹（d-ear）、指纹、掌型、视网膜、虹膜、人体气味、脸型、手的血管和 DNA 等；②行为特征，包括签名、语音、行走步态等。

（9）双因素身份认证。所谓双因素就是将两种认证方法结合起来，进一步加强认证的安全性，目前使用最为广泛的双因素有：动态口令牌＋静态密码，USB Key＋静态密码，二层静态密码等。

11.2.4 防火墙

1. 概述

防火墙的本义是指古代构筑和使用木质结构房屋的时候，为防止火灾的发生和蔓延，人们将坚固的石块堆砌在房屋周围作为屏障，这种防护构筑物就被称为"防火墙"。信息安全中的防火墙（Firewall）是一项协助确保信息安全的设备，会依照特定的规则，允许或是限制传输的数据通过。防火墙可以是一台专属的硬件，也可以是架设在一般硬件上的一套软件。防火墙是一种位于内部网络与外部网络之间的网络安全系统，见图 11-3。

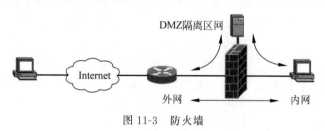

图 11-3　防火墙

在网络中，防火墙是一种将内部网和公众访问网（如 Internet）分开的方法，实际上是一种隔离技术。防火墙是在两个网络通信时执行的一种访问控制尺度，允许合法用户和数据进入网络，同时将非法用户和数据拒之门外，最大限度地阻止网络中的黑客访问网络。

2. 技术

防火墙技术是保护网络不受侵犯的最主要技术之一。防火墙一般位于网络的边界上，按照一定的安全策略，对两个或多个网络之间的数据包和连接方式进行检查，来决定对网络之间的通信采取何种动作，比如允许、拒绝或者转换。其中，被保护的网络通常称为内部网络,其他称为外部网络。使用防火墙,可以有效地控制内部网络和外部网络之间的访问和数据传输,防止外部网络用户以非法手段通过外部网络进入内部网络访问内部网络资源,并过滤不良信息。安全、管理和效率,是对防火墙功能的主要要求。防火墙能有效地监控内部网和 Internet 之间的任何活动,保证内部网络的安全,以此来实现网络的安全保护。理论上,防火墙用来防止外部网上的各类危险传播到某个受保护网内。逻辑上,防火墙是分离器、限制器和分析器;物理上,各个防火墙的物理实现方式可以有所不同,但它通常是一组硬件设备(路由器、主机)和软件的多种组合;本质上,防火墙是一种保护装置,用来保护网络数据、资源和用户的声誉;技术上,网络防火墙是一种访问控制技术,在某个机构的网络和不安全的网络之间设置障碍,阻止对信息资源的非法访问。

3. 种类

从历史上来分,防火墙经历了四个阶段:基于路由器的防火墙、用户化的防火墙工具套、建立在通用操作系统上的防火墙、具有安全操作系统的防火墙。

从结构上来分,防火墙有两种:代理主机结构和路由器加过滤器结构。

从原理上来分,防火墙则可以分成 4 种类型:特殊设计的硬件防火墙、数据包过滤型、电路层网关和应用级网关。

从侧重点不同,可分为:包过滤型防火墙、应用层网关型防火墙、服务器型防火墙。

4. 发展历史

第一代防火墙,采用包过滤(Packet Filter)技术。

第二代防火墙,电路层防火墙,1989 年由贝尔实验室推出。

第三代防火墙,应用层防火墙(代理防火墙)。

第四代防火墙,1992 年由 USC 信息科学院的 Bob Braden 开发出了基于动态包过滤(Dynamic Packet Filter)技术,后来演变为状态监视(Stateful Inspection)技术。

第五代防火墙,1998 年 NAI 公司推出了一种自适应代理(Adaptive Proxy)技术,并在其产品中实现。

第六代防火墙,一体化安全网关 UTM。UTM 统一威胁管理,是在防火墙基础上发展起来的,是具备防火墙、IPS、防病毒、防垃圾邮件等综合功能的设备。

5. 工作原理

防火墙就是一种过滤塞。防火墙的工作方式都是一样的:分析出入防火墙的数据包,决定放行还是把它们扔到一边。所有的防火墙都具有 IP 地址过滤功能,这项任务要检查 IP 包头,根据其 IP 源地址和目标地址做出放行/丢弃决定,见图 11-4。

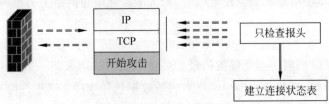

图 11-4 防火墙工作原理

11.2.5 入侵检测

1. 入侵检测的定义及功能

入侵检测(Intrusion Detection)是对入侵行为的检测。它通过收集和分析网络行为、安全日志、审计数据、其他网络上可以获得的信息及计算机系统中若干关键点的信息,检查网络或系统中是否存在违反安全策略的行为和被攻击的迹象。

入侵检测作为一种积极主动的安全防护技术,提供了对内部攻击、外部攻击和误操作的实时保护,在网络系统受到危害之前拦截和响应入侵。因此被认为是防火墙之后的第二道安全闸门,在不影响网络性能的情况下能对网络进行监测。入侵检测通过执行以下任务来实现:监视、分析用户及系统活动;系统构造和弱点的审计;识别反映已知进攻的活动模式并向相关人士报警;异常行为模式的统计分析;评估重要系统和数据文件的完整性;操作系统的审计跟踪管理,并识别用户违反安全策略的行为。

2. 入侵检测系统

入侵检测系统是指对于面向计算资源和网络资源的恶意行为的识别和响应系统。一个完善的 IDS 应该具备下列特点:经济性,时效性,安全性和可扩展性。入侵检测作为安全技术,其作用在于:识别入侵者;识别入侵行为;检测和监视安全破绽;为对抗入侵及时提供重要信息,阻止事件的发生和事态的扩大。

对一个成功的入侵检测系统来讲,不但可使系统管理员时刻了解网络系统(包括程序、文件和硬件设备等)的任何变更,还能给网络安全策略的制定提供指南。更为重要的一点是,它应该管理、配置简单,从而使非专业人员非常容易地获得网络安全。而且,入侵检测的规模还应根据网络威胁、系统构造和安全需求的改变而改变。入侵检测系统在发现入侵后,会及时做出响应,包括切断网络连接、记录事件和报警等。

入侵检测系统可以对计算机网络进行自主的、实时的攻击检测与响应。它对网络安全轮回监控,使用户可以在系统被破坏之前自主地中断并响应安全漏洞和误操作。实时监控分析可疑的数据而不会影响数据在网络上的传输。它对安全威胁的自动响应为企业提供了最大限度的安全保障。在检测到网络入侵后,除了可及时切断攻击行为之外,还可以动态地调整防火墙的防护策略,使得防火墙成为一个动态的智能的防护体系。入侵检测具有监视分析用户和系统的行为、审计系统配置和漏洞、评估敏感系统和数据的完整性、识别攻击行为、对异常行为进行统计、自动地收集和系统相关的补丁、进行审计跟踪、识别违反安全法规的行为、使用诱骗服务器(记录黑客行为)等功能,使系统管理员可以较有效地监视、审计、评估自己的系统。

3. 发展历程

从实验室原型研究到推出商业化产品、走向市场并获得广泛认同,入侵检测走过了三十多年的历程。

(1) 概念的提出。1980 年 4 月,Jnames P. Aderson 为美国空军做了一份题为"Computer

Security Threat Monitoring and Sureillance"(计算机安全威胁监控与监视)的技术报告,详细阐述了入侵检测的概念,提出了一种对计算机系统风险和威胁的分类方法,并将威胁分为外部渗透、内部渗透和不法行为三种,还提出了利用审计跟踪数据监视入侵活动的思想。

(2) 模型的发展。1984—1986 年,乔治敦大学的 Dorothy Denning 和 SRI/CSL(SRI 公司计算机科学实验室)的 PeterNeumann 提出了一种实时入侵检测系统模型。为构建入侵系统提供了一个通用的框架。1988 年的莫里斯蠕虫事件发生后,网络安全引起各方重视。很多机构开展对分布式入侵检测系统(DIDS)的研究,将基于主机和基于网络的检测方法集成到一起。

(3) 技术的进步。1990 年是入侵检测系统发展史上十分重要的一年。这一年,加州大学戴维斯分校的 L. T. Heberlein 等开发出了 NSM(Network Security Monitor)。该系统第一次直接将网络作为审计数据的来源,因而可以在不将审计数据转换成统一格式的情况下监控异种主机。同时两大阵营正式形成:基于网络的 IDS 和基于主机的 IDS。

4. 技术分类

入侵检测系统所采用的技术可分为特征检测与异常检测两种。

(1) 特征检测。特征检测(Signature-based Detection)又称 Misuse Detection,这一检测假设入侵者活动可以用一种模式来表示,系统的目标是检测主体活动是否符合这些模式。它可以将已有的入侵方法检查出来,但对新的入侵方法无能为力。其难点在于如何设计模式既能够表达"入侵"现象又不会将正常的活动包含进来。

(2) 异常检测。异常检测(Anomaly Detection)的假设是入侵者活动异常于正常主体的活动。根据这一理念建立主体正常活动的"活动简档",将当前主体的活动状况与"活动简档"相比较,当违反其统计规律时,认为该活动可能是"入侵"行为。异常检测的难题在于如何建立"活动简档"及如何设计统计算法,从而不把正常的操作作为"入侵"或忽略真正的"入侵"行为。

5. 根据其检测数据来源分类

(1) 基于主机的入侵检测系统。主要使用操作系统的审计、跟踪日志作为数据源,某些也会主动与主机系统进行交互以获得不存在于系统日志中的信息以检测入侵。这种类型的检测系统不需要额外的硬件。对网络流量不敏感,效率高,能准确定位入侵并及时进行反应,但是占用主机资源,依赖于主机的可靠住,所能检测的攻击类型受限,不能检测网络攻击。

(2) 基于网络的入侵检测系统。通过被动地监听网络上传输的原始流量,对获取的网络数据进行处理,从中提取有用的信息,再通过与已知攻击特征相匹配或与正常网络行为原型相比较来识别攻击事件。此类检测系统不依赖操作系统作为检测资源,可应用于不同的操作系统平台;配置简单,不需要任何特殊的审计和登录机制;可检测协议攻击、特定环境的攻击等多种攻击。但它只能监视经过本网段的活动,无法得到主机系统的实时状态,精确度较差。大部分入侵检测工具都是基于网络的入侵检测系统。

11.2.6 访问控制

1. 定义

访问控制(Access Control)就是在身份认证的基础上,依据授权对提出的资源访问请求加以控制。访问控制是网络安全防范和保护的主要策略,它可以限制对关键资源的访问,防止非法用户的侵入或合法用户的不慎操作所造成的破坏。

按用户身份及其所归属的某项定义组来限制用户对某些信息项的访问,或限制对某些控制功能的使用。访问控制通常用于系统管理员控制用户对服务器、目录、文件等网络资源的访问。

访问控制的功能主要有以下几个方面:防止非法的主体进入受保护的网络资源;允许合法用户访问受保护的网络资源;防止合法的用户对受保护的网络资源进行非授权的访问。

访问控制实现的策略有入网访问控制,网络权限限制,目录级安全控制,属性安全控制,网络服务器安全控制,网络监测和锁定控制,网络端口和节点的安全控制,防火墙控制。

2. 类型

1) 按控制方式分类

访问控制可分为自主访问控制和强制访问控制两大类。

(1) 自主访问控制,是指用户有权对自身所创建的访问对象(文件、数据表等)进行访问,并可将对这些对象的访问权授予其他用户和从授予权限的用户收回其访问权限。

(2) 强制访问控制,是指由系统(通过专门设置的系统安全员)对用户所创建的对象进行统一的强制性控制,按照规定的规则决定哪些用户可以对哪些对象进行什么样操作系统类型的访问,即使是创建者用户,在创建一个对象后,也可能无权访问该对象。

2) 按控制范围分类

访问控制主要有网络访问控制和系统访问控制。

(1) 网络访问控制限制外部对网络服务的访问和系统内部用户对外部的访问,通常由防火墙实现。网络访问控制的属性有:源 IP 地址、源端口、目的 IP 地址、目的端口等。

(2) 系统访问控制为不同用户赋予不同的主机资源访问权限,操作系统提供一定的功能实现系统访问控制,如 UNIX 的文件系统。系统访问控制(以文件系统为例)的属性有:用户、组、资源(文件)、权限等。

3. 访问控制系统

访问控制系统一般包括:主体、客体、安全访问策略。

主体:发出访问操作、存取要求的发起者,通常指用户或用户的某个进程。

客体:被调用的程序或欲存取的数据,即必须进行控制的资源或目标,如网络中的进程等活跃元素、数据与信息、各种网络服务和功能、网络设备与设施。

安全访问策略:一套规则,用以确定一个主体是否对客体拥有访问能力,它定义了主体与客体可能的相互作用途径。

4. 访问控制人员分类

操作系统用户范围很广,拥有的权限也不同。一般分为如下几类。

（1）系统管理员。这类用户具有最高级别的特权,可以对系统任何资源进行访问并具有任何类型的访问操作能力。负责创建用户、创建组、管理文件系统等所有的系统日常操作；授权修改系统安全员的安全属性。

（2）系统安全员。管理系统的安全机制,按照给定的安全策略,设置并修改用户和访问客体的安全属性；选择与安全相关的审计规则。安全员不能修改自己的安全属性。

（3）系统审计员。负责管理与安全有关的审计任务。这类用户按照制定的安全审计策略负责整个系统范围的安全控制与资源使用情况的审计。

（4）一般用户。这是人数最多的用户,也是系统的一般用户。他们的访问操作要受一定的限制。系统管理员对这类用户分配不同的访问操作权力。

11.2.7 网络安全策略

1. 技术层面对策

对于技术方面,计算机网络安全技术主要有实时扫描技术、实时监测技术、防火墙、完整性检验保护技术、病毒情况分析报告技术和系统安全管理技术。综合起来,技术层面可以采取以下对策。

（1）建立安全管理制度。提高包括系统管理员和用户在内的人员的技术素质和职业道德修养。对重要部门和信息,严格做好开机查毒,及时备份数据。

（2）网络访问控制。访问控制是网络安全防范和保护的主要策略。它的主要任务是保证网络资源不被非法使用和访问。它是保证网络安全最重要的核心策略之一。访问控制涉及的技术比较广,包括入网访问控制、网络权限控制、目录级控制及属性控制等多种手段。

（3）数据库的备份与恢复。数据库的备份与恢复是数据库管理员维护数据安全性和完整性的重要操作。备份是恢复数据库最容易和最能防止意外的保证方法。恢复是在意外发生后利用备份来恢复数据的操作。

（4）应用密码技术。应用密码技术是信息安全核心技术,密码手段为信息安全提供了可靠保证。基于密码的数字签名和身份认证是当前保证信息完整性的最主要方法之一,密码技术主要包括古典密码体制、单钥密码体制、公钥密码体制、数字签名及密钥管理。

（5）切断传播途径。对被感染的硬盘和计算机进行彻底杀毒处理,不使用来历不明的U盘和程序,不随意下载网络可疑信息。

（6）提高网络反病毒技术能力。通过安装病毒防火墙,进行实时过滤。对网络服务器中的文件进行频繁扫描和监测,在工作站上采用防病毒卡,加强网络目录和文件访问权限的设置。在网络中,限制只能由服务器才允许执行的文件。

（7）研发并完善高安全的操作系统。研发具有高安全的操作系统,不给病毒得以滋生的温床才能更安全。

2. 管理层面对策

计算机网络的安全管理,不仅要看所采用的安全技术和防范措施,而且要看它所采取的管理措施和执行计算机安全保护法律、法规的力度。只有将两者紧密结合，才能使计算机网络安全确实有效。

计算机网络的安全管理，包括对计算机用户的安全教育、建立相应的安全管理机构、不断完善和加强计算机的管理功能、加强计算机及网络的立法和执法力度等方面。加强计算机安全管理、加强用户的法律、法规和道德观念，提高计算机用户的安全意识，对防止计算机犯罪、抵制黑客攻击和防止计算机病毒干扰，具有十分重要的作用。

思考题

1. 什么是计算机病毒？它有什么特点？
2. 什么是计算机犯罪？产生的原因是什么？
3. 什么是计算机黑客？
4. 什么是恶意代码？什么是系统漏洞？什么是系统后门？
5. 什么是加密？什么是解密？
6. 什么是数字签名？
7. 什么是身份认证？什么是防火墙？什么是入侵检测？
8. 网络安全策略有几个层面？

第12章 计算机新技术和应用

12.1 硬件新技术

12.1.1 信息材料

1. 概述

信息材料属于功能材料,是为实现信息探测、传输、存储、显示和处理等功能使用的材料。信息处理材料是制造信息处理器件如晶体管和集成电路的材料。目前使用最多的是硅。砷化镓也是一种重要的信息处理材料。

信息材料是指在微电子、光电子技术和新型元器件基础产品领域中所用的材料,主要包括以单晶硅为代表的半导体微电子材料,激光晶体为代表的光电子材料,介质陶瓷和热敏陶瓷为代表的电子陶瓷材料,钕铁硼(NdFeB)永磁材料为代表的磁性材料,光纤通信材料、磁存储和光盘存储为主的数据存储材料,压电晶体与薄膜材料、储氢材料和锂离子嵌入材料为代表的绿色电池材料等。这些基础材料及其产品支撑着通信、计算机、信息家电与网络技术等现代信息产业的发展。

电子信息材料的总体发展趋势是向着大尺寸、高均匀性、高完整性,以及薄膜化、多功能化和集成化方向发展。当前的研究热点和技术前沿包括柔性晶体管、光子晶体、SiC、GaN、ZnSe 等宽带半导体材料为代表的第三代半导体材料、有机显示材料以及各种纳米电子材料等。

2. 分类

按功能分,信息材料主要有以下几类。

(1) 半导体微电子材料。在半导体产业的发展中,一般将硅、锗称为第一代半导体材料;将砷化镓、磷化铟、磷化镓、砷化铟、砷化铝及其合金等称为第二代半导体材料;而将宽禁带($Eg>2.3eV$)的氮化镓、碳化硅、硒化锌和金刚石等称为第三代半导体材料。

(2) 光电子材料。光电子材料是在光电子技术领域应用的,以光子、电子为载体,处理、存储和传递信息的材料。已使用的光电子材料主要分为光学功能材料、激光材料、发光材料、光电信息传输材料、光电存储材料、光电转换材料、光电显示材料和光电集成材料。

(3) 电子陶瓷材料。电子陶瓷是通过对表面、晶界和尺寸结构的精密控制而最终获得具有新功能的陶瓷。其中最重要的是须具有高的机械强度,耐高温高湿、抗辐射、介质常数在很宽的范围内变化,介质损耗角正切值小,电容量温度系数可以调整。抗电强度和绝缘电阻值高,以及老化性能优异等。在能源、家用电器、汽车等方面可以广泛应用。

（4）磁性材料。是古老而用途十分广泛的功能材料,而物质的磁性早在 3000 年以前就被人们所认识和应用,例如,中国古代用天然磁铁作为指南针。现代磁性材料已经广泛地用在人们的生活之中,例如,将永磁材料用作马达,应用于变压器中的铁心材料作为存储器使用的磁光盘,计算机用磁记录软盘等。

（5）光纤通信材料。主要是光导纤维,简称光纤,它重量轻、占空间小、抗电磁干扰、通信保密性强,可以制成光缆以取代电缆,是一种很有发展前途的信息传输材料。

（6）磁存储和光盘存储为主的数据存储材料。信息存储材料是指用于各种存储器的一些能够用来记录和储存信息的材料。这类材料在一定强度外场（如光、电、磁或热等）的作用下发生从某一种状态到另一种状态的突变,并能将变化后的状态保持较长的时间。

（7）压电晶体与薄膜材料。有一类十分有趣的晶体,对它挤压或拉伸时,它的两端就会产生不同的电荷。这种效应被称为压电效应。能产生压电效应的晶体就叫压电晶体。广泛应用于电子信息产业各领域,如彩电、空调、计算机、DVD、无线电通信等,尤其在高性能电子设备及数字化设备中应用日益扩大。薄膜材料是对溅射类镀膜,可以简单理解为利用电子或高能激光轰击靶材,并使表面组分以原子团或离子形式被溅射出来,并且最终沉积在基片表面,经历成膜过程,最终形成薄膜。

（8）光伏材料。能将太阳能直接转换成电能的材料。光伏材料又称太阳电池材料,只有半导体材料具有这种功能。对光伏材料的研究目前致力于降低材料成本和提高转换效率,使太阳电池的电力价格与火力发电的电力价格竞争,从而为更广泛、更大规模应用创造条件。

3. 热门信息材料

1）第三代半导体材料

目前砷化镓已经成为继硅之后发展最快、应用最广、产量最大的半导体材料。GaN 材料的禁带宽度为硅材料的 3 倍多,其器件在大功率、高温、高频、高速和光电子应用方面具有远比硅器件和砷化镓器件更为优良的特性,可制成蓝绿光、紫外光的发光器件和探测器件。第三代半导体材料目前面临的最主要挑战是发展适合 GaN 薄膜生长的低成本衬底材料和大尺寸的 GaN 体单晶生长工艺。可以预见,以硅材料为主体、GaAs 半导体材料及新一代宽禁带半导体材料共同发展将成为集成电路及半导体器件产业发展的主流。

2）有机发光材料

有机发光材料有两大类,小分子的称为低分子 OLED,大分子的称为高分子 PLED。目前,低分子 OLED 和高分子 PLED 发展前景都被人们所看好。彩色 OLED 和 PLED 可以利用白光发光材料和微型彩色滤光器来实现。已经利用主动矩阵硅芯片成功地开发了 800×600 像素,0.6in 的小型彩色显示屏。这种小型显示屏与光学放大设备配合,装配在飞行员、士兵和消防人员的头盔上,三维电子游戏也将为有机发光材料提供·显身手的舞台。

3）纳米电子材料

在电子通信方面,纳米技术将使电子元件更小、更快、更低能耗,可以制造出存储密度和运算速度比现在大 3~6 个数量级的全频道通信工程和计算机用器件。在医药方面,它可以制造到达身体指定部位的基因和药物传送系统、有生物相容性的器官和血液代用品。在微米粒子状态,有一半药物不溶于水,但是纳米结构药物则能够溶解,更利于吸收。另外,纳米材料可以制造超坚韧的钻头、自修补涂层和纤维、海水除盐膜等新产品。能源、微细加工、飞机、汽车、航天、环保等方面也都将在纳米技术推进下有大的进展。

12.1.2 SoC 技术

集成电路现已进入深亚微米阶段。由于信息市场的需求和微电子自身的发展,引发了以微细加工为主要特征的多种工艺集成技术和面向应用的系统级芯片的发展。随着半导体产业进入超深亚微米乃至纳米加工时代,在单一集成电路芯片上就可以实现一个复杂的电子系统,诸如手机芯片、数字电视芯片、DVD 芯片等。在未来几年内,上亿个晶体管、几千万个逻辑门都有望在单一芯片上实现。

1. 概念

20 世纪 90 年代中期,受 ASIC 芯片组启发,人们萌生了将完整计算机所有不同的功能块一次直接集成于一颗硅片上的想法。

SoC (System on Chip)称为系统级芯片,也称片上系统,意指它是一个产品,是一个有专用目标的集成电路,其中包含完整系统并有嵌入软件的全部内容。同时它又是一种技术,用以实现从确定系统功能开始,到软硬件划分,并完成设计的整个过程。

从狭义角度讲,它是信息系统核心的芯片集成,是将系统关键部件集成在一块芯片上;从广义角度讲,SoC 是一个微小型系统,如果说中央处理器(CPU)是大脑,那么 SoC 就是包括大脑、心脏、眼睛和手的系统。国内外学术界一般倾向将 SoC 定义为将微处理器、模拟 IP 核、数字 IP 核和存储器(或片外存储控制接口)集成在单一芯片上,它通常是客户定制的,或是面向特定用途的标准产品。

SoC 定义的基本内容有两方面,一是构成,二是形成过程。系统级芯片的构成可以是系统级芯片控制逻辑模块、微处理器/微控制器 CPU 内核模块、数字信号处理器 DSP 模块、嵌入的存储器模块、和外部进行通信的接口模块、含有 ADC/DAC 的模拟前端模块、电源提供和功耗管理模块,对于一个无线 SoC 还有射频前端模块、用户定义逻辑以及微电子机械模块,更重要的是一个 SoC 芯片内嵌有基本软件模块或可载入的用户软件等。系统级芯片形成或产生过程包含以下三个方面:①基于单片集成系统的软硬件协同设计和验证;②再利用逻辑面积技术使用和产能占有比例有效提高即开发和研究 IP 核生成及复用技术,特别是大容量的存储模块嵌入的重复应用等;③超深亚微米、纳米集成电路的设计理论和技术。

2. SoC 设计的关键技术

SoC 设计的关键技术主要包括总线架构技术、IP 核可复用技术、软硬件协同设计技术、SoC 验证技术、可测性设计技术、低功耗设计技术、超深亚微米电路实现技术等,此外还要做嵌入式软件移植、开发研究。

用 SoC 技术设计系统芯片,一般先要进行软硬件划分,将设计基本分为两部分:芯片硬件设计和软件协同设计。芯片硬件设计包括功能设计阶段、设计描述和行为级验证、逻辑综合、门级验证、布局和布线。

12.1.3 纳米器件

1. 纳米电子器件

1959年,物理学家理查德·费恩曼在一次题目为"在物质底层有大量的空间"的演讲中提出:将来人类有可能建造一种分子大小的微型机器,可以把分子甚至单个的原子作为建筑构件在非常细小的空间构建物质,这意味着人类可以在最底层空间制造任何东西。

纳米是尺寸或大小的度量单位,即10^{-9}m,4倍原子大小,万分之一头发粗细。纳米技术就是研究在千万分之一(10^{-7})米到亿分之一(10^{-9})米内原子、分子和其他类型物质进行操纵和加工的技术。

纳米电子器件的英文是 nano/scale electronic devices。纳米电子器件在学术文献中的解释是器件和特征尺寸进入纳米范围的电子器件,也称为纳米器件。纳米技术可以使芯片集成度进一步提高,电子元件尺寸、体积缩小,使半导体技术取得突破性进展,大大提高了计算机的容量和运行速度。图12-1所示为纳米电子器件。

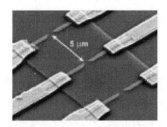 

图12-1 纳米电子器件

2. 纳米器件的典型应用

世界上每一个现实存在的物体都是由分子组成的,在理论上,纳米机器可以构建所有的物体。当然从理论到真正实现应用是不能等同的,但纳米机械专家已经表明,实现纳米技术的应用是可行的。

(1) 血管纳米"潜水艇"。2009年1月22日,澳大利亚墨尔本莫纳什大学在鞭毛的启发下研制出了一种微型马达,直径只有0.25mm(即250μm),不到两根头发粗。此马达在实验室已经成功"航行"于人体血液中,科学家希望它能够进入狭窄的大脑动脉中。未来的血管纳米"潜水艇"如图12-2所示。

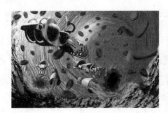 

图12-2 血管纳米"潜水艇"

（2）纳米机器人。在纳米尺度上应用生物学原理研制的可编程分子机器人，也称纳米机器人。第一代纳米机器人是生物系统和机械系统的有机结合体，这种纳米机器人可注入人体血管内，进行健康检查和疾病治疗。还可以用来进行人体器官的修复工作，做整容手术，从基因中除去有害的 DNA，或把正常的 DNA 安装在基因中，使机体正常运行。第二代纳米机器人是直接从原子或分子装配成具有特定功能的纳米尺度的分子装置。第三代纳米机器人将包含纳米计算机，是一种可以进行人机对话的装置。这种纳米机器人一旦问世，将彻底改变人类的劳动和生活方式，如图 12-3 所示。

图 12-3　纳米机器人

（3）未来战场纳米"小精灵"。由于纳米技术的飞速发展，可控制、可运动的微型机械电子装置正逐渐成为现实。目前，由纳米技术催生的可应用于未来战场的"小精灵"，主要有以下几种。

① 易潜伏的蚂蚁机器兵。这是一种通过声音加以控制的微型机器人，如果让这些蚂蚁机器兵背上微型探测器，就可在敌方敏感军事区内充当不知疲倦的全天候侦察兵，长期潜伏，不断将敌方情报传回控制站。若它再与微型地雷配合使用，还能实施战略打击。如果把这种蚂蚁机器兵事先潜伏在敌方关键设备中，平时相安无事，一旦交战，就可通过指令遥控激活它们，让它们充当杀手，去炸毁或"蚕噬"敌方设备，特别是破坏信息系统和电力设备等基础设施，如图 12-4 所示。

图 12-4　纳米机器蚂蚁

② 易突防的袖珍飞机。这种袖珍飞机长度只有几毫米到几十毫米，肉眼几乎看不到，如图 12-5 所示。由于体积太小，它的能量消耗非常低，但活动能力却很强，本领也很大，可以几小时甚至几天不停地在敌方空域飞行，通过机载微传感器将战场信息传回己方指挥所。这一类袖珍侦察机使用非常方便，既可由间谍带入敌国，也可通过其他方式散布，一般雷达根本无法发现它们。对于它们，现有的防空武器则只能望空兴叹。

③ 像种草一样布放"间谍"。利用纳米技术制造微探测器并组网使用，形成分布式战场

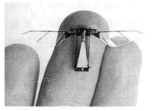

图 12-5　袖珍飞机

传感器网络。这种微探测器由战机、直升机或人员实施布放,就像在敌方军事区内种草一样简单,一经布防即自动进入工作状态,能源源不断地送回情报。这些纳米探测器依赖电子、声音、压力、磁性等传感器,可探测 200m 范围内的人员和装备活动情况,对敏感区实施不间断的连续监视。同时在纳米探测器上还可以安装微型驱动装置,让其具备一定的机动能力。另外,把间谍草传感器网络与战场打击系统连成一体,就可在战场透明化的基础上实施"点穴式"的精确打击。袖珍昆虫如图 12-6 所示。

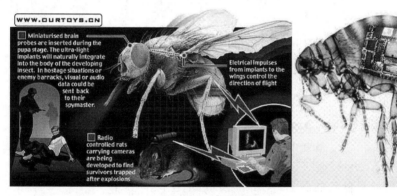

图 12-6　袖珍昆虫

12.2　网络新技术

12.2.1　网格计算

1. 概述

20 世纪 90 年代初,根据 Internet 上主机大量增加但利用率并不高的状况,美国国家科学基金会(NFS)将其 4 个超级计算中心构筑成一个元计算机,逐渐发展到利用它研究解决具有重大挑战性的并行问题。它提供统一的管理、单一的分配机制和协调应用程序,使任务可以透明地按需要分配到系统内的各种结构的计算机中,包括向量机、标量机、SIMD 和 MIMD 型的各类计算机。NFS 元计算环境主要包括高速的互连通信链路、全局的文件系统、普通用户接口和信息、视频电话系统、支持分布并行的软件系统等。

元计算被定义为"通过网络连接强力计算资源,形成对用户透明的超级计算环境"。目前用得较多的术语"网格计算(Grid Computing)"更系统化地发展了最初元计算的概念,它通过网络连接地理上分布的各类计算机(包括机群)、数据库、各类设备和存储设备等,形成对用户相对透明的虚拟的高性能计算环境,应用包括分布式计算、高吞吐量计算、协同工程和数据查询等诸多功能。网格计算被定义为一个广域范围的"无缝的集成和协同计算环境"。网格计算模式已经发展为连接和统一各类不同远程资源的一种基础结构。

网格是把整个因特网整合成一台巨大的超级计算机,实现计算资源、存储资源、数据资源、信息资源、知识资源、专家资源的全面共享。当然,网格并不一定非要这么大,也可以构造地区性的网格,如中关村科技园区网格、企事业内部网格、局域网网格甚至家庭网格和个人网格。事实上,网格的根本特征是资源共享而不是它的规模。由于网格是一种新技术,因此具有新技术的两个特征:其一,不同的群体用不同的名词来称谓它;其二,网格的精确含义和内容还没有固定,而是在不断变化。

2. 网格的结构

1) 网格计算"三要素"

(1) 任务管理:用户通过该功能向网格提交任务,为任务指定所需资源,删除任务并监测任务的运行状态。

(2) 任务调度:用户提交的任务由该功能按照任务的类型、所需资源、可用资源等情况安排运行日程和策略。

(3) 资源管理:确定并监测网格资源状况,收集任务运行时的资源占用数据。

2) Globus 的体系结构

Globus 网格计算协议建立在互联网协议之上,以互联网协议中的通信、路由、名字解析等功能为基础。Globus 的协议分为 5 层:构造层、连接层、资源层、汇集层和应用层。每层都有自己的服务、API 和 SDK,上层协议调用下层协议的服务。网格内全局应用都通过协议提供的服务调用操作系统。Globus 的体系结构如图 12-7 所示。

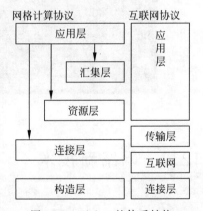

图 12-7 Globus 的体系结构

3. 网格计算发展趋势

(1) 标准化趋势。就像 Internet 需要依赖 TCP/IP 一样,网格也需要依赖标准协议才能共享和互通。目前,包括全球网格论坛(Global Grid Forum,GGF)、对象管理组织(Object Management Group,OMG)、环球网联盟(World Wide Web Consortium,W3C)以及 Globus 项目组在内的诸多团体都试图争夺网格标准的制定权。Globus 项目组在网格协议制定上有很大发言权,因为迄今为止,Globus Toolkit 已经成为事实上的网格标准。

(2) 技术融合趋势。在 OGSA 出现之前,已经出现很多种用于分布式计算的技术和产品。2002 年,Globus Toolkit 的开发转向了 Web Services 平台,用 OGSA 在网格世界一统天下。OGSA 之后,网格的一切对外功能都以网格服务(Grid Service)来体现,并借助一些现成的、与平台无关的技术,如 XML、SOAP、WSDL、UDDI、WSFL、WSEL 等,来实现这些服务的描述、查找、访问和信息传输等功能。这样,一切平台及所使用技术的异构性都被屏蔽。用户访问网格服务时，根本就无须关心该服务是 CORBA 提供的，还是.NET 提供的。

（3）大型化趋势。不单美国政府对网格做了巨大投资，公司也不甘示弱。IBM 在 2001 年 8 月投入四十多亿美元进行"网格计算创新计划"（Grid Computing Initiative），全面支持网格计算。英国政府宣布投资 1 亿英镑，用以研发"英国国家网格"（UK National Grid）。除此之外，欧洲还有 DataGrid、UNICORE、MOL 等网格研究项目正在开展。其中，DataGrid 涉及欧盟的二十几个国家，是一种典型的"大科学"应用平台。日本和印度都启动了建设国家网格计划。

12.2.2 云计算

1. 概念

狭义云计算指 IT 基础设施的交付和使用模式，指通过网络以按需、易扩展的方式获得所需资源；广义云计算指服务的交付和使用模式，指通过网络以按需、易扩展的方式获得所需服务。这种服务可以是 IT 和软件、互联网相关服务，也可是其他服务。云计算的核心思想，是将大量用网络连接的计算资源统一管理和调度，构成一个计算资源池向用户按需服务。提供资源的网络被称为"云"。"云"中的资源在使用者看来是可以无限扩展的，并且可以随时获取，按需使用，随时扩展，按使用付费。

云计算是网格计算、分布式计算、并行计算、效用计算、网络存储、虚拟化、负载均衡等传统计算机和网络技术发展融合的产物。事实上，许多云计算部署依赖于计算机集群（但与网格的组成、体系机构、目的、工作方式大相径庭），也吸收了自主计算和效用计算的特点。通过使计算分布在大量的分布式计算机上，而非本地计算机或远程服务器中，企业数据中心的运行将与互联网更相似。这使得企业能够将资源切换到需要的应用上，根据需求访问计算机和存储系统。好比是从古老的单台发电机模式转向了电厂集中供电的模式。它意味着计算能力也可以作为一种商品进行流通，就像煤气、水电一样，取用方便，费用低廉。最大的不同在于，它是通过互联网进行传输的。

2. 服务

云计算可以被认为包括以下几个层次的服务：基础设施即服务（IaaS）、平台即服务（PaaS）和软件即服务（SaaS）。云计算服务通常提供通用的通过浏览器访问的在线商业应用，软件和数据可存储在数据中心。

IaaS（Infrastructure as a Service，基础设施即服务）：消费者通过 Internet 可以从完善的计算机基础设施获得服务。

PaaS（Platform as a Service，平台即服务）：PaaS 实际上是指将软件研发的平台作为一种服务，以 SaaS 的模式提交给用户。因此，PaaS 也是 SaaS 模式的一种应用。但是，PaaS 的出现可以加快 SaaS 的发展，尤其是加快 SaaS 应用的开发速度。

SaaS（Software as a Service，软件即服务）：它是一种通过 Internet 提供软件的模式，用户无须购买软件，而是向提供商租用基于 Web 的软件来管理企业经营活动。相对于传统的软件，SaaS 解决方案有明显的优势，包括较低的前期成本、便于维护、可快速展开使用等。

3. 体系架构

云计算的三级分层：云软件、云平台、云设备，如图12-8所示。

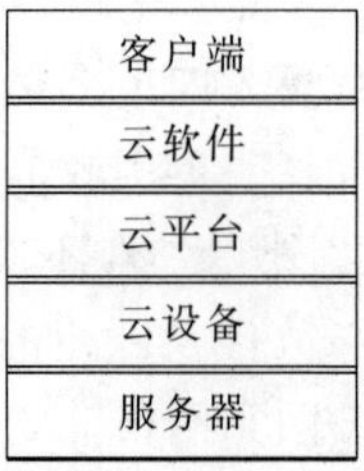

上层分级：云软件SaaS打破以往大厂垄断的局面，所有人都可以在上面自由挥洒创意，提供各式各样的软件服务。参与者是世界各地的软件开发者。

中层分级：云平台PaaS打造程序开发平台与操作系统平台，让开发人员可以通过网络撰写程序与服务，一般消费者也可以在上面运行程序。参与者是Google、微软、苹果、Yahoo等。

客户端
云软件
云平台
云设备
服务器

图12-8 云层次结构

下层分级：云设备IaaS将基础设施（如IT系统、数据库等）集成起来，像旅馆一样，分隔成不同的房间供企业租用。参与者是英业达、IBM、戴尔、升阳、惠普、亚马逊等。

大部分的云计算基础构架是由通过数据中心传送的可信赖的服务和创建在服务器上的不同层次的虚拟化技术组成的。人们可以在任何有提供网络基础设施的地方使用这些服务。"云"通常表现为对所有用户的计算需求的单一访问点。人们通常希望商业化的产品能够满足服务质量（QoS）的要求，并且一般情况下要提供服务水平协议。开放标准对于云计算的发展是至关重要的，并且开源软件已经为众多的云计算实例提供了基础。

"云"的基本概念，是通过网络将庞大的计算处理程序自动分拆成无数个较小的子程序，再由多部服务器所组成的庞大系统搜索、计算分析之后将处理结果回传给用户。通过这项技术，远程的服务供应商可以在数秒之内，达成处理数以千万计甚至亿计的信息，达到和"超级计算机"同样强大性能的网络服务。它可分析DNA结构、基因图谱定序、解析癌细胞等高级计算。例如，Skype以点对点（P2P）方式来共同组成单一系统；又如，Google通过MapReduce架构将数据拆成小块计算后再重组回来，而且BigTable技术完全跳脱了一般数据库的数据运作方式，以row设计存储又完全地配合Google自己的文件系统（Google文件系统），以帮助数据快速穿过"云"。

12.2.3 普适计算

1. 概述

1）计算的历程

纵观计算机技术的发展历史，计算模式经历了第一代的主机（大型计算机）计算模式和第二代的PC（桌面）计算模式，即将到来的下一轮计算则为普适计算（Pervasive Computing或Ubiquitous Computing）。普适计算是当前计算技术的研究热点，也被称为第三种计算模式。

在主机计算时代，计算机是稀缺的资源，人与计算机的关系是多对一的关系，计算机安装在为数不多的计算中心里，人们必须用生涩的机器语言与计算机打交道。此时，信息空间与我们生活的物理空间是脱节的，计算机的应用也局限于科学计算领域。

20世纪80年代，PC开始流行，计算模式也随之跨入桌面计算时代。这时，人与计算机的关系演变为一对一的关系。随后，图形用户界面和多媒体技术的发展使计算机使用者的范围从计算机专业人员扩展到其他行业的从业人员和家庭用户,计算机也从计算中心步入办公室和家庭,人们能够方便地获得计算服务。现在,伴随着人类社会进入 21 世纪的脚步,计算模式也开始跨入普适计算时代。

随着计算机及相关技术的发展,通信能力和计算能力的价格正变得越来越低,所占用的体积也越来越小,各种新形态的传感器、计算/联网设备蓬勃发展。同时由于人类对生产效率、生活质量的不懈追求,人们开始希望能随时、随地、无困难地享用计算能力和信息服务,由此带来了计算模式的新变革,这就是计算模式的第三个时代——普适计算时代。

从图 12-9 中可以看出,主机计算模式经过了一个高峰后,多年来已呈下降趋势;PC 计算模式这几年也开始呈下降趋势,而普适计算模式这些年在呈上升趋势。

在普适计算时代,各种具有计算和联网能力的设备将变得像现在的水、电、纸、笔一样,随手可得,人与计算机的关系将发生革命性的改变,变成一对多、一对数十甚至数百,同时,计算机的受众也将从

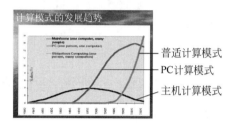

图 12-9 三种计算模式的发展趋势

必须具有一定计算机知识的人员变为普通百姓。计算机不再局限于桌面,它将被嵌入到人们的工作、生活空间中,变为手持或可穿戴的设备,甚至与人们日常生活中使用的各种器具融合在一起。此时,信息空间将与物理空间融合为一体。这种融合体现在两方面,首先,物理空间中的物体将与信息空间中的对象互相关联,例如,一张挂在墙上的油画将同时带有一个 URL,指向与这幅油画相关的 Web 站点;其次,在操作物理空间中的物体时,可以同时透明地改变相关联的信息空间中对象的状态,反之亦然。

2) 普适计算定义

普适计算是指在普适环境下使人们能够使用任意设备、通过任意网络、在任意时间获得一定质量的网络服务的技术。

普适计算的含义十分广泛,所涉及的技术包括移动通信技术、小型计算设备制造技术、小型计算设备上的操作系统技术及软件技术等。

间断连接与轻量计算(即计算资源相对有限)是普适计算最重要的两个特征。普适计算的软件技术就是要实现在这种环境下的事务和数据处理。

在信息时代,普适计算可以降低设备使用的复杂程度,使人们的生活更轻松、更有效率。实际上,普适计算是网络计算的自然延伸,它使得不仅个人计算机,而且其他小巧的智能设备也可以连接到网络中,从而方便人们即时地获得信息并采取行动。

普适计算是在网络技术和移动计算的基础上发展起来的,其重点在于提供面向客户的、统一的、自适应的网络服务。普适环境主要包括网络、设备和服务。网络环境包括 Internet、移动网络、电话网、电视网和各种无线网络等。普适计算设备更是多种多样,包括计算机、手机、汽车、家电等能够通过任意网络上网的设备;服务内容包括计算、管理、控制、资源浏览等,如图 12-10 所示。

实现普适计算的目标需要以下关键技术:场景识别、资源组织、人机接口、设备无关性技术、设备自适应技术等。

普适计算具有以下环境特点:在任何时间、任何地点、以任何方式提供方便服务,用不

图 12-10　普适计算系统

同的网络(不同协议、不同带宽)和不同的设备(屏幕、平台、资源)、为不同偏好的人服务。

2. 发展历史

被称为普适计算之父的是施乐公司 PALOATO 研究中心的首席技术官 Mark Weiser,他最早在 1991 年提出:21 世纪的计算将是一种无所不在的计算(Ubiquitous Computing)模式。

1999 年,IBM 提出普适计算(又叫普及计算)的概念。目前,IBM 已将普适计算确定为电子商务之后的又一重大发展战略,并开始了端到端解决方案的技术研发。IBM 认为,实现普适计算的基本条件是计算设备越来越小,方便人们随时随地佩戴和使用。在计算设备无时不在、无所不在的条件下,普适计算才有可能实现。从 1999 年开始的 Ubicomp 国际会议、2000 年开始的 Pervasive Computing 国际会议,到 2002 年 *IEEE Pervasive Computing* 期刊的创刊,学术界开始研究普适计算。

早在 20 世纪 90 年代中期,作为普适计算研究的发源地,Xerox Parc 研究室的科学家就曾预言普适计算设备(智能手机、PDA 等)的销量将在 2003 年前后超过代表桌面计算模式的 PC,这一点已经得到了验证。据 IDC 统计,2001 年美国和西欧的 PC 销量已经开始进入平稳期,甚至开始下滑,而在同期,手机、PDA 的销量却大幅度攀升,在很多国家,手机的拥有量已经超过了 PC。

3. 技术

简单地对桌面计算模式下的理论和技术进行线性扩展已经不能满足普适计算模式的要求,必须建立一整套与之相适应的计算理论和技术,包括硬件、网络、中间件、人机交互、应用软件等。通过国际上各研究团体几年的探索,普适计算模式中一些关键性的研究课题已经逐渐明确,包括以下几个方面。

(1) 开发针对普适计算的软件平台和中间件。在普适计算时代,人们关注的是如何让多个计算实体(进程或设备)互相协作,共同为人类提供服务。屏蔽计算任务是由哪个计算实体具体执行的细节而展现出一个统一的服务界面,这是支持普适计算的软件平台和中间件研究要完成的任务。具体来说,这方面的研究内容包括:服务的描述、发现和组织机制、计算实体间通信和协作的模型、开发接口等。

(2) 建立新型的人与计算服务的交互通道。在普适计算时代,人与计算服务的交互通道将变得更加多样化、透明和无处不在。例如,"可穿戴计算"提出把计算设备和交互设备穿戴在身上,如此一来,人们就可以随时随地获得计算和信息服务,这对于在各种复杂和未知环境中工作的人来说是十分有用的。而信息设备的研究则通过在日常生活中的各种器具中嵌入与其用途相适应的计算和感知能力,使人们在使用这些器具时可以直接获得计算服务,而不必依赖桌面计算机。交互空间的研究则试图把计算和感知能力嵌入人们的生活和工作环境中,使人可以不必离开工作和生活的现场,也不必佩戴任何辅助设备就可以通过自然的方式(如语音、手势等)获取计算服务,同时环境也可以主动地观察用户、推断其意图而提供合适的服务,这就是所谓的"伺候式服务"。

(3) 建立面向普适计算模式的新型应用模型。当一个人需要面对多个计算实体的时候,人的注意力就成为最重要的资源。在这种情况下,如果各种应用还是延续桌面计算下的模型,这些应用模块的启动、连接、配置、基于 GUI 的对话本身等就会耗费大量的注意力资源,从而降低人的工作效率。所以必须建立新的、关注人的注意力资源的应用模型。为此,研究者们提出了感知上下文(Context-Awareness)的计算、无缝移动(Seamless Mobility)等概念。在普适计算模式下,无处不在的传感器和感知模块完全可以提供这些上下文信息,而支持普适计算的软件平台也使得这些信息的发布和获取变得十分容易,这就为开发感知上下文的应用提供了可能。该领域的研究课题包括上下文的表示、综合、查询机制以及相应的编程模型。无缝移动重点关注的是如何使人在移动中可以透明、连续地获得计算服务,而无须频繁地配置系统。普适计算的基础设施为此提供了一个很好的基础,例如,用户手持设备可以通过与用户所处的交互空间的交互获得该空间中可以使用的服务列表以及用户的移动位置等信息。

(4) 提供适合普适计算时代需求的新型服务。在普适计算时代,由于计算资源、网络连接和人与计算服务的交互通道变得无所不在,因此我们可以提出一些在桌面计算时代无法实现的新型服务。例如,有人提出了"移动会议(Mobile Meeting)"的概念,即一个项目组的讨论可以不局限于一个固定的地方,而是可以通过各种手持设备或交互空间来随时随地地举行。还有人提出了"灵感捕捉"概念,即我们可以随时随地把脑海中闪现的灵感火花或经历的事件(如一堂课、一次会议)快速和方便地记录下来,并在以后根据时间、地点、参加者和场景等上下文线索进行快速检索。此外还有"普遍交互"概念,即所有家电的控制都可以通过基于 Web 的界面来完成,这样人们就可以随时随地对家里的设备进行操作了。

12.2.4 量子通信

1. 概述

量子通信是指利用量子纠缠效应进行信息传递的一种新型通信方式。量子通信是近二十年发展起来的新型交叉学科,是量子论和信息论相结合的新的研究领域。量子通信主要涉及量子密码通信、量子远程传态和量子密集编码等。近来这门学科已逐步从理论走向实验,并向实用化方面发展。高效安全的信息传输日益受到人们的关注。目前,它已成为国际上量子物理和信息科学的研究热点。

量子通信系统的基本部件包括量子态发生器、量子通道和量子测量装置。按其所传输的信息是经典还是量子而分为两类。前者主要用于量子密钥的传输,后者则可用于量子隐形传送和量子纠缠的分发。所谓隐形传送指的是脱离实物的一种"完全"的信息传送。从物理学角度,可以这样来想象隐形传送的过程:先提取原物的所有信息,然后将这些信息传送到接收地点,接收者依据这些信息,选取与构成原物完全相同的基本单元,制造出原物完美的复制品。但是,量子力学的不确定性原理不允许精确地提取原物的全部信息,这个复制品不可能是完美的。因此长期以来,隐形传送不过是一种幻想而已。

2. 量子密码术

量子密码术是密码术与量子力学结合的产物,它利用了系统所具有的量子性质。量子密码术并不用于传输密文,而是用于建立、传输密码本。根据量子力学的不确定性原理以及量子不可克隆定理,任何窃听者的存在都会被发现,从而保证密码本的绝对安全,也就保证了加密信息的绝对安全。最初的量子密码通信利用的都是光子的偏振特性,目前主流的实验方案则用光子的相位特性进行编码。首先想到将量子物理用于密码术的是美国科学家威斯纳。他于 1970 年提出,可利用单量子态制造不可伪造的"电子钞票"。但这个设想的实现需要长时间保存单量子态,不太现实。

3. 量子信息学

量子力学的研究进展导致了新兴交叉学科"量子信息学"的诞生,为信息科学展示了美好的前景。另一方面,量子信息学的深入发展,遇到了许多新课题,反过来又有力地促进了量子力学自身的发展。当前量子信息学无论在理论上还是在实验上都在不断取得重要突破,从而激发了研究人员更大的研究热情。但是,实用的量子信息系统是宏观尺度上的量子体系,人们要想做到有效地制备和操作这种量子体系的量子态目前还是十分困难的。其应用主要在下面三个方面:保密通信、量子算法和快速搜索。

4. 国内量子通信的发展

中国科学院物理所于 1995 年在国内首次做了量子密钥分发系统演示性实验,华东师范大学偏振编码量子密钥分发系统做了实验,但也是在距离较短的自由空间里进行的。2000 年,中国科学院物理所与研究生院合作,在 850nm 的单模光纤中完成了 1.1km 的量子密码通信演示性实验。

2008 年 8 月 12 日,美国《国家科学院院刊》发表了中国科学技术大学潘建伟教授关于量子容失编码实验验证的研究成果。潘建伟小组首次在国际上原理性地证明了利用量子编码技术可以有效克服量子计算过程中的一类严重错误——量子比特的丢失,为光量子计算机的实用化发展扫除了一个重要障碍。

2012 年,潘建伟等人在国际上首次成功实现百千米量级的自由空间量子隐形传送和纠缠分发,为发射全球首颗"墨子号"量子通信卫星奠定了技术基础。国际权威学术期刊《自然》杂志于 2012 年 8 月 9 日重点介绍了该成果,见图 12-11。

2017 年 9 月 29 日,世界首条量子保密通信干线——"京沪干线"正式开通。中国科学家成功实现了洲际量子保密通信。这标志着中国在全球已构建出首个天地一体化广域量子通信网络雏形,为未来实现覆盖全球的量子保密通信网络迈出了坚实的一步。

图 12-11 "墨子号"量子通信卫星

12.2.5 第六代移动通信技术

1. 6G 提出的背景

6G 指的是第六代移动通信技术。6G 网络属于概念性技术，是 5G 的延伸，理论下载速度可达 1TB/s，目前已有机构开始研发，预计 2026 年正式投入商用。

2018 年 3 月 9 日，工信部部长苗圩对中央电视台表示，中国已经开始着手 6G 研究。2019 年 3 月 15 日，美国联邦通信委员会（FCC）投票通过了开放 95GHz～3THz 频段的决定，以供 6G 实验使用。纽约大学教授泰德·拉帕波特称："联邦通信委员会已经启动了 6G 的全球竞赛"。美国总统特朗普发推特说："我希望 5G 甚至 6G 的技术能尽快在美国普及。这比当前的标准要更强、更快、更智能。美国公司必须加紧努力，否则就会落后。我们没有理由落后……"。除中美两国外，欧盟、俄罗斯等也正在紧锣密鼓地开展相关工作。

因为中国华为公司在 5G 方面的技术领先优势，美国出台了一系列限制华为发展的政策，这使 5G 和 6G 已经附带了很多政治"色彩"。5G 和 6G 已经远远超越了技术层面的发展和创新，它已上升为国家层面的技术竞争。实际上，5G 的发展需求源自高速视频图像的传输。随着人们对视频体验要求的提升，视频在媒介中占据着越来越重要的地位。除了更高的清晰度之外，一些新技术，如增强现实、虚拟现实等的融入，要求视频技术必须具有更快的传输速度和处理能力，这是 6G 发展的原动力。

从 1G 到 5G，有一个"诡异"现象在不断出现，即移动通信每次更新换代时，每逢奇数 G，都会出现"短命"的景象。由于 1G 只能语音不能上网，1971 年 12 月被 AT&T 提出并实施后，很快被 2G 取代。尽管 3G 在处理图像、音乐、视频流等方面有一定优势，但 4G 以广带接入和分布网络为基础且 50 倍于 3G 速度实现三维图像高质量传输，而迅速将其代替。目前的 5G 似乎也有类似的开端"景象"，因为 6G 似乎在各方面都有较多的优势。这也提醒移动通信厂商在加紧部署 5G 应用推广的同时，也需尽快展开 6G 技术的开发和应用研究。

2. 关键技术

频率范围为 95GHz～3THz 的"太赫兹波"频谱被开放供实验使用，使下一代 6G 无线网络的研发有了技术政策层面的许可。曾经被认为无用的太赫兹频谱，或将成为未来高速通信的频段。从 1G 到 5G，为了提高速率、提升容量，移动通信在向着更多的频谱、更高的频段扩展。5G 由小于 6GHz 扩展到毫米波频段，6G 将迈进太赫兹（THz，1THz＝1000GHz）时代。通常，太赫兹波指 0.1～3THz 的电磁波，见图 12-12。

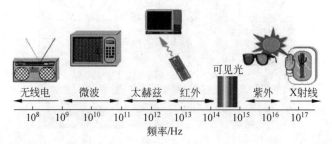

图 12-12　频率范围及其应用(http://www.mwrf.net/news/suppliers/2012/5282.html)

太赫兹波的波长为 3～1000μm，它被认为是 6G 的关键技术之一。事实上，太赫兹能否用于无线通信还需科学家和工程师进一步认证。以前太赫兹主要用于雷达探测、医疗成像，其在无线通信方面的应用是近两年刚刚开始的研究工作。其特点是频率高、通信速率高，理论上能够达到太字节每秒(TB/s)，但太赫兹有明显的缺点，那就是传输距离短，易受障碍物干扰，现在能做到的通信距离只有使用单载波无线链路实现 100Gb/s 数据传输，见图 12-13。

太赫兹波的通信距离为 10m 左右，也就是说，只有解决通信距离问题，才能用于现有的移动通信蜂窝网络。此外，通信频率越高对硬件设备的要求越高，需要更好的性能和加工工艺。这些技术是目前必须在短时间内解决的问题。

图 12-13　300GHz 传输实验(http://www.elecfans.com/tongxin/rf/20180601688185.html)

因为 300GHz 频段的频率是下一代移动通信技术的重点研究领域，泰克科技公司及法国著名的研究实验室 IEMN 已经实现了 300GHz 频段中 300GHz 频段通信的实验，原理是将一种高隔离技术应用于混频器元件，借助一种带有磷化铟高电子迁移率晶体管(InP-HEMT)的 IC，以抑制每个 IC 内部和 IC 中端口之间的信号泄漏，这解决了 300 GHz 频段无线前端长期以来面临的挑战，实现了 100Gb/s 的传输速率，见图 12-14。

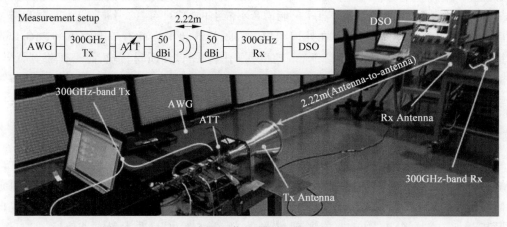

图 12-14　300GHz 频段通信的实验原理图(image.baidu.com)

3．技术方案

4G 主要依托正交频分复用技术,而 5G 主要依托天线技术和高频段技术。由于 6G 要求更短的网络延迟时间、更大的带宽、更广的覆盖和更高资源利用率,因此 6G 除了要求高密度组网、全双工技术外,将卫星通信技术、平流层通信技术与地面技术的融合使此前大量未被通信信号覆盖的地方,如无法建基站的海洋、难以敷设光纤的偏远无人地区都有可能收发信号。除陆地通信覆盖外,水下通信覆盖也有望在 6G 时代启动,6G 将实现地面无线与卫星通信集成的全连接。通过将卫星通信整合到 6G 移动通信,实现永远在线的全球无缝覆盖。

1) 技术研究

目前,国际通信技术研发机构相继提出了多种 6G 技术路线,但这些方案都处于概念阶段,能否落地还需验证。

奥卢大学无线通信中心是全球最先开始 6G 研发的机构,目前正在无线连接、分布式计算、设备硬件、服务应用四个领域展开研究。无线连接是利用太赫兹甚至更高频率的无线电波通信;分布式计算则是通过人工智能、边缘计算等算法解决大量数据带来的时延问题;设备硬件主要面向太赫兹通信,研发对应的天线、芯片等硬件;服务应用则是研究 6G 可能的应用领域,如自动驾驶等。

韩国 SK 集团信息通信技术中心曾在 2018 年提出了"太赫兹＋去蜂窝化结构＋高空无线平台(如卫星等)"的 6G 技术方案,不仅应用太赫兹通信技术,还要彻底变革现有的移动通信蜂窝架构,并建立空天地一体的通信网络。去蜂窝化结构是当前的研究热点之一,即基站未必按照蜂窝状布置,终端也未必只和一个基站通信,这确实能提高频谱效率。去蜂窝结构构想最早由瑞典林雪平大学的研究团队提出。但这一构想能否满足 6G 时延、通信速率等指标,还尚需验证。

美国贝尔实验室提出了"太赫兹＋网络切片"的技术路线。但该方案的技术细节尚需要长时间实验和验证。

2) 硬件技术方案

提高通信速率有两个技术方案:一是基站更密集,部署量增加,虽然基站功率可以降低,但数量增加仍会带来成本上升;第二种方案就是使用更高频率通信,比如太赫兹或者毫米波,但高频率对基站、天线等硬件设备的要求更高,现在进行太赫兹通信硬件实验的成本都非常高,超出一般研究机构的承受能力。另外,从基站天线数上来看,4G 基站天线数只有 8 根,5G 能够做到 64 根、128 根甚至 256 根,6G 的天线数可能会更高,基站的更换也会提高应用成本。

基站小型化是一个发展趋势,比如已有公司正在研究"纳米天线",如同将手机天线嵌入手机一样,将采用新材料的天线紧凑集成于小基站里,以实现基站小型化和便利化,让基站无处不在。

不改变现有的通信频段,只依靠通过算法优化等措施很难实现设想的 6G 愿景,全部替换所有基站也不现实。未来很有可能会采取非独立组网的方式,即在原有基站等设施的基础上部署 6G 设备,6G 与 5G 甚至 4G、4.5G 网络共存,6G 主要用于人口密集区域或者满足自动驾驶、远程医疗、智能工厂等垂直行业的高端应用。其实,普通百姓对几十吉字节每秒甚至太字节每秒的速率没有太高的需求,况且如果6G以毫米波或太赫兹为通信频率,其移动终端的价格必然不菲。因此,混合网也是一种方案。

3) 软件技术方案

软件与开源化将颠覆6G网络建设方式。软件化和开源化趋势正在涌入移动通信领域,在6G时代,软件无线电(SDR)、软件定义网络(SDN)、云化、开放硬件等技术估计将进入成熟阶段。这意味着,从5G到6G,电信基础设施的升级更加便利,基于云资源和软件升级就可实现。同时,随着硬件白盒化、模块化、软件开源化,本地化和自主式的网络建设方式或将是6G时代的新趋势。

12.3 软件开发新技术

12.3.1 遗传程序设计

遗传程序设计是学习和借鉴大自然的演化规律,特别是生物的演化规律来解决各种计算问题的自动程序设计的方法学。

1992年,美国Stanford大学的J. Koza出版了专著 *Genetic Programming:On the Programming of Computers by Means of Natural Selection*,介绍用自然选择的方法进行计算机程序设计。1994年,他又出版了 *Genetic Programming II:Automatic Discovery of Reusable Programs*,开创了用遗传算法实现程序设计自动化的新局面,为程序设计自动化带来了一线曙光。遗传程序设计已引起计算机科学与技术界的关注,并有许多应用。

1985年,由Cramer首次提出遗传程序识别算法,1992年,由Koza教授将其完善发展。GP(Genetic Programming)是一种全局性概率搜索算法,它的目标是根据问题的概括性描述自动产生解决该问题的计算机程序。GP吸取了遗传算法(GA)的思想和达尔文自然选择法则,将GA的线性定长染色体结构改变为递归的非定长结构。这使得GP比GA更加强大,应用领域更广。

Koza选择Lisp作为GP的程序设计语言。有了程序结构的概念,在前文介绍的演化算法的基础上,即可讨论自动程序设计(Automatic Programming,AP)。可以用下面的公式来概括自动程序设计的思想:EA+PS=AP(演化算法+程序结构=自动程序设计)。

Holland的标准遗传算法中的遗传群体是由一些二进制字符串组成的;而GP或AP的遗传群体是由一些计算机程序组成的,即由PS的元素形成的程序树组成。AP从以程序结构的元素随机地构成计算机程序的原生软体开始,应用畜牧学原理繁殖一个新的(常常是改进了的)计算机程序群体。这种繁殖应用达尔文的"适者生存、不适者淘汰"的原理,以一种与领域无关的方式(演化算法)进行,即模拟大自然中的遗传操作——复制、杂交与变异。杂交运算用来创造有效的子代程序(由程序结构的元素组成);变异运算用来创造新的程序,并防止过早收敛。所以,AP就是把程序结构的高级语言符号表示与智能算法(一种以适应性驱动的、具有自适应、自组织、自学习与自优化特征的高效随机搜索算法)结合起来,即AP=EA+PS。一个求解(或近似求解)给定问题的计算机程序往往就从这个过程中产生。

12.3.2 基因编程

本书作者在《软件演化过程与进化论》专著(清华大学出版社,2009 年)中就如何进行软件基因编程进行了阐述。

1. 软件基因/组的定义

软件基因(Software Gene),也称为软件遗传因子,是指携带有软件遗传信息的一条序列串,由 0 和 1 组成,是遗传物质的最小功能单位。0 和 1 的不同排列组合决定了软件基因的功能。每一个软件基因是一个指令集合,用以编码软件的程序。基因中的指令可以明确地告诉软件开发工具和程序员如何设计程序。

软件基因组就是由所有的软件基因构成的一个长长的序列串,也是由 0 和 1 组成。软件基因组由三部分组成,它们是基因组头、基因组体和基因组尾。

2. 软件中心法则

软件开发的过程就是需求分析到设计(概要设计和详细设计),再到编码的过程。也相当于把软件基因组转换成为软件程序代码的过程。这一过程与生物的中心法则相似,即把 DNA 转换成 RNA,再转换成蛋白质,如图 12-15 所示。"软件中心法则"(Software Central Dogma)是指将软件需求转换为软件设计的模块,再将其转换为执行程序的过程。

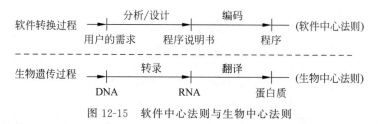

图 12-15 软件中心法则与生物中心法则

3. 转换的步骤

软件开发的过程就是需求分析到软件设计,再到编码的过程,如图 12-16 所示。

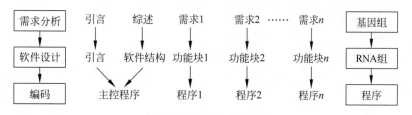

图 12-16 软件开发过程

4. 具体转换过程

1) 需求分析与基因提取

设用户需求可以表示为集合的形式,如图 12-17(a)所示。实际上,需求分析的过程,就是软件基因提取的过程。根据软件需求规格说明书标准,在软件基因提取的过程中,即需求分析过程中,将用户需求逐一划分,得到用户的各种需求及彼此的关系,如图12-17(b)所示。由此可以得到软件基因组和软件基因。软件基因就是 $X_i(i=1,2,\cdots,n)$,它是用户的 n 个功能需求。X_0 是基因之间的关系,也是基因组的头,$X_i(i=1,2,\cdots,n)$ 和 X_0 共同构成了基因组。

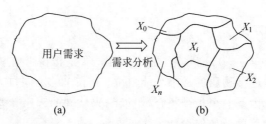

图 12-17　用户需求分析及基因提取

2) 软件设计

软件设计的任务有两个,一个是概要设计,一个是详细设计。

(1) 概要设计,就是要将 X_0 转换为软件的总体结构,还要进行内外接口设计和运行组合/控制设计,如图12-18所示。

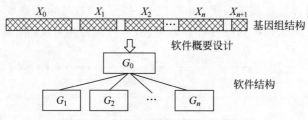

图 12-18　基因组转换成软件结构

(2) 详细设计,就是要将每一个 $X_i(i=1,2,\cdots,n)$ 转换为每一个程序的具体设计 $G_i(i=1,2,\cdots,n)$。它包括每一个程序的输入/输出,算法,存储等设计,如图12-19所示。

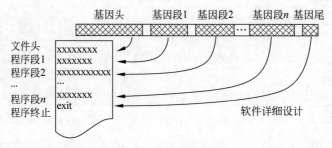

图 12-19　转换成程序

3) 编码实现

软件编码实现的任务有两个,一个是每一个程序的编码,另一个是整个软件的测试组装。

(1) 每一个程序的编码,将每一个程序设计结果 $G_i(i=1,2,\cdots,n)$ 转换为执行文件 $Y_i(i=1,2,\cdots,n)$,如图12-20所示。

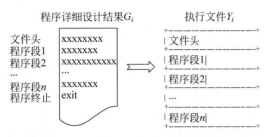

图 12-20　程序详细设计结果转换成执行文件

（2）整个软件的测试组装，就是将所有的程序 $Y_i(i=1,2,\cdots,n)$，根据软件的总体结构、内外接口设计和运行组合/控制等组装成最后的软件产品结果，如图 12-21 所示。

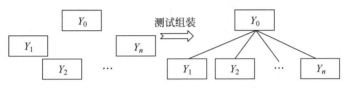

图 12-21　软件结构转换为软件产品

12.3.3　软件开发工具酶

酶(Enzyme)是由细胞产生的具有催化能力的蛋白质(Protein)，这些酶大部分位于细胞体内，部分分泌到体外。酶的催化特点是具有催化能力和调节能力。

1. 软件工具酶

本书作者在《软件演化过程与进化论》专著(清华大学出版社，2009 年)中就软件工具酶进行了阐述。

软件工具酶(Software Tool Enzyme，STE)是在软件开发过程中辅助开发人员开发软件的工具。

（1）软件工具酶的作用(Function)。软件开发工具酶作为催化剂(Catalyst)，可使用户需求转换为程序的过程加快。这一点很多做过软件开发的人都有体会。与生物酶一样，软件工具酶作为催化剂时，它只辅助需求到程序的转换，而且参与其活动，但是，它不会变成为被开发软件的一部分，而且软件"酶"可以被反复使用。软件开发工具酶作为黏合剂(Adhesive)，可以把底物分开，也可把碎片连接起来。这就是酶切和酶连接。例如，在结构设计中，需求分析工具可以把需求整体分成块。"软件工厂"平台也能把组件组装成软件。

（2）软件工具酶的作用机理。实际上，软件工具酶是通过其活性中心先与底物形成一个中间复合物(Compound)，随后再分解成产物，酶被分解出来。酶的活性部位在其与底物结合的边界区域。软件工具酶结合底物，形成酶-底物复合物。酶活性部位与底物结合，转变为过渡态，生成产物，然后释放。随后软件工具酶与另一底物结合，开始它的又一次循环。

（3）软件工具酶也具有催化能力和调节性。

① 催化(Catalysis)能力：作者曾做过一个实验，对比软件工具酶加快反应速度。使用

课件自动生成酶与没有使用软件工具酶编制课件,所用的时间比是480。当时,用PowerPoint编制"系统分析与设计"课程的课件时,耗时约40h,而使用作者开发的"课件自动生成系统",自动生成课件耗时约5min,所用的时间比是480。这说明,软件工具酶的催化作用是非常大的。该实验只是从一个侧面反映了软件工具酶加速催化的能力。

② 调节性(Adjustment):软件开发是一个有序性的工作,其中,软件项目管理工具的调节和控制功不可没,它在其中担当起了较强的控制调节作用。软件工具酶活性的调节控制方式有增加软件工具酶的品种和数量(浓度)的调节、利用管理软件的反馈调节等。

2. 中心法则与酶

软件工具酶的中心任务就是辅助开发人员,将用户需求转换为计算机可以运行的程序。软件开发就是将用户需求正确地转换为软件程序。一般来说,软件开发需要经过三次转换过程,一是用户需求的获取,二是从用户的需求到程序说明书的信息转换,三是从程序说明书到程序的信息转换。这就是软件转换法则(Software Transportation Dogma),如图12-22所示。

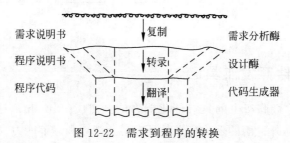

图12-22 需求到程序的转换

3. 未来软件开发模式

(1)"近未来"软件开发模式。如今的软件开发模式还是从用户需求,通过需求分析工具到设计说明书,再通过编程工具到高级语言程序代码,如图12-23所示。这一开发模式经历了从手工到自动化的过程,而且,这种方式还要持续一段时间。

图12-23 "近未来"软件开发模式

(2)"中远未来"软件开发模式。在不远的将来,由于读写大脑技术的成熟,下载大脑数据变得十分便捷,软件开发模式将是:直接从大脑中读出二进制代码用户需求,通过需求转换工具酶,给出转换方案,再通过二进制代码生成酶,将大脑中读出二进制代码用户需求转换为可执行的二进制机器码,如图12-24所示。

图12-24 "中远未来"软件开发模式

(3)"远未来"软件开发模式。在更远的将来,人们考虑的将不再是如何开发软件,而是关心如何将大脑的思维体系移植到计算机或更高级的人工物中存活,因为那时的大脑思维的介质载体已经不能满足人类思维的需求。解决这一问题的方法将是:直接读取大脑的思维体系,然后,制定向人工物"移植"的方案,再通过移植工具酶,将大脑思维体系移植到更高智能结构的人工物中。与现在不同,那时的工作重点和难点是移植到新寄生物后如何不出现抗排斥反应的处理。而现在我们似乎更关心人类思维需求是否被满足的困难,如图12-25所示。

图 12-25 "远未来"软件开发模式

12.3.4 可信计算

1. 概述

"可信计算"的英语有多个词:Trusted Computing,Trustworthy Computing,Dependable Computing。学术界把可信计算(Dependable Computing)定义为"系统提供可信赖的计算服务能力,而这种可信赖性是可以验证的"。从行为角度,可信计算组织(Trusted Computing Group,TCG)定义的可信计算为:一个实体是可信的,如果它的行为总是可预期的。可信计算的核心思想是:构造"信任链"和"信任度量"的概念,如果从初始的"信任根"出发,在平台环境的每一次转换时,这种信任可以通过"信任链"传递的方式保持下去不被破坏,那么平台计算环境就始终是可信的。

可信性(Dependability)用来定义计算机系统的这样一种性质,即能使用户有理由认为系统所提供的各种服务确实是可以充分信赖的。因此可信性不仅包含可靠性、可用性、健壮性(Robustness)、可测试性(Testability)、可维护性(Maintainability)等内容,而且强调可存活性(Survivability)、保险性(Safety)、安全性(Security),它体现了对开放式网络环境下分布计算系统整体性能质量的评价。并侧重于数据完整性(Integrity)和软件保护能力的度量。

可信计算平台(Trusted Computing Platform,TCP)是能够提供可信计算服务的计算机软硬件实体,它具有可靠性、可用性和信息的安全性。可信计算平台以 TPM(Trusted Platform Module)为信任根,为计算机系统信任验证提供了一种可行机制。可信计算机系统由硬件平台、操作系统、应用程序、网络系统多个层次组成。目前的 TCP 只是以 TPM 为核心提供了可信硬件平台。

安全操作系统是通过可信计算基(Trusted Computing Base,TCB)实现安全功能的。所谓可信计算基,是指系统内保护装置的总体,包括硬件、固件、软件和负责执行安全策略的组合体。国标 GB 17859 要求最高等级安全操作系统的可信计算基 TCB 必须满足访问监控器需求,应能仲裁主体对客体的全部访问,应防篡改,足够小,能够分析和测试。

TPM(Trusted Platform Module,可信赖平台模块)可作为安全操作系统 TCB 的一个重要组成部分,其物理可信和一致性验证功能为安全操作系统提供了可信的安全基础。TPM 是一个可信硬件模块,由执行引擎、存储器、I/O、密码引擎、随机数生成器等部件组成,主要完成加密、签名、认证、密钥产生等安全功能,一般是一个片上系统(System on Chip),是物理可信的。TPM 提供可信的度量、度量的存储和度量的报告。

可信计算组织 TCG 通过定义一系列的规范来描述建立可信机制需要使用的各种功能和接口,主要包括 TPM 主规范、TSS 主规范、可信 PC 详细设计规范、针对 CC 的保护轮廓等。由于 TCG 具有强烈的商业背景,其真正的用意在于数字版权保护。

2. 发展历程

可信计算的形成有一个历史过程。在可信计算的形成过程中,容错计算、安全操作系统和网络安全等领域的研究使可信计算的含义不断拓展,由侧重于硬件的可靠性、可用性,到针对硬件平台、软件系统服务的综合可信,适应了 Internet 应用系统不断拓展的发展需要。

1) 容错计算阶段

在计算机领域,对于"可信"的研究,可追溯到第一台计算机的研制。那时人们就认识到,不论怎样精心设计,选择多么好的元件,物理缺陷和设计错误总是不可避免的,所以需要各种容错技术来维持系统的正常运行。计算机研制和应用的初期,对计算机硬件比较关注。但是,对计算机高性能的需求使得时钟频率大大提高,因而降低了计算机的可靠性。随着元件可靠性的大幅度提高,可靠性问题有所改善。此后人们还关注设计错误、交互错误、恶意推理、暗藏入侵等人为故障造成的各种系统失效状况,研发了集成故障检测技术、冗余备份系统的高可用性容错计算机。

1999 年,IEEE 太平洋沿岸容错系统会议改名为 IEEE 可信计算会议。2000 年,IEEE 国际容错计算会议与国际信息处理联合会工作组主持的关键应用可信计算工作会议合并,并从此改名为 IEEE 可信系统与网络国际会议。2000 年 12 月,美国卡内基梅隆大学与美国国家宇航总署(NASA)的 Ames 研究中心为主成立了高可信计算联盟(High Dependability Computing Consortium),包括康柏、惠普、IBM、微软、Sybase、SUN 在内的 12 家信息产业公司、麻省理工学院、乔治亚理工学院和华盛顿大学等都加入了该联盟,对高可信性计算进行基础研究、实验研究和工程研究。不过,容错计算领域的可信性包括可用性、可靠性、可维护性、安全性、健壮性和可测试性等。

2) 安全操作系统阶段

从计算机产生开始,人们就一直在研究将"容错计算"技术用于操作系统。1967 年,计算机资源共享系统的安全控制问题引起了美国国防部的高度重视,国防科学部旗下的计算机安全任务组的组建,拉开了操作系统安全研究的序幕。在探索如何研制安全计算机系统的同时,人们也在研究如何建立评价标准,衡量计算机系统的安全性。1983 年,美国国防部颁布了历史上第一个计算机安全评价标准,这就是著名的可信计算机系统评价标准,简称 TCSEC1331,又称橙皮书。1985 年,美国国防部对 TCSEC 进行了修订。TCSEC 标准是在基于安全核技术的安全操作系统研究的基础上制定出来的,标准中使用的可信计算基就是安全核研究成果的表现,与当前的可信计算有极大的联系。

3) 网络安全阶段

随着 Internet 的普及,人们对其的依赖也越来越强,互联网已成为人们生活的一个部分。然而,Internet是一个面向大众的开放系统,对于信息的保密和系统安全考虑不完善。从技术角度来说,保护网络的安全包括以下两个方面的技术内容。

(1) 开发各种网络安全应用系统,包括身份认证、授权和访问控制、IPSec、电子邮件安全、认证与电子商务安全、防火墙、VPN、安全扫描、入侵检测、安全审计、网络病毒防范、应急响应以及信息过滤技术等,这些系统一般可独立运行于网络平台之上。

(2) 将各种与网络安全相关的组件或系统组成网络可信基,内嵌在网络平台中,受网络平台保护。从这两方面的技术发展来看,前者得到了产业界的广泛支持,并成为主流的网络安全解决方案;后者得到学术界的广泛重视,学术界还对"可信系统(Trusted System)"和"可信组件(Trusted Component)"进行了广泛的研究。1987年,美国国家计算机安全中心提出的可信网络解释就是这一技术的标志性成果。

1995年,IEEE Fellow,A. Avizienis教授等人提出了可信计算(Dependable Computing)的概念。2002年1月,比尔·盖茨提出可信计算(Trustworthy Computing)的概念,用通信方式送给微软所有员工。现在,微软、英特尔还有190家公司参加的可信计算平台联盟(TCPA)都在致力于数据安全的可信计算,包括研制密码芯片、特殊的CPU、母板、操作系统安全内核。

3. 国内可信计算的研究进展

我国有关部门早在20世纪90年代便研制了微机安全保护卡,目的就是监控终端所有的安全事故。2000年起,国家密码管理委员会办公室开始对可信计算技术的研究进行立项,武汉瑞达科技有限公司较早申请了立项研究。该公司依托武汉大学的技术力量,独立进行了"安全计算机"的体系机构和关键技术的研究与实践。其研究思路同TCG非常相似,也是在主板上增加安全控制芯片ESM以及从BIOS入手来增强平台的安全性,建立信任链,所不同的是在具体设计上没有照搬TCG规范。

2004年6月,瑞达公司推出了国内首款自主研发的具有TPM功能的可信安全计算机。当月,中国首届TCP技术论坛在武汉召开。同年9月,国家相关领导机构召开了一次专门的TCP技术研讨会,首次将全球TCP相关技术专家、厂商召集在一起,探讨可信计算的未来。同年10月,我国第一届可信计算与信息安全学术会议在武汉大学召开。随后,由武汉瑞达公司研制的我国第一款可信计算平台SQY14嵌入密码型计算机通过了国家鉴定。

总体而言,我国企业对可信计算技术的关注和投入研发是比较及时的。2005年4月,联想和兆日科技基于可信计算技术的PC安全芯片(TPM)安全产品正式推出。此后不久,采用联想"恒智"安全芯片的联想开天M400S以及采用兆日TPM安全芯片(SSX35)的清华同方超翔S4800、长城世恒A和世恒S系列安全PC产品纷纷面世。2005年12月10日,在北京召开的第七届信息与通信安全国际会议上,国内有关安全产品在会上进行了展示。为了交流国内可信计算研究领域的研究成果和经验,促进可信计算技术的发展,展示在可信计算领域的最新科研成果、应用技术及产品,我国于2006年8月举办了第二届全国可信计算学术会议。

经过几年的不懈努力,"安全PC"产业链在我国已初步形成。目前,不少厂商除研究可信终端外,还在研究可信网络设备、可信服务器等,旨在所有的网络节点中建立可信机制,最终形成一个全国性的可信网络。

我国已跻身于世界上少数研制出可信 PC 的国家之列,但由于我国信息安全技术整体水平的限制,加之企业规模小,缺乏足够的经济实力,可信计算技术目前尚未实现规模性和产业化,市场也未成熟。

从国家层面看,2005 年出台的国家"十一五"规划和"863"计划都将"可信计算"列入重点支持项目,并有较大规模的投入与扶植。2005 年年初,我国可信计算标准工作组正式成立,有关可信计算标准目前正在抓紧进行。可信计算呈现出信息安全主管部门重视,重要用户和企业关注的特点,相关工作正在有条不紊地积极开展起来。

2005 年 1 月,全国信息安全标准化技术委员会在北京成立了 WG1 TC260 可信计算工作小组。WG3 也开展了可信计算密码标准的研究工作。国家"十一五"期间已经将可信计算列入国家发展改革委员会信息安全专项里面,"863 计划"也正在启动可信计算专项。在基础研究层面已经把可信计算列为重大专项,先启动可信软件,这个额度也很大,达 1.5 亿元。

12.4 生物计算

12.4.1 生物计算机

1. 概念

早在 20 世纪 70 年代,人们就发现 DNA 处于不同状态时可以代表"有信息"或"无信息"。于是,科学家设想:假若有机物的分子也具有这种"开"和"关"的功能,那岂不是可以把它们作为计算机的基本构件,从而造出"有机物计算机"吗?

科学家发现,一些半醌类有机化合物存在两种电态,即具备"开""关"功能,并且还进一步发现,蛋白质分子中的氢也有两种电态。因此,一个蛋白质分子就是一个"开关电路"。从理论上说,只要是用半醌类有机化合物的分子或蛋白质的分子作元件,就能制造出"半醌型"或"蛋白质型"的计算机。由于有机物分子总是存在于生物体内,所以人们把这种有机物计算机称作"生物计算机"或"分子计算机"。

生物计算机,主要是以生物电子元件构建的计算机。它利用蛋白质有开关的特性,用蛋白质分子作元件从而制成生物芯片。其性能是由元件与元件之间电流启闭的开关速度来决定。用蛋白质制成的计算机芯片,它的一个存储点只有一个分子大小,所以它的存储容量可以达到普通计算机的 10 亿倍。由蛋白质构成的集成电路,其大小只相当于硅片集成电路的十万分之一。而且运行速度更快,只有 10^{-11} s,大大超过人脑的思维速度。

科学家研究发现,脱氧核糖核酸(DNA)有一种特性,能够携带生物体的大量基因物质。数学家、生物学家、化学家以及计算机专家从中得到启迪,正在合作研究制造未来的液体 DNA 计算机。这种 DNA 计算机的工作原理是以瞬间发生的化学反应为基础,通过和酶的相互作用,将发生过程进行分子编码,把二进制数翻译成遗传密码的片段,每一个片段就是著名的双螺旋的一个链,然后对问题以新的 DNA 编码形式加以解答。和普通的计算机相比,DNA 计算机的优点首先是体积小,但存储的信息量却超过现在世界上所有的计算机。

2．优点

由有机物分子作为开关元件而构成的生物计算机，具有以下优点。

(1) 密集度高。由于 DNA 生物电子元件比硅芯片上的电子元件要小很多，而且生物芯片本身具有天然独特的立体化结构，其密度要比平面型硅集成电路高 5 个数量级，因此具有巨大的存储能力。如体积为 $1m^3$ 的液体生物计算机，存储的信息比世界上所有计算机存储的信息总和还要多，而分子集成电路的密集度可以达到现有半导体超大规模集成电路的 10 万倍。

(2) 速度快。分子逻辑元件的开关速度比目前的硅半导体逻辑元件开关速度高出 1000 倍以上。如果让几万亿个 DNA 分子在某种酶的作用下进行化学反应，就能使生物计算机同时运行几十亿次，这就意味着运算速度要比当今最新一代超级计算机快 10 万倍，能量消耗仅相当于普通计算机的十亿分之一。

(3) 可靠性高。由生物分子构成的分子集成电路(生物芯片)也同一般的生物体一样，具有"自我修复"机能，也就是说，即便这种芯片出了点儿故障也无关大局，它能够慢慢地自动恢复过来，达到自我修复的目的。所以，生物计算机的可靠性非常高，经久耐用，具有"半永久性"。这对于目前的电子计算机来说，简直是一件不可思议的事情。

(4) 拟人性。生物计算机的主要原材料是生物工程技术产生的蛋白质分子，生物计算机具有生物活性，能够和人体的组织有机地结合起来，尤其是能够与大脑和神经系统相连。这样，生物计算机就可直接接受大脑的综合指挥，成为人脑的辅助装置或扩充部分，并能由人体细胞吸收营养补充能量，因而不需要外界能源。它将成为能植入人体内，能帮助人类学习、思考、创造、发明的最理想的伙伴。另外，由于生物芯片内流动电子间碰撞的可能性极小，几乎不存在电阻，所以生物计算机的能耗极小。由于蛋白质分子能够自我组合，再生新的微型电路，使得生物计算机具有生物体的一些特点，比如能模仿人脑的思考机制。

12.4.2 生物信息学

1．概述

生物信息学领域的核心内容是研究如何通过对 DNA 序列的统计计算分析，更加深入地理解 DNA 序列、结构、演化及其与生物功能之间的关系。

从广义的角度说，生物信息学主要从事对基因组研究相关生物信息的获取、加工、储存、分配、分析和解释。它包括两层含义，一是对海量数据的收集、存储、整理与服务；另一个是从中发现新的规律。

生物信息学是把基因组 DNA 序列信息分析作为源头，找到基因组序列中代表蛋白质和 RNA 基因的编码区；同时，阐明基因组中大量存在的非编码区的信息实质，破译隐藏在 DNA 序列中的遗传规律；在此基础上，归纳、整理与基因组遗传信息释放及其调控相关的转录谱和蛋白质谱的数据，从而认识代谢、发育、分化、进化的规律。生物信息学的对象和目标如图 12-26 所示。

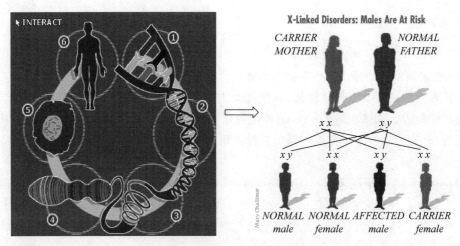

图 12-26　生物信息学的对象和目标

2. 发展历史

1）产生的背景

1866 年，孟德尔从实验中提出了假设：基因是以生物成分存在的。1871 年，Miescher 从死的白细胞核中分离出 DNA。1944 年，Avery 和 McCarty 证明了 DNA 是生命器官的遗传物质。1944 年，Chargaff 发现了著名的 Chargaff 规律，即 DNA 中鸟嘌呤的量与胞嘧啶的量总是相等的，腺嘌呤与胸腺嘧啶的量也相等。与此同时，Wilkins 与 Franklin 用 X 射线衍射技术测定了 DNA 纤维的结构。1953 年，James Watson 和 Francis Crick 在 Nature 杂志上推测出了 DNA 的三维结构（双螺旋），如图 12-27 所示。Crick 于 1954 年提出了遗传信息传递的规律——中心法则（Central Dogma）。

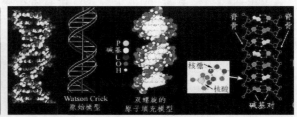

图 12-27　DNA 双螺旋

2001 年 2 月，人类基因组工程测序的完成，使生物信息学走向了一个高潮。2003 年 4 月 14 日，美国人类基因组研究项目首席科学家 Collins F 博士在华盛顿隆重宣布"人类基因组序列图绘制成功，人类基因组计划（Human Genome Project，HGP）的所有目标全部实现"并识别了大约 32 000 个基因，并提供了 4 类图谱，即遗传、物理、序列、转录序列图谱。这标志着人类基因组计划胜利完成和"后基因组时代"已来临。人类基因组序列图如图 12-28 所示。

2）生物信息学发展阶段

生物信息学的发展过程与基因组学的研究密切相关，大致可分为三个阶段，即前基因组

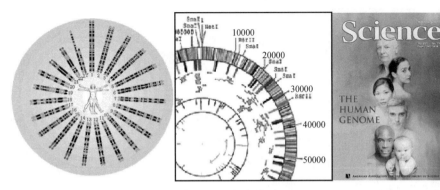

图 12-28 人类基因组

时代、基因组时代、后基因组时代。

(1) 前基因组时代。介于 20 世纪 50 年代末至 20 世纪 80 年代末,这一时期也是早期生物信息学研究方法逐步形成的阶段。

(2) 基因组时代。介于 20 世纪 80 年代末至 2003 年的 HGP 顺利完成,这时生物信息学真正兴起并形成了一门多学科的交叉、边缘学科。

(3) 后基因组时代。自 2003 年 HGP 完成开始。

12.4.3 生物芯片

1. 定义

生物芯片(Biochip)技术通过微加工和微电子技术在芯片表面构建微型生物化学分析系统,实现了对生命机体的组织、细胞、蛋白质、核酸、糖类及其他生物组分进行准确、快速、大信息量的检测,如图 12-29 所示。

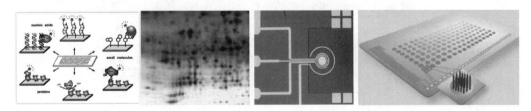

图 12-29 生物芯片

2. 分类

生物芯片主要类型包括基因芯片(gene-chip)、蛋白质芯片(protein-chip)、组织芯片(tissue-chip)和芯片实验室(lab-on-chip)等。

1) 基因芯片

基因芯片,又称为寡核苷酸探针微阵列,是基于核酸探针互补杂交技术原理而研制的。所谓核酸探针只是一段人工合成的碱基序列,在探针上连接上一些可检测的物质,根据碱基互补的原理,利用基因探针到基因混合物中识别特定基因,如图 12-30 所示。

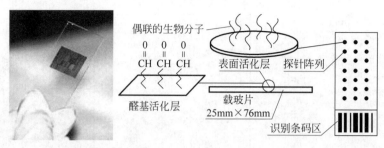

图 12-30　基因芯片

2）蛋白质芯片

蛋白质芯片与基因芯片的原理类似，它是将大量预先设计的蛋白质分子（如抗原或抗体等）或检测探针固定在芯片上组成密集的阵列，利用抗原与抗体、受体与配体、蛋白与其他分子的相互作用进行检测，如图 12-31 所示。

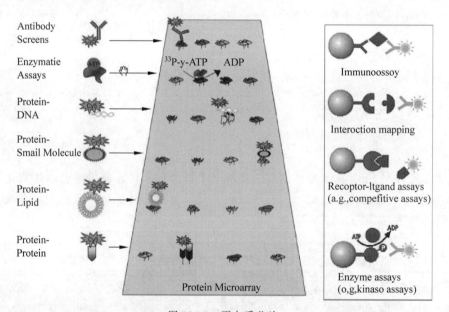

图 12-31　蛋白质芯片

3）组织芯片

组织芯片技术是一种不同于基因芯片和蛋白芯片的新型生物芯片。它是将许多不同个体小组织整齐地排布于一张载玻片上而制成的微缩组织切片，从而进行同一指标（基因、蛋白）的原位组织学的研究，如图 12-32 所示。

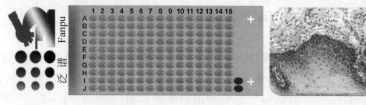

图 12-32　组织芯片

4) 芯片实验室

芯片实验室是将生命科学研究中所涉及的许多不连续的分析过程(如样品制备、基因扩增、核酸标记及检测等)融为一体,形成便携式微型生物全分析系统。它的最终目的是实现将生物分析的全过程集成在一片芯片上完成,从而使现时许多烦琐、不精确和难以重复的生物分析过程自动化、连续化和微缩化,所以芯片实验室是未来生物芯片发展的最终目标。芯片实验室将生命科学中的样品制备、生化反应、结果检测和数据处理的全过程,集中在一个芯片上进行,构成微型全分析系统,即芯片实验室,如图 12-33 所示。

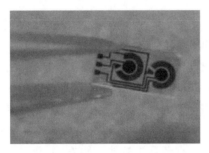

图 12-33　芯片实验室

3. 生物芯片技术的应用

生物芯片技术已经在生物学、医学和食品科学等领域取得了丰硕的成果。生物芯片技术的开发与运用还将在农业、环保、司法鉴定、军事中的基因武器等广泛的领域中开辟一条全新的道路。下面重点展望生物芯片技术在中药研究领域的应用前景。

(1) 生物芯片在基因结构与功能研究上的应用:基因测序与基因表达分析,基因突变和多态性检测,如图 12-34(a)所示。

(2) 生物芯片在食品科学上的应用:转基因食品的检测、食品中微生物的检测和食品卫生检验,如图 12-34(b)所示。

(3) 生物芯片在医学中的应用:在疾病诊断中的应用和生物芯片在疫苗研制中的应用,如图 12-34(c)所示。

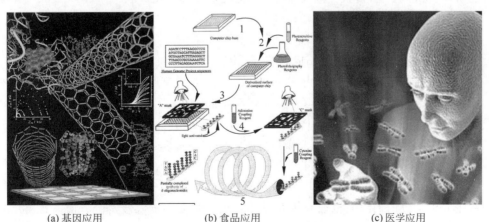

图 12-34　生物芯片技术的应用

(4) 生物芯片在中药研究中的展望：筛选有效的中药复方、筛选药物的有效成分、中药安全性的检测、中药材品质的鉴定。

12.4.4 人工免疫

1. 人体免疫系统防御

免疫系统就像一支军队一样，里面有陆军、海军、空军，一旦有敌人入侵，免疫系统就会起来抵抗。

第一道防御系统：皮肤及黏膜组织是抵抗病原的第一防线。健康的皮肤及其表面所分布的汗腺、皮脂腺是可以保护身体不被外在的污染原所感染侵犯。

第二道主动防御系统：假如当入侵物超越了第一道防御系统，吞噬性的细胞（如单核球或巨噬细胞）就会把入侵物吞噬，将其内化并与溶小体配合将其摧毁，而当入侵者极强悍，单核球或巨噬细胞无法将其制服时，此时巨噬细胞就会发出讯息给 T-cell 及 β-cell，而后 T-cell 就会帮助 β-cell 产生抗体，而抗体是具有"专一性"及"记忆性"的。抗体接着就可以产生一些物质与补体合作使病菌破裂而寿终正寝；或者是当抗体依附在病原菌表面时，结合补体，使入侵者活动力减弱，此时巨噬细胞也就更容易将其吞噬。

一旦这两道防御线无法遏阻入侵者，病原就开始在身体组织及血液内繁殖了。虽然免疫系统无法完全成功地阻止病原入侵，但并不表示免疫细胞们就完全放弃了，此时免疫细胞仍以全身继发性的淋巴器官为据点在体内不断反击。

2. 人工免疫系统

20 世纪 80 年代，Farmer 等人率先基于免疫网络学说给出了免疫系统的动态模型，并探讨了免疫系统与其他人工智能方法的联系，开始了人工免疫系统的研究。直到 1996 年 12 月，在日本首次举行了基于免疫性系统的国际专题讨论会，首次提出了"人工免疫系统"（AIS）的概念。随后，人工免疫系统进入了兴盛发展时期，D. Dasgupta 和焦李成等认为人工免疫系统已经成为人工智能领域的理论和应用研究热点。1997 年和 1998 年，IEEE 国际会议还组织了相关专题讨论，并成立了"人工免疫系统及应用分会"。D. Dasgupta 系统分析了人工免疫系统和人工神经网络的异同。

由于免疫系统本身的复杂性，有关算法机理的描述还不多见，相关算子还比较少。Castro L. D.、Kim J.、杜海峰、焦李成等基于抗体克隆选择机理相继提出了克隆选择算法。Nohara 等基于抗体单元的功能提出了一种非网络的人工免疫系统模型。而两个比较有影响的人工免疫网络模型是 Timmis 等基于人工识别球（Artificial Recognition Ball）、AR 概念提出的资源受限人工免疫系统（Resource Limited Artificial Immune System，RLAIS）和 Leandro 等模拟免疫网络响应抗原刺激过程提出的 aiNet 算法。

3. 人工免疫的网络安全研究

基于人工免疫的网络安全研究内容主要包括反病毒和抗入侵两个方面。针对反病毒和抗入侵等网络安全问题，国内外研究人员也设计了大量的算法、模型和原型系统。较有代表性的两个工作：一是 IBM 公司的研究人员 J. O. Kephart 等人提出的用于反病毒的计算机免疫系统,二是 S. Forrest 等人提出的可用于反病毒和抗入侵两个方面的非选择算法。

(1) J. O. Kephart 等人提出的计算机免疫系统。通过模拟生物免疫系统的各个功能部件以及对外来抗原的识别、分析和清除过程,IBM 公司的 J. O. Kephart 等研究人员设计了一种计算机免疫模型和系统,用于计算机病毒的识别和清除。该免疫反病毒模型是一个初步完整的免疫反病毒模型。该原型系统是一个病毒自动分析系统。

(2) 非选择算法。S. Forrest 等人在分析 T 细胞产生和作用机制的基础上,提出了一个非选择算法。T 细胞在成熟过程中必须经过阴性选择,使得可导致自身免疫反应的 T 细胞克隆死亡并被清除,这样,成熟的 T 细胞将不会识别"自我",而与成熟 T 细胞匹配的抗原性异物则被识别并清除。

4. 人工免疫系统的应用

虽然人工免疫系统是新兴的研究领域,但基于免疫系统原理开发的各种模型和算法已广泛地用于科学研究和工程实践中,主要应用集中在以下几个方面:模式识别、信息安全、异常检测与故障诊断、数据挖掘、智能控制、优化计算、机器人学等。

12.4.5 人工生命

1. 定义

人工生命是指用计算机和精密机械等生成或构造表现自然生命系统行为特点的仿真系统或模型系统。自然生命系统的行为特点表现为自组织、自修复、自复制的基本性质,以及形成这些性质的混沌动力学、环境适应和进化。

中国青年学者涂晓媛在 1996 年获美国计算学会 ACM 最佳博士论文奖,她的论文题目是"人工动物的计算机动画"。涂晓媛的"人工鱼"被英语国家通用的数学教科书引用,被许多西方国家的学术刊物广泛介绍。涂晓媛研究开发的"人工鱼"是基于生物物理和智能行为模型的计算机动画新技术,是在虚拟海洋中活动的人工鱼社会群体。她开发的"人工鱼"不同于一般的计算机"动画鱼"之处在于:"人工鱼"具有"人工生命"的特征,具有"自然鱼"的某些生命特征,如意图、习性、感知、动作、行为等。涂晓媛的"人工鱼"是由工程技术路径研究开发的"人工生命",是基于生物物理和智能行为模型的,用计算机动画技术在屏幕上画出来的"人工鱼",是具有自然鱼生命特征的计算机动画,如图 12-35 所示。

当前构建人工生命的途径主要有如下三类。

(1) 第一类是通过软件的形式,即用编程的方法建造人工生命。由于这类人工生命主要在计算机内活动,其行为主要通过计算机屏幕表现出来,所以它们被称为虚拟人工生命或数字人工生命。人们熟悉的计算机病毒就是一种较为低等的数字人工生命。

图 12-35 涂晓媛的"人工鱼"

(2) 第二类是通过硬件的形式,即通过电线、硅片、金属板、塑料等各种硬件的方法在现实环境中建造类似动物或人类的人工生命。它们被称为"现实的人工生命"或"机器人版本的人工生命"。机器人是这类人工生命的代表。

(3) 第三类是通过"湿件"的方式,即在试管中通过生物化学或遗传工程的方法合成或创造人工生命。不过这种方法在目前并不能从头开始,即完全从无生命物质开始合成生命,而只能对现有的生命进行改造创造人工生命,比如克隆羊就是如此。因为这种工作基本运用的仍然是传统的生物学的方法,所以,作为一个新的研究领域的人工生命目前还属于计算机科学的一个分支,主要由一些计算机专家在进行研究。

2. 发展历史

20世纪初,逻辑在算术机械运算中的运用,导致过程的抽象形式化。

20世纪40年代末50年代初,冯·诺伊曼提出了机器自增长的可能性理论。以计算机为工具,迎来了信息科学的发展。

20世纪70年代以来,科拉德(Conrad)和他的同事研究人工仿生系统中的自适应、进化和群体动力学,提出了不断完善的"人工世界"模型。

20世纪80年代,人工神经网络兴起,出现了许多神经网络模型和学习算法。与此同时,人工生命的研究也逐渐兴起。1987年,召开了第一届国际人工生命会议。

自从1987年兰顿提出人工生命的概念以来,人工生命研究已走过了三十多年的历程。人工生命的独立研究领域的地位已被国际学术界所承认。

12.4.6 大脑思维下载与上载

从古到今,永生是人类一直追求的梦想,然而,思想的永恒与肉体的死亡却是一对不可调和的矛盾。人是灵与肉的天然混合体,离开了思想和智能,人就如同"行尸走肉"。离开了肉体,人的思想则不能正常工作。人类生命的有限性决定了它承载的思想不能长久,于是,人类一直试图把自己的思想从大脑中输出来。输出个人思想和智能的方式很多,比如,撰写书籍和论文,录制声音和影像等,但这种形式的智能只能保存,不能"存活",因此人们还是认为自己的生命没有得到"永生"。

尽管人类已成功将部分智能转移至计算机或网络中"养活"起来,比如,将人的思维编制成计算机程序,再如,将专家的知识转换为专家系统,但是到目前为止这种人类智能的移植还是非常有限的。个人全部智能的提取,并在其他载体中"养活"依然是非常困难的事。人体作为一种智能的载体,它有很大的局限性,比如记忆力、思维快慢、困难问题的解决等,人脑智能因此受到限制。

灵与肉的分离,并寄生于新的载体是解决这一问题的思路之一。如果能将人的思维从其身体中"提取"出来,移植到另外一种介质或载体中,使之"存活"并演化,那是一件非常有意义的工作。

1. 大脑思维下载

2005年,英国未来学家伊恩·皮尔森(Ian Pearson)预言:计算机技术将帮助人类实现"灵魂"不死。2050年,思维可以脱离大脑存在。大脑的内容可以"下载"到计算机硬盘中保存。虚拟空间将成为人类未来的栖身地。人的思想可以在计算机中永生。

近年,读大脑的研究工作已经取得了不少成果。据 2007 年 2 月 12 日英国《卫报》报道,由英国伦敦学院大学、牛津大学和德国研究机构的神经科学家组成的研究小组表示,可以用磁影像共振仪对人脑进行扫描,将扫描到的信息转换为具体的思维,从而解读出一个人想要干什么。这是科学家们第一次以这种方式成功解读人的思维。但目前对大脑信号的读取和对内容的完整理解仍有很大的局限性。

奥地利格拉茨理工大学生物医学研究所的 Gert Pfurtscheller 教授研究的"人机界面"帽子能探测到人脑中特定的运动区域的神经细胞活动,该技术将帮助瘫痪的病人移动机器人手臂,或是帮助他们在虚拟的键盘上打字,如图 12-36 所示。

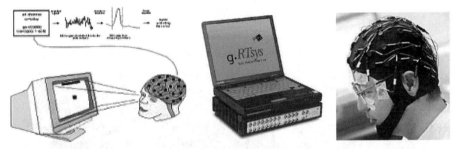

图 12-36 "人机界面"帽子

大脑思维体系完整读取目前还处在初级阶段,读大脑工作还远未达到完整理解个人想法的程度。不过,随着技术的进步和完善,大脑思维体系"完整下载"还需要较长的一段时间。

2. 人脑智慧上载

人脑智慧上载就是将已经"下载"的人脑智慧系统完整地迁移进入一个新的载体中的过程。可以加载人脑智慧的载体有人、动物、计算机、网络、智能设备、多个智能系统混合体。要想完成这一过程,有两个问题需要考虑,一是找到新的适合载体,二是如何将已经下载的人脑智慧迁移进入新的载体内。

1) 人脑智慧载体

实际上,选择一个非常合适的载体是一件很困难的事。解决这个问题的思路有如下三个。

(1) 自然物改造。既然寻找到一个理想载体是困难的,我们不妨寻找"大体"或"基本"合适的自然物,然后加以改造。另外,动物躯体也是不错的载体,它在某些方面具有超过人体的机体优势,稍加改造后就可以加载人脑智慧。图 12-37 是一些影视作品中具有人类智慧的马身人。

(2) 人工物。计算机、网络、智能设备等都属于人工物。从理论上说,可以设计出非常适合某一个人脑智慧系统的载体,但是就目前的技术和工艺水平,生产出一个可以加载人脑智慧的人工物载体,依然存在很大的难度。图 12-38 是电影《阿凡达》中的重机械外骨骼战争机器。

图12-37　人头马身　　　　　图12-38　电影《阿凡达》中的重机械外骨骼战争机器

（3）混合体设计。混合体是一种折中的选择。它可以将自然物的优势与人工物的优势结合起来，同时也可以节约人工制造的时间和费用。图12-39是一些科幻电影中混合体的例子。

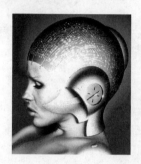

图12-39　半人半机器和《星球大战前传》电影中的智慧动物

2）上载

人脑智慧，一旦离开人体就必须进入新的载体才能生存。上载是进入新载体的过程，也是与新载体合二为一的过程。这一过程需要选型与配型、加载与控制和共生与演化三个步骤完成。

第一步：选型与配型。为了避免或减少人脑智慧与载体彼此的不适应，人脑智慧必须先进行载体的选型和配型。选型和配型的关键是两者的结构和数据类型要匹配。人脑智慧加载应尽量选择与之配型的新载体。人脑智慧与载体有80%以上的部件匹配属于"较好匹配"，这种情况可以加载；有50%～80%部件匹配属于"基本匹配"，这种情况要调整人脑智慧或载体后才可以加载；有10%～50%的部件匹配属于"不匹配"，这种情况不能加载；只有10%以内的结构匹配属于"禁止匹配"，这种情况绝对不能加载。

第二步：加载与控制。加载是指人脑智慧进入新载体的过程。人脑智慧加载进入新载体后首先要找到一处存储空间驻留，紧接着是逐步与载体的相应部分接口连通，然后是接管新载体的神经指挥系统，最后才是对整个新载体的控制。由控制到共生有一个配合过程。刚刚加载进入时，人脑智慧首先尝试对载体各部分的控制，然后是与载体各部分的配合，有一个训练、学习和调整的过程。人脑智慧对载体的控制要达到从有意识到无意识操控的程度，最后要达到本能反应的程度。一旦人脑智慧与载体合二为一，融为一体，即进入共生阶段。人脑智慧加载就像一个司机驾驶一辆新的汽车。司机开门进入新车后，系安全带，看仪表,启动引擎,控制油门和刹车,驾驶汽车上路,了解汽车在不同路况下的功能和性能,实现人车合一。

第三步:共生与演化。如果说接管和控制新载体是第一步,那么,彼此适应和共生演化才是稳定合作的新阶段。进入共生阶段后,人脑智慧与新的载体融为一体。为了使自身功能更强大,人脑智慧将对新的载体进行改造,使之与人脑智慧协同演化。具体过程是:首先,人脑智慧与新载体全面信息联通;其次是数据一体化和共享;然后是数据资源的综合利用。

12.4.7 生物电子造人

1. 基因造人

(1) 克隆人。1997 年 2 月 22 日,世界上第一头用体细胞克隆的绵羊"多莉"在英国诞生,此后,又先后克隆出牛、老鼠、山羊、猪、兔子和猫等 6 种动物。2002 年 12 月 27 日,法国女科学家布瓦瑟利耶宣布世界首个克隆婴儿已经降临人世。

(2) 人造子宫。2002 年年初,美国研究人员宣称研制出世界上第一个人造子宫,为人体胚胎在母体外生长发育创造了可能。由于美国体外受精条例的限制,胚胎植入"人造子宫"6 天后不得不终止实验。人造子宫如图 12-40 所示。

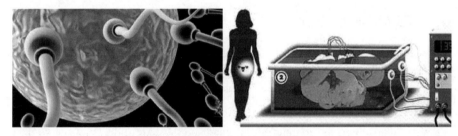

图 12-40　人造子宫

(3) 细胞重新编程。美国《科学》杂志 2008 年 12 月 18 日评出 2008 年十大科学进展,细胞重新编程领域的相关进展位列第一。所谓细胞重新编程,是指通过植入新的基因,改变细胞的发育"记忆",使其回到最原始的胚胎发育状态,就能像胚胎干细胞那样进行分化,这样的细胞被称作"诱导式多能干细胞"。

(4) 基因重组是将两个及以上的基因源的遗传信息进行重组来实现新的基因再造的过程。通过基因编程技术,可以得到人与纳美人的重组基因,然后培育混血人种。图 12-41 是电影《阿凡达》中的造人过程。

(5) 人脑思维上载。从培养皿中生长出来的阿凡达是没有思维的"裸人",就像没有操作系统的"裸机"是不能运行的。要想让阿凡达"活"起来,就要对阿凡达上载人脑思维信息。而电影《阿凡达》采用的是真人对阿凡达的实时控制。实际上,可以采用直接上载人脑思维到阿凡达的思维中的方案。

2. Greengoo 的人体组装

美国未来学家德雷克斯勒创造了"灰色黏质"(Greygoo)的概念。这是一种由纳米机器

图 12-41 电影《阿凡达》中的造人过程

人组成的东西,这种机器人可以通过移动单个原子制造出任何人们想要的东西,如土豆、服装或者是计算机芯片等任何人工产品,而不必使用传统的制造方式。更有人提出了"绿色黏质"(Greengoo)的概念,这是生物技术和纳米技术的结合,用于制造新的生物物种。如果土豆的设计图精确到原子水平,纳米机器人就可以制造出人们想要的土豆。

同样,如果关于某人的信息精确到原子水平,纳米机器人同样可以制造人。与基因造人不同,纳米机器人造人时,人体制造和思维上载一次完成。

12.5 智慧环境与生活

12.5.1 智慧城市

1. 数字地球

数字地球是以计算机技术、多媒体技术和大规模存储技术为基础,以宽带网络为纽带运用海量地球信息对地球进行多分辨率、多尺度、多时空和多种类的三维描述,并利用它作为工具来支持和改善人类活动和生活质量。

数字地球是原美国副总统戈尔于 1998 年 1 月在加利福尼亚科学中心开幕典礼上发表的题为"数字地球——新世纪人类星球之认识"演说时,提出的一个与 GIS、网络、虚拟现实等高新技术密切相关的概念。数字地球的核心是地球空间信息科学,地球空间信息科学的技术体系中的技术核心是"3S"技术及其集成。所谓"3S"是指全球定位系统(GPS)、地理信息系统(GIS)和遥感(RS)。

2. 数字城市

数字城市是综合运用地理信息系统、遥感、遥测、多媒体及虚拟仿真等技术,对城市的基础设施、功能机制进行自动采集、动态监测管理和辅助决策服务的技术系统。它指在城市规划建设与运营管理以及城市生产与生活中,利用数字化信息处理技术和多媒体技术,将城市的各种数字信息及各种信息资源加以整合并充分利用,如图 12-42 所示。

数字城市的内容包括:第一是信息基础设施的建设,要有高速宽带网络和支撑的计算机服务系统和网络交换系统。第二是城市基础数据的建设,数据涉及的内容包括城市基础

图 12-42　数字城市和数字社区

设施(建筑设施、管线设施、环境设施)、交通设施(地面交通、地下交通、空中交通)、金融业(银行、保险、交易所)、文教卫生(教育、科研、医疗卫生、博物馆、科技馆、运动场、体育馆、名胜古迹)、安全保卫(消防、公安、环保)、政府管理(各级政府、海关税务、户籍管理与房地产)、城市规划与管理的背景数据(地质、地貌、气象、水文及自然灾害等)、城市监测、城市规划等。

数字社区,就是通过数字化信息将管理、服务的提供者与每个住户实现有机连接的社区。这种数字化的网络系统,使社会化信息提供者、社区的管理者与住户之间可以实时地进行各种形式的信息交互,由于现代网络浏览器的先进性以及多态的表现性,加上各种网络多媒体技术的应用,从而营造出了一个丰富多彩的虚拟社区。

3. 智慧地球

智慧地球也称为智能地球,就是把感应器嵌入和装备到电网、铁路、桥梁、隧道、公路、建筑、供水系统、大坝、油气管道等各种物体中,并且被普遍连接,形成所谓的"物联网",然后将"物联网"与现有的互联网整合起来,实现人类社会与物理系统的整合。这一概念由 IBM 首席执行官彭明盛首次提出。同时,智慧地球也是一本图书,一本电子杂志。

4. 智慧城市

智慧城市是指充分借助物联网、传感网,涉及智能楼宇、智能家居、路网监控、智能医院、城市生命线管理、食品药品管理、票证管理、家庭护理、个人健康与数字生活等诸多领域,把握新一轮科技创新革命和信息产业浪潮的重大机遇,充分发挥信息通信(ICT)产业发达、RFID 相关技术领先、电信业务及信息化基础设施优良等优势,通过建设 ICT 基础设施、认证、安全等平台和示范工程,加快产业关键技术攻关,构建城市发展的智慧环境,形成基于海量信息和智能过滤处理的新的生活、产业发展、社会管理等模式,面向未来构建全新的城市形态。

12.5.2　智能交通

1. 概述

智能交通是一个基于现代电子信息技术面向交通运输的服务系统。智能交通技术,是指将先进的信息技术、数据通信传输技术、电子控制技术、计算机处理技术等应用于交通运输行业从而形成的一种信息化、智能化、社会化的新型运输系统,它使交通基础设施能发挥最大效能。智能交通系统(ITS)是 21 世纪交通事业发展的必然选择,如图 12-43 所示。

图 12-43　智能交通系统

2. 原理

智能交通是一个综合性体系,它包含的子系统大体可分为以下几个方面。

(1) 车辆控制系统。指辅助驾驶员驾驶汽车或替代驾驶员自动驾驶汽车的系统。该系统通过安装在汽车前部和旁侧的雷达或红外探测仪,可以准确地判断车与障碍物之间的距离,遇紧急情况时,车载计算机能及时发出警报或自动刹车避让,并根据路况自己调节行车速度,称为"智能汽车",如图 12-44 所示。

(2) 交通监控系统。该系统类似于机场的航空控制器,它将在道路、车辆和驾驶员之间建立快速的通信联系。哪里发生了交通事故、哪里交通拥挤、哪条路最为畅通,该系统会以最快的速度提供给驾驶员和交通管理人员,如图 12-45 所示。

图 12-44　智能汽车　　　　　　　　图 12-45　交通监控系统

(3) 运营车辆管理系统。该系统通过汽车的车载计算机、管理中心计算机与全球定位系统卫星联网,实现驾驶员与调度管理中心之间的双向通信,来提供商业车辆、公共汽车和出租汽车的运营效率。

(4) 旅行信息系统。是专为外出旅行人员提供各种交通信息的系统。该系统提供信息的媒介是多种多样的,驾驶员可以采用任何一种方式获得所需要的信息。

3. 世界 ITS 发展历程

美、欧、日是世界上经济水平较高的国家,也是世界上 ITS 开发应用较好的国家。ITS 的发展已不限于解决交通拥堵、交通事故、交通污染等问题,也成为缓解能源短缺、培育新兴产业、增强国际竞争力、提升国家安全的战略措施。经过几十年的发展,ITS 的开发应用已取得巨大成就。ITS 的应用大致经过了如下三个阶段。

(1) 起步阶段。ITS 发展史可追溯到 20 世纪 60—70 年代。20 世纪 60 年代后期,美国运输部和通用汽车公司研发电子路线诱导系统,利用道路和车载电子装置进行路、车之间的交通情报交流,提供高速公路网路线指南,尝试构筑路、车之间的情报通信系统。但 5 年的研发和小规模实验后,便处于了停滞状态。1973—1979 年,日本通产省进行了路、车双向通信汽车综合控制系统研发。欧洲原西德于 1976 年进行了高速公路网诱导系统研发计划,但在此期间因实用化技术难于实现及通信基础设施费用过于庞大等原因,均未能实现实用化和市场化。

(2) 关键技术研发和试点推广阶段。20 世纪 80 年代的信息技术革命,不仅带来了技术进步,还对交通发展的传统理念产生了冲击。ITS 概念被正式提出。由此开始,美、欧、日等发达国家都先后加大了 ITS 研发力度,并根据自己的实际情况确定了研发重点和计划,形成较为完整的技术研发体系。在此阶段,各国通过立法或其他形式,逐渐明确了发展 ITS 战略规划、发展目标、具体推进模式及投融资渠道等。

(3) 产业形成和大规模应用阶段。美、欧、日等发达国家在推动 ITS 研发和试点应用的同时,从拓展产业经济视角,不断促进 ITS 产业形成,注重国际层面竞争,大规模应用研发成果。如美国,参与 ITS 研发的公司达六百多家。日本,在四省一厅联合推动 ITS 研发活动后,一直在加速 ITS 实际应用进程,积极推动如车辆信息通信系统、电子收费系统等应用。车辆信息通信系统已进入国家范围内实施阶段并迅速扩展。

12.5.3 智能交通工具

1. 概述

智能车辆是一个集环境感知、规划决策、多等级辅助驾驶等功能于一体的综合系统,它集中运用了计算机、现代传感、信息融合、通信、人工智能及自动控制等技术,是典型的高新技术综合体。

智能汽车与一般所说的自动驾驶有所不同,它指的是利用多种传感器和智能公路技术实现的汽车自动驾驶。智能汽车不需要人去驾驶,人只需舒服地坐在车上享受高科技的成果就行了。因为这种汽车上装有相当于汽车的"眼睛""大脑"和"脚"的电视摄像机、电子计算机和自动操纵系统之类的装置。汽车能和人一样会"思考""判断""行走",可以自动启动、加速、刹车,可以自动绕过地面障碍物。在复杂多变的情况下,它的"大脑"能随机应变,自动选择最佳方案,指挥汽车正常、顺利地行驶,如图 12-46 所示。

图 12-46 智能汽车

2. 原理

智能汽车首先有一套导航信息资料库,存有全国高速公路、普通公路、城市道路以及各种服务设施(餐饮、旅馆、加油站、景点、停车场)的信息资料;其次是具有一系列智能系统,包括：①GPS定位系统，利用这个系统可以精确定位车辆所在的位置，与道路资料库中的数据相比较，确定以后的行驶方向；②道路状况信息系统，由交通管理中心提供实时的前方道路状况信息，如堵车、事故等，必要时及时改变行驶路线；③车辆防碰系统，包括探测雷达、信息处理系统、驾驶控制系统，控制与其他车辆的距离，在探测到障碍物时及时减速或刹车，并把信息传给指挥中心和其他车辆；④紧急报警系统，如果出了事故，自动报告指挥中心进行救援；⑤无线通信系统，用于汽车与指挥中心的联络；⑥自动驾驶系统，用于控制汽车的点火、改变速度和转向等。

12.5.4 智能家居

1. 定义

智能家居，又称智能住宅，它是融合了自动化控制系统、计算机网络系统和网络通信技术于一体的网络化智能化的家居控制系统。智能家居将让用户有更方便的手段来管理家庭设备，比如，通过触摸屏、无线遥控器、电话、互联网或者语音识别控制家用设备，更可以执行场景操作，使多个设备形成联动；另一方面，智能家居内的各种设备相互间可以通信，不需要用户指挥也能根据不同的状态互动运行，从而给用户带来最大程度的高效、便利、舒适与安全。

智能家居集成是利用综合布线技术、网络通信技术、安全防范技术、自动控制技术、音视频技术将家居生活有关的设备集成。网络通信技术是智能家居集成中关键的技术之一。安全防范技术是智能家居系统中必不可少的技术，在小区及户内的可视对讲、家庭监控、家庭防盗报警、与家庭有关的小区一卡通等领域都有广泛应用。自动控制技术是智能家居系统的核心技术，广泛应用在智能家居控制中心、家居设备自动控制模块中，对于家庭能源的科学管理、家庭设备的日程管理都有十分重要的作用。音视频技术是实现家庭环境舒适性、艺术性的重要技术，体现在音视频集中分配、背景音乐、家庭影院等方面。

智能家居系统包含的主要子系统有：家居布线系统、家庭网络系统、智能家居（中央）控制管理系统、家居照明控制系统、家庭安防系统、背景音乐系统、家庭影院与多媒体系统、家庭环境控制系统等8大系统。

2. 起源

20世纪80年代初，随着大量采用电子技术的家用电器面市，住宅电子化（Home Electronics，HE）出现。20世纪80年代中期，将家用电器、通信设备与安保防灾设备各自独立的功能综合为一体后，形成了住宅自动化概念（Home Automation，HA）。20世纪80年代末，由于通信与信息技术的发展，出现了对住宅中各种通信、家电、安保设备通过总线技术进行监视、控制与管理的商用系统，这是现在智能家居的原型。1984年，美国联合科技公司（United Technologies Building System）将建筑设备信息化、整合化的概念应用于美国康乃迪克州哈特佛市的CityPlaceBuilding时，才出现了首栋的"智能型建筑"，如图12-47所示。

图 12-47 比尔·盖茨的数字豪宅

12.5.5 数字生活

1. 概述

数字生活是依托互联网和以一系列数字科技技术应用为基础的一种生活方式,可以方便快捷地带给人们更好的生活体验和工作便利。计算机、互联网问世后将世界变小了。随着互联网技术应用的日益广泛,互联网已经全面改变了人类的生活方式。"智慧地球""智慧国家""智慧城市""智慧社区"等工程的启动让老百姓的生活模式成为一种便捷、舒适的高品质的数字生活模式。

2. 生活模式的演变

从原始生活,到现在生活,人类已经历了几千年的生活方式演变(表 12-1)。

表 12-1 生活模式的演变

第一个演变阶段 农业生活	石器时代—1770 年,从人类祖先第一次用石头取火烤鱼开始,就从原始社会迈上了一个新的生活台阶——农业时代
第二个演变阶段 工业生活	1770—1870 年,从瓦特发明蒸汽机开始,人类又迈上了一个新的生活台阶——工业时代
第三个演变阶段 商业生活	1870—1970 年,工业技术在一些发达国家普及,商品的质量、服务和信誉都是竞争的重点,这就是商业时代
第四个演变阶段 电子生活	1970—2009 年,电子产品、计算机和互联网的普及,一种崭新的生活方式改变了人类的生活习惯
第五个演变阶段 数字生活	2010—未来,数字方式的计算机模式代替所有电子产品的运行模式,数字生活已经来临

思考题

1. 什么是信息材料？什么是 SoC 技术？什么是纳米器件？
2. 什么是网格计算？什么是云计算？什么是普适计算？
3. 什么是遗传程序设计？什么是基因编程？什么是软件开发工具酶？
4. 什么是生物计算机？什么是生物信息学？什么是生物芯片？什么是人工免疫？什么是人工生命？
5. 简述未来的大脑思维下载与上载。
6. 你认为生物电子造人可能吗？如果可能，请解释原因。
7. 什么是智慧城市？什么是智能交通？什么是智能交通工具？什么是智能家居？
8. 什么是量子通信？什么是 6G 网络？什么是可信计算？

第二部分　基本操作能力

- 第13章　微机操作与实验
- 第14章　Windows操作与实验
- 第15章　Word基本操作与实验
- 第16章　Excel操作与实验
- 第17章　PowerPoint演示文稿制作

第 13 章 微机操作与实验

13.1 微机操作

13.1.1 微机操作方法

1. 启动微机

1) 正常启动微机的步骤

接通电源,打开显示器,再打开主机电源。对微机进行硬件测试,测试通过后开始启动操作系统。如果用户不是在网络环境下运行,开机后就可以直接进入 Windows 10 界面。如果用户是在网络环境下运行,还要按屏幕上的提示输入用户名和密码。如果计算机中同时安装了 Windows 10 和其他操作系统,计算机首先显示多操作系统启动界面,通过按方向键↑和↓来选择 Windows 10 系统,并按 Enter 键进入。启动完成后,显示器屏幕上显示 Windows 10 桌面。

2) 非正常启动

在 Windows 10 系统运行的过程中,如果因为某些程序运行出错而导致键盘、鼠标操作无反应,或出现其他故障造成的死机,可以重新启动微机。非正常启动方法有以下几种。

(1) 按 Ctrl+Alt+Del 组合键,弹出蓝色界面,移动鼠标指针到右下角,单击关机图标,弹出 Windows 对话窗口,如图 13-1 所示。选择"重启",然后再用其他方式重新启动。

(2) 按主机面板上的复位(Reset)按钮,重新启动计算机系统。

以上两种方法都不能启动计算机时,只能按住主机电源开关,直到断电,再按电源开关重新启动。

图 13-1 蓝色界面

2. 关闭微机

在使用完计算机后,保存所有程序中处理的结果,关闭所有运行着的应用程序。单击任务栏上的"开始"按钮,单击"关机"按钮,弹出"关闭 Windows"对话框。在"关闭 Windows"对话框中,"希望计算机做什么?"下拉列表提供的 4 个选项中选择"关机"选项,单击"确定"按钮即可关闭计算机。如果选择"重新启动"选项,将重新启动计算机。选择"等待"选项,将使计算机处于休眠状态以节省电能,但会将内存中所有内容全部保存在硬盘上。单击"取消"按钮,则表示不退出 Windows。

3. 键盘使用

键盘输入是目前人机交流的主要方式之一,在熟悉键盘各个键位置的基础上,掌握正确的打字姿势和键盘指法,才能有效地访问计算机、输入信息和控制计算机。观察键盘,认识微机标准键盘的布局,并熟悉各键的功能,如图 13-2 所示。

图 13-2 微机标准键盘的布局

键盘由主键盘区、功能键区、光标控制键区和小键盘区 4 个功能区组成,一些比较常用的字符键和控制键如下。

(1) 空格键(Space Bar)。键盘下部最长的一个键,当按下此键时会得到一个空格。文本录入时,如果是在插入状态,显示空格的同时光标右移;如果是在改写状态(Insert 关闭状态),当前的字符就会被空格替换。

(2) 转换键(Alt,主键盘区下方左右各一个)。Alt 键总是与其他键同时使用,一般作为快捷键使用。例如,当前窗体中有"文件"菜单,按 Alt+F 组合键可以快捷地打开该菜单(注:+号表示按住 Alt 键的同时按另一个键)。

(3) 控制键(Ctrl,主键盘区下方左右各一个)。Ctrl 键也总是与其他键同时使用,组合实现各种功能,这些功能是被操作系统或其他应用软件定义的,如 Ctrl+X(剪切)、Ctrl+C(复制)、Ctrl+V(粘贴)、Ctrl+Alt+Dle(热启动)。

(4) 上挡切换键(Shift,主键盘区下方左右各一个)。Shift 键也需要与其他键同时使用,功能主要有两种:一是按下该键的同时按数字键实现上挡键功能,如按 Shift+2 组合键可输入数字键 2 上面的@;二是使小写状态临时转换为大写状态(注:按一次只对一个字符有效,需要连续使用时需多次按下或按住)。

(5) 大写锁定键(CapsLock)。大、小写字母转换键。当设置为大写状态时,键盘右上角的 CapsLock 指示灯亮,灯灭表示当前是小写状态。

(6) 回车键(Enter,小键盘区也有一个)。Enter 键一般是确认用的。按下该键后被选择的功能/按钮才被计算机确认并执行。另外,在文本录入时可作为换行使用。

(7) 退格键(←或 Backspace)。按一次键可以删除当前光标位置左边的一个字符,并将光标左移一个位置。

(8) 制表定位键(Tab)。用来定位移动光标,每按一次 Tab 键,光标就跳到下一个位置(一般是 8 个字符位)。在程序窗口中,它可以作为移动当前焦点用,按一下焦点就移动到下一个对象上。

(9) 取消键(Esc)。在应用程序中常用来取消某个操作,退回到上一级菜单等。

(10) 拷屏键(PrintScreen)。拷屏键也称打印屏幕键,具有简单的截图功能。按一下可以把当前屏幕的信息复制到剪贴板中,然后可以按 Ctrl+V 组合键粘贴到某个文档中。

(11) 插入键(Insert)。在文本录入时,切换插入与改写状态。在插入状态下,输入的字符插在光标之前,光标后的字符后移;在改写状态下,输入的字符将覆盖光标处的原有字符。

(12) 删除键(Delete)。按一次键可以删除当前光标位置右边的一个字符,并将光标右移一个位置,可对比一下退格键。

(13) 数字锁定键(NumLock)。切换小键盘区的功能,按下此键后,键盘右上方的数字锁定指示灯 NumLock 亮,表示小键盘用来输入数字和进行四则运算;否则小键盘的功能与光标控制区相同,起移动光标的作用。

(14) 鼠标使用。鼠标是一种通过手动控制光标位置的设备。现在系统普遍使用的是二键或三键的鼠标。操作鼠标可以做以下事情,如确定光标位置、从菜单栏中选取所要运行的菜单项、在不同的目录间移动复制文件并加快文件移动的速度。通常鼠标由左键、右键和滑轮来和计算机进行交互。对左键的操作分为单击和双击。单击左键一般用来确定光标位置,对计算机内的文件对象进行选择确定;双击左键一般用来启动应用程序。对鼠标右键的操作一般为单击,这样就可以启动相应的"右键菜单"。鼠标滑轮用于在应用软件使用中或者网页浏览中更新屏显内容。

13.1.2 指法练习

熟悉键盘布局后,就应该掌握微机键盘操作的正确姿势和基本指法,熟练找出键盘上常用键的位置,双手在键盘上的控制区域如图 13-3 所示。

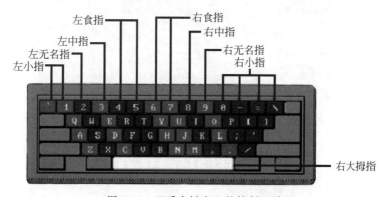

图 13-3 双手在键盘上的控制区域

使用计算机键盘时,键盘的高低位置要放置适当;要坐姿端正、腰背挺直,双脚自然地放在地面上;肩部放松,大臂自然下垂并微靠近身体,小臂与手腕略向上倾斜;手腕要放松,不可拱起也不可触到键盘;十指稍作弯曲,其中8个手指轻放在基准键上,两个大拇指轻置于空格上。注意,按键时眼睛要看屏幕而不是键盘,即"盲打"。

键盘上的"ASDFJKL;"是8个基准键,F键和J键上分别有一个凸起;左手小指、无名指、中指、食指分别放在A、S、D、F这4个键上,右手食指、中指、无名指、小指分别放在J、K、L、";"这4个键上。按键时用力适当,不可用力过猛或过轻,按键后各手指迅速返回到基准键上。

为了键盘输入的高效和准确,使用键盘时采用了根据不同手指分区进行按键输入的方法。注意,除了常用的打字键区有指法分区外,小键盘区主要针对右手也进行了指法分区。如果是大量输入数字,采用正确的小键盘指法输入将会起到事半功倍的效果。

小键盘上的数字基准键是4、5、6这3个键,对应右手的食指、中指和无名指。5键上一般有个小凸起。其中,右手食指负责7、4、1、NumLock这4个键,右手中指负责8、5、2、/这4个键,右手无名指负责9、6、3、*和小数点这5个键,右手小指负责-、+、Enter这3个键,还有一个键是0,由大拇指负责。其实,用得最多的是0~9这10个数字和一个小数点,其他6个键使用频率相对较低。

13.1.3　打字软件介绍

金山打字是金山公司推出的系列教育软件,主要由金山打字通和金山打字游戏两部分构成,是一款功能齐全、数据丰富、界面友好、集打字练习和测试于一体的打字软件,适用于打字教学、计算机入门、职业培训、汉语培训等多种使用场景。金山打字通针对用户水平定制个性化的练习课程,循序渐进,提供英文、拼音、五笔、数字符号等多种输入练习,并为收银员、会计、速录等职业提供专业培训,其界面如图13-4所示。

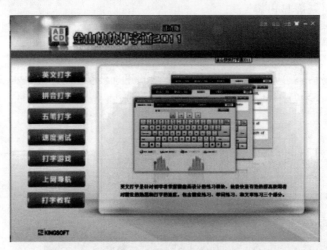

图13-4　金山打字通界面

(1)英文打字。分为键位练习(初级)、键位练习(高级)、单词练习和文章练习几种。在键位练习部分,通过配图引导以及合理的练习内容安排,帮助用户快速熟悉、习惯正确的指法,由键位记忆到英文文章全文练习,逐步让用户盲打并提高打字速度,界面如图13-5所示。

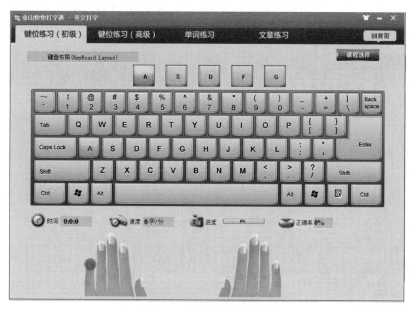

图 13-5 英文打字练习界面

(2) 拼音打字。包括音节练习、词汇练习、文章练习。在音节练习阶段不但可以让用户了解拼音打字的方法,还可以帮助用户学习标准的拼音。同时还加入了异形难辨字练习、连音词练习、方言模糊音纠正练习以及 HSK(汉语水平考试)字词的练习。这些练习给初学汉语或者汉语拼音水平不高的用户提供了极大的方便,同时也非常适合中小学生及外国留学生的汉语教学工作,为拼音录入学习提供了全套的解决方案,界面如图 13-6 所示。

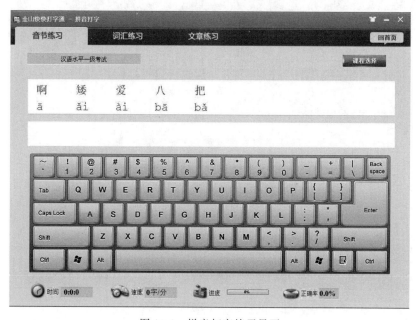

图 13-6 拼音打字练习界面

(3) 五笔打字。分为 86 和 98 两个版本的编码,从字根、简码到多字词组逐层逐级地练习,如图 13-7 所示。

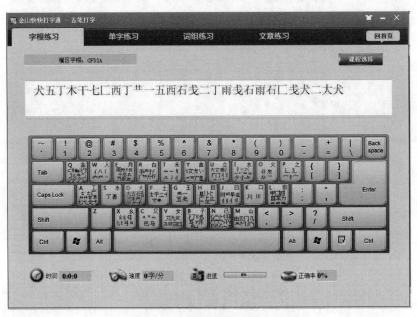

图 13-7　五笔打字练习界面

(4) 速度测试。包括屏幕对照、书本对照、同声录入 3 种方式。其中,书本对照功能允许用户自行选择要测试的内容,也可以将软件内置的测试文章打印出来,作为测试素材,如图 13-8 所示。

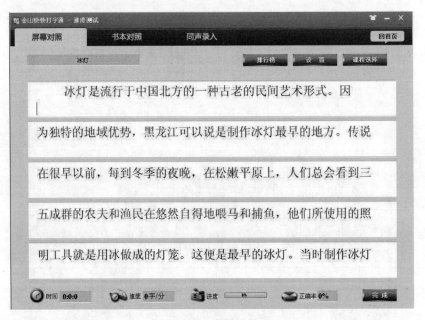

图 13-8　速度测试界面

(5) 其他用法。金山打字提供了多个行业的专业文章/词汇练习,通过使用金山打字的练习功能,可以帮助用户以及智能输入法快速熟悉相关词库,极大地提高了专业文章录入速度。

13.2 实验 微机基本操作

1. 实验目的

通过基本操作实验的学习,要求学生熟练掌握微机基本操作。
(1) 熟练掌握微机启动、关闭的方法。
(2) 掌握微机键盘和鼠标的使用,进行键盘指法练习。

2. 实验内容

(1) 启动计算机,进入 Windows 10 系统。

(2) 字母输入练习。打开一个文本文档,在其中输入下列文章,如有误请用右手小指按 Backspace 键删除。

Six hundred years ago Sir Johan Hawkwood arrived in Italy with a band of soldiers and settled near Florence He soon made a name for himself and came to be known to the Italians as Giovanni Acuto Whenever the Italian city states were at war with each other Hawkwood used to hire his soldiers to princes who were willing to pay the high price he demanded

(3) 非字母键与综合打字练习。输入下列内容,如有误请用右手小指按 Backspace 键删除。

,,,,,,……。。 ///;；!
:'?{}[]`=+^
!@#$%^&*()_
！@#￥%……&*()——
、|\|<>《》

(4) 将打字练习的文档保存在硬盘上,关闭所有应用程序。关闭计算机,切断电源。

第 14 章 Windows操作与实验

14.1 Windows 基本操作

14.1.1 Windows 桌面与配置

启动 Windows 10 后,出现在用户面前的整个屏幕区域称为桌面,如图 14-1 所示。它是显示窗口、图标、菜单、对话框等的平台,也是 Windows 用户和计算机交互的工作区域。

1. 桌面上的图标

Windows 采用图形符号来表示计算机的各种资源,这些图形符号称为图标,由代表程序、文件、文件夹等各种对象的小图像和标题组成。每台计算机的桌面上的图标是不完全相同的,每个对象的图标也可以自行更换,但是一般在 Windows 10 的桌面上都有下列图标。

图 14-1　Windows 10 桌面

(1) 此电脑。"此电脑"管理着计算机的所有资源,包括文件、软硬件配置、控制面板等。双击桌面上的"此电脑"图标,将在"此电脑"窗口中显示计算机中有效的驱动器和文件夹等,利用"此电脑"可以对文件夹及文件进行创建、移动、复制等所有有关文件的操作。

(2) 回收站。"回收站"用于暂时存放被删除的文件及其他对象(通过 USB 接口的外接存储设备,删除文件及对象时不会存放进"回收站")。

(3) Microsoft Edge。它是一个集成套件,双击该图标,可以快速打开浏览器,使用 Internet 上丰富的网络资源。

(4) 桌面快捷方式图标。快捷方式图标是左下角带有弧形箭头的图标,双击这些图标可以快速启动程序或打开文件或文件夹。这些图标由用户根据需要在桌面上创建。

以上介绍的系统资源如果桌面上没有放置,用户可以在桌面上右击,在弹出的快捷菜单中选择所需命令,如图 14-2 所示。

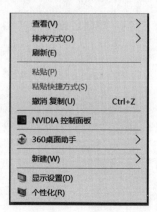

图 14-2　快捷菜单

2. "开始"按钮

"开始"按钮是 Windows 10 的一个重要按钮,用户对计算机的所有操作可以从这里开始。单击"开始"按钮,打开"开始"菜单,如图 14-3 所示。"开始"菜单由当前用户的名称、常用程序的快捷方式、所有程序、系统常用的文件夹和系统命令构成。将鼠标指针指向(单击)"所有程序",显示计算机当前安装的所有程序的列表。选择列表中的命令项,可以启动某个相应的程序。

图 14-3　桌面"开始"菜单栏

3. 任务栏

启动一个程序或打开一个文件(夹)等操作通常称为执行一个任务,任务栏就是用来显示当前系统正在执行任务的数量和种类的区域。每启动一个程序或打开一个窗口后,任务栏上就会出现一个代表该窗口的任务按钮,单击该任务按钮可以快速地进行各窗口间的切换。此外,任务栏上还有"开始"菜单、快速启动栏及通知区域,如图 14-4 所示。单击"快速启动栏"中的图标,可以快速启动相应的程序。"通知区域"显示系统的时间及音量控制、电源选择等快速访问程序的快捷方式及提供关于活动状态信息的快捷方式。

图 14-4　任务栏

任务栏的位置、大小及是否锁定任务栏、显示任务栏及显示时钟等属性,用户可以通过调整"任务栏和'开始'菜单属性"对话框中的"任务栏"选项卡的设置进行重新设置和改动。

(1) 改变任务栏位置。通常任务栏显示在桌面的底部,如果用户需要,可将鼠标指针移至任务栏空白处,单击鼠标,可将任务栏拖动到屏幕的任何一边。

(2) 改变任务栏的大小。将鼠标指针移至任务栏的边缘,鼠标指针将变为双箭头形状,此时按住鼠标左键拖动任务栏,可使任务栏扩大或缩小。

(3) 任务栏的属性设置。在任务栏空白处右击,弹出的快捷菜单如图 14-5 所示。

锁定任务栏:选择该命令,任务栏被锁定,不能改变大小和位置。

任务栏设置:用户可以进行个性化任务设置。

显示时钟:选择此项后,在任务栏的右端将显示一个时钟,如果把鼠标指针放到这个时钟上,还会显示当前系统的日期信息。

"通知区域"显示的系统时间也是可以设置或修改的,双击任务栏右边的系统时间,可以打开"日期/时间属性"对话框进行设置。

① "时间和日期"选项卡:用户可根据需要修改计算机的系统时间和日期。在对话框的日期选择区中可以设置日期。修改年、月、日;在对话框的时间选择区中可以设置时间,修改时、分、秒。

② "时区"选项卡:用户可以根据所在的地区,在下拉列表中选取所需时区以实现时区的调整。中国应选择"(GMT+08:00)北京,重庆,香港特别行政区,乌鲁木齐"。也可以双击"控制面板"中的"时间/日期"图标来打开"时间/日期属性"对话框进行设置。

图 14-5　设置快捷菜单

14.1.2　Windows 文档与磁盘管理

1. Windows 文档管理

1) 创建文件和文件夹

用户可以通过选择"桌面"→"我的电脑"或"Windows 资源管理器"→"浏览"来创建新的文件或文件夹。

(1) 菜单。选择"文件"→"新建"→"相应的文件类型"或"文件夹"→输入相应的文件或文件夹名,按 Enter 键确认。

(2) 快捷菜单。右击选定窗口的空白处,在弹出的快捷菜单中选择"新建"→"相应的文件类型"或"文件夹"→输入相应的文件或文件夹名,按 Enter 键确认。

(3) 工具创建法(只适合在部分窗口,前提是有"新建"的常用工具按钮)。单击即可创建某一类型的文件,在"保存"对话框中,会有新建文件夹的按钮,直接单击即可创建。

2) 重命名文件和文件夹

(1) 菜单。选择"文件"→"重命名"选项,在输入新的名称后按 Enter 键。

(2) 快捷菜单。右击,在弹出的快捷菜单中选择"重命名"选项,输入新的名称后按 Enter 键。

(3) 鼠标单击。两次单击需重命名的文件或文件夹的"名字区",输入新的名称后按 Enter 键。

3) 选定文件或文件夹

可以通过以下几种方式进行。

(1) 单个文件或文件夹:单击该文件或文件夹。

(2) 多个连续的文件或文件夹:

① 按住 Shift 键,单击第一个文件或文件夹和最后一个文件或文件夹。

② 在要选择的文件外围单击并拖动鼠标,则文件周围将出现一虚线框,鼠标经过的文件将被选中。

(3) 多个不连续的文件或文件夹:单击第一个文件或文件夹,按住 Ctrl 键单击其余要选择的文件或文件夹。

(4) 所有文件或文件夹:按 Ctrl+A 组合键,或选择"编辑"→"全选"选项。

4) 复制、移动文件和文件夹

(1) 菜单:"编辑"→"复制/剪切"→选定目标地→"编辑/粘贴"。

(2) 快捷键:按 Ctrl+C 或 Ctrl+X 组合键→选定目标地→按 Ctrl+V 组合键。

(3) 鼠标拖动:

① 同一磁盘中的复制,选中对象→按 Ctrl 键再拖动选定的对象到目标地。

② 不同磁盘中的复制,选中对象→拖动选定的对象到目标地。

③ 同一磁盘中的移动,选中对象→拖动选定的对象到目标地。

④ 不同磁盘中的移动,选中对象→按 Shift 键再拖动选定的对象到目标地。

(4) 快捷菜单:右击,在弹出的快捷菜单中选择"复制"选项,选定目标地,再右击,在弹出的快捷菜单中选择"粘贴"选项。

注意"移动"与"复制"的区别:

① 从执行的步骤看,复制执行的是"复制"命令,而移动执行的是"剪切"命令。

② 从执行的结果看,复制之后,在原位置和目标位置都有这个文件;而移动后只有在目标位置有这个文件。

③ 从执行的次数看,在复制中执行一次"复制"命令可以"粘贴"无数次;而在移动中,执行一次"剪切"命令却只能"粘贴"一次。

5) 删除文件或文件夹

(1) 删除文件到回收站,方法有以下 4 种。

① 菜单,选择"文件"→"删除"选项。

② 快捷键,按 Delete 键。

③ 鼠标拖动,将其拖动到回收站中。

④ 快捷菜单,右击,在弹出的快捷菜单中选择"删除"选项。

(2) 彻底删除文件和文件夹:按 Shift+Delete 组合键。

(3) 彻底删除回收站的文件和文件夹:清空回收站。

(4) 更改回收站的属性:更改 C 盘和 D 盘的回收站空间为 15% 磁盘大小,并且不显示删除确认对话框。

6) 恢复删除的文件或文件夹

Windows 提供了一个恢复被删除文件的工具,即回收站。如果没有被删除的文件,它显示为一个空纸篓的图标,如果有被删除的文件,则显示为装有废纸的纸篓图标。借助"回收站"可以将被删除的文件或文件夹恢复。

方法一:

(1) 双击"回收站"图标,打开"回收站"窗口。

(2) 选择要恢复的文件或文件夹。

(3) 选择"文件"→"还原"选项或右击,在弹出的快捷菜单中选择"还原"选项,则选定对象自动恢复到删除前的位置。

方法二:选择要恢复的文件或文件夹,直接拖曳到某一文件夹或驱动器中。

7) 创建快捷方式

可以设置成快捷方式的对象有应用程序、文件、文件夹、打印机等。

(1) 快捷菜单法。选定对象,右击,在弹出的快捷菜单中选择"发送到桌面"选项。

(2) 拖放法。选定对象,右击并拖动到目标位置后松开右键,在弹出的快捷菜单中选择"在当前位置创建快捷方式"选项。

(3) 直接在桌面上创建快捷方式。

① 在桌面空白处右击,在弹出的快捷菜单中选择"新建"→"快捷方式"选项,出现"创建快捷方式"对话框。

② 在命令行中输入项目的名称和位置。如果不清楚项目的详细位置,可以单击"浏览"按钮来查找该项目。当在浏览对话框中查找到所需的项目后,单击"打开"按钮,返回到"创建快捷方式"对话框。

③ 单击"下一步"按钮,出现选择程序的标题对话框。在选择快捷方式的名称文本框中已经显示了一个默认的标题名称,也可以重新命名。

④ 单击"完成"按钮,即可在桌面上创建一个快捷方式。

8) 查找文件或文件夹

选择"此电脑"→"文件资源管理器"命令,则弹出搜索窗口,如图 14-6 所示。

(1) 利用文件名进行查找。在"名称"栏中输入要查找的文件或文件夹的名称。其中,文件或文件夹的名称可以包含通配符"?"和"*"。如果要查找多个文件或文件夹名称,那么在输入名称时还可以同时输入多个查找的名称,各个名称之间用逗号、分号或空格隔开即

图 14-6　搜索窗口

可。例如，*.doc 即查找所有的 Word 文档；*.* 即查找所有文件；A？B*.exe 即查找所有以 A 开头以 B 为第三个字符的可执行文件。在"查找范围"下拉列表框中设定文件或文件夹的查找范围，即在哪一个磁盘驱动器或是在哪一个文件夹中进行查找。可以单击下拉列表框右边的下拉按钮，在其中选择搜索范围即可；也可以单击"浏览"按钮打开浏览窗口，然后在其中选择查找的具体位置或范围。可单击"其他高级选项"进行查找。单击"搜索"按钮开始查找，如果中途要停止查找，可单击"停止"按钮。如果要查找新的文件或文件夹名称，可以单击"新搜索"按钮，然后重复上面的操作步骤即可。

（2）利用日期进行查找。在 Windows 10 中，系统记录的文件或文件夹的信息中除了其名称以外，还包括文件或文件夹的创建日期及修改日期。所以可以通过日期进行文件或文件夹的查找。

（3）查看或修改文件或文件夹的属性。选定文件或文件夹后，右击，在弹出的快捷菜单中选择"属性"选项，然后在"属性"对话框的属性设置区域中选中"只读""隐藏"复选框。

2. Windows 磁盘管理

磁盘管理工具可以对计算机上的所有磁盘进行综合管理，可以对磁盘进行打开、管理磁盘资源、更改驱动器名和路径、格式化或删除磁盘分区以及设置磁盘属性等操作。右击"开始"图标，在弹出的快捷菜单中选择"磁盘管理"选项，打开"磁盘管理"窗口，如图 14-7 所示。

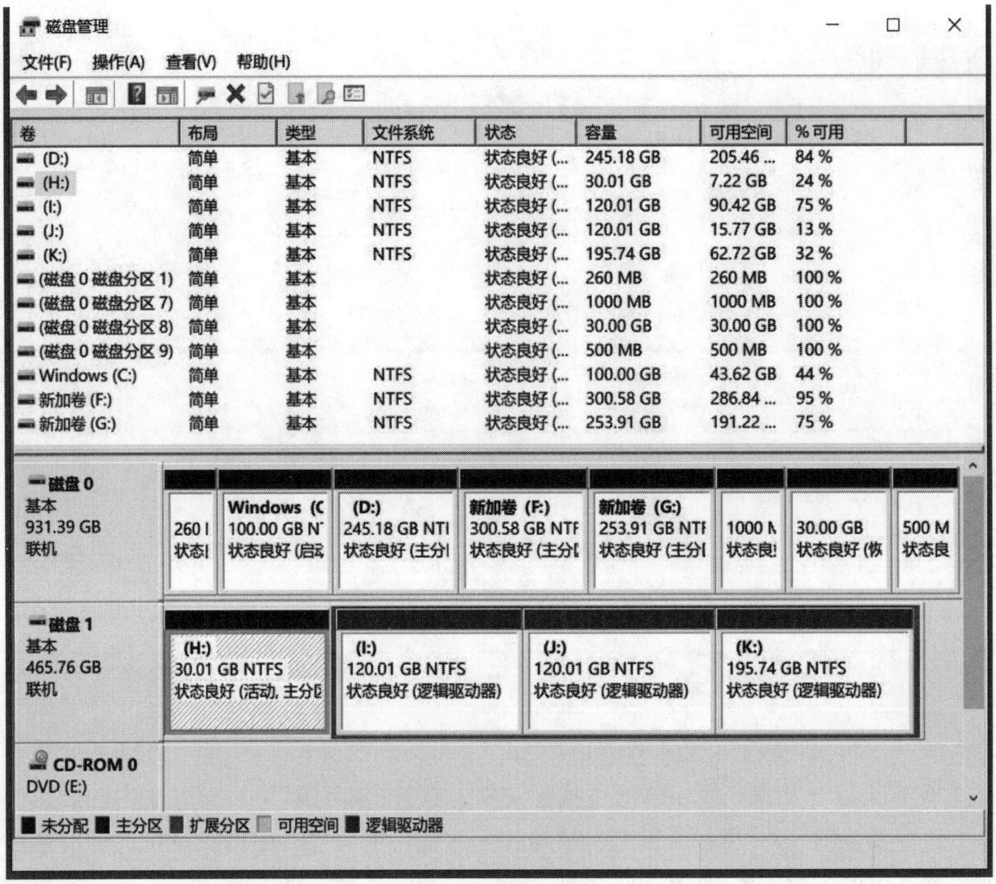

图 14-7 "磁盘管理"窗口

窗口的上方为操作菜单,包括文件、操作、查看和帮助。在窗口的下方按照磁盘的物理位置给出了简略的示意图。右击需要进行操作的磁盘,便可以打开相应的快捷菜单,选择其中的选项便可以对磁盘进行管理操作。

14.1.3 Windows 打印机管理

Windows 除了提供以上功能外,还提供打印机服务。在默认情况下,管理员组和超级用户组的成员拥有管理打印机许可。

1. 打印机安装

打印机安装基本步骤如下。
(1)单击任务栏上的"开始"→"设置"→"设备"→"打印机"按钮,显示"打印机"窗口。
(2)单击以选择要改变其默认值的打印机图标。
(3)在"文件"菜单中,单击"属性"按钮,显示打印机属性。

当安装完打印机驱动程序后第一次打开打印机属性对话框时,将出现确认窗口。此后,将出现打印机属性对话框的初始画面。

(1) 根据需要进行设定,然后单击"确定"按钮(此处进行的设定将在所有应用程序中用作默认值)。

(2) 单击"确定"按钮,完成设置。

当计算机中安装有一个比目前安装的驱动程序更新的驱动程序时,会显示一个信息对话框。如果发生这种情况,则无法用自动运行程序安装。请使用信息中显示的驱动程序,并用"添加打印机"重新安装。具体方法如下。

(1) 单击任务栏上的"开始"→"设置"→"设备"→"打印机"按钮。

(2) 双击"添加打印机"图标。

(3) 按照向导中的说明安装驱动程序。

2. 更改打印机设置

要更改打印机设定值,必须拥有管理打印机许可。在默认情况下,管理员组和超级用户组的成员拥有管理打印机许可。当设定选购件时,请使用有管理打印机许可的账号登录。单击任务栏上的"开始"→"设置"→"设备"→"打印机"按钮,显示"打印机"窗口,选择要改变其默认值的打印机图标。在"文件"菜单中单击"打印首选项…"按钮,显示打印首选项属性。根据需要进行设定,然后单击"应用"按钮,最后单击"确定"按钮完成设置。

从应用程序指定打印机设定值,要针对特定应用程序设定打印机,应从该应用程序中打开"打印"对话框。

对于不同的应用程序,打开"打印"对话框的实际步骤也可能不同。在应用程序中的"文件"菜单中单击"打印…"按钮,打开"打印"对话框。在"选择打印机"框中选择要使用的打印机,单击要改变其打印设定值的选项卡。根据需要进行设定,然后单击"应用"按钮并单击"确定"按钮。最后在应用程序的菜单中单击"打印"按钮开始打印。

14.1.4 Windows 多媒体功能

媒体播放器(Windows Media Player)可以播放多种类型的音频和视频文件,还可以播放和制作 CD 副本、播放 DVD、收听 Internet 广播站、播放电影剪辑或观赏网站中的音乐电视。另外,Windows Media Player 还可以制作自己的音乐 CD。启动方法:单击"开始"→"所有程序"→ Windows Media Player 按钮,显示窗口如图 14-8 所示。

(1) 功能任务栏。有"正在播放""媒体指南""从 CD 复制""媒体库""收音机调谐器""复制到 CD 或设备"和"外观选择器"图标按钮。要想隐藏"功能任务栏",可单击"隐藏任务栏"按钮。

(2) "播放列表"区域。"播放列表"区域显示当前播放列表中的各项。对于 DVD,"播放列表"区域显示 DVD 标题和章节的名称。

(3) 显示和隐藏菜单栏。完整模式下始终显示菜单栏,在"查看"菜单中选择"完整模式选项"按钮,然后选择"显示"菜单栏。

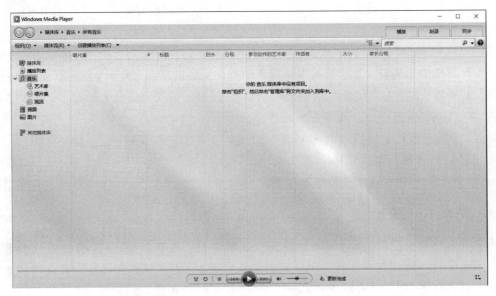

图 14-8　Windows Media Player 窗口

14.2　实验　Windows 10 基本操作

1. 实验目的

通过基本操作实验的学习,要求学生熟练掌握 Windows 10 的基本操作、文档管理、磁盘管理和桌面设置等。掌握 Windows 10 系统中打印机的操作和多媒体软件的使用。

2. 实验内容

(1) 启动 Windows 10,熟悉"桌面",了解桌面图标、快捷方式及"开始"菜单栏。

(2) 新建文件及文件夹。在 D 盘创建一个命名为"计算机基础"的文件夹,并在此文件夹目录下创建一个".txt"的文本文档。

(3) 在"D:/计算机基础"路径下进行搜索,搜索后缀为".txt"的所有文件。

(4) 将搜索到的文件创建桌面快捷方式。

(5) 删除"计算机基础"文件夹中所有文件扩展名为".txt"的文件。

(6) 双击打开"桌面"上的浏览器,在地址栏中输入 www.baidu.com,并访问该网页,并通过浏览器菜单上的"文件"→"另存为"→"保存网页"命令将此网页保存。

(7) 查看计算机的"磁盘管理"项,通过磁盘碎片整理工具对 D 盘进行整理。

(8) 查看计算机"打印机"窗口,查看各项打印机属性。

(9) 打开"录音机",录制两段声音文件,将文件 A 插入到文件 B 中,保存为文件 C。

(10) 打开 Windows Media Player 窗口,从"媒体库"中找到一个视频文件,将其播放。或者在计算机中找到一个视频文件,通过 Windows Media Player 播放。

第15章 Word基本操作与实验

15.1 Word 基本操作

Office 是微软公司推出的办公软件，Word 文本处理软件是 Office 套装软件中的重要组件，应用非常广泛。Word 具有"所见即所得"的特点，可以处理文字、表格和图片，能够满足各种文档的编排、打印需求，使用 Word 可以方便、快捷地制作出各种专业化的精美文档。本节将以 Microsoft Office Word 2010 版本进行实例演示。

15.1.1 文档与文本的操作

1. 创建新文档

建立一个文档后才能进行文本输入和编辑。可以创建空白文档或基于模板的文档。常用方法有以下几种。

（1）启动 Word 时会自动新建一个空文档，并为其暂时命名为"文档1"。

（2）选择"文件"→"新建"选项，在打开的"新建文档"任务窗口中，单击"空白文档"链接或单击"本机上的模板"链接。

（3）按 Ctrl+N 组合键，或单击常用工具栏中的 按钮。

如果在桌面或任意一个磁盘驱动器窗口上创建 Word 文档，操作步骤如下。

（1）右击桌面空白处或某一个磁盘驱动器应用窗口，在弹出的快捷菜单中选择"新建"→"Microsoft Word 文档"选项。

（2）系统默认的文档名为"新建 Microsoft Word 文档"，也可以重新命名 Word 文档。

2. 打开已有文档

在应用程序窗口中找到并双击要打开的 Word 文档图标。选择"文件"→"打开"选项，或单击"常用"工具栏上的"打开"按钮，在打开的"打开"对话框（图 15-1）中选择文档所在的路径、文档类型和要打开的文件，单击"打开"按钮。

3. 文档的输入

新建或打开一个文档后，即可在文档窗口中对文档进行录入、修改等操作。页面上竖条形的闪烁光标称为插入点，它定位当前输入的文字或者图像。输入字符后，插入点自动向右

图 15-1　打开文档对话框

移动一个字符位置。对文档进行编辑前,需要移动和定位插入点。单击文档的非空白区域,插入点立即被定位在该位置,再使用键盘定位,如表 15-1 所示。

表 15-1　键盘定位光标

按　　键	光标移动效果
→	光标右移一个字符
←	光标左移一个字符
↑	光标上移一行
↓	光标下移一行
PgUp	光标上移一页
PgDn	光标下移一页
End	光标右移至当前行末
Ctrl＋PgUp	光标到整个页面的首行首字前面,再按一下,光标到了前一页的首行首字前
Ctrl＋PgDn	光标到了下一页的首行首字前面
Home	光标移至当前行的开头
Ctrl＋Home	光标移至文件头
Ctrl＋End	光标移至文件尾
Ctrl＋→	光标右移一个字或一个单词
Ctrl＋←	光标左移一个字或一个单词
Ctrl＋↑	光标移动到上一个段首
Ctrl＋↓	光标移动到下一个段首

文本录入时主要有以下 3 种情况。

(1) 英文、中文录入。一般英文字母以及键盘上有的符号只需按相应的键即可录入。录入文本后,插入点自动后移,同时文本被显示在屏幕上。当输入到段尾时,应按 Enter 键,表示段落结束,系统会自动换行。

(2) 特殊符号录入。在文档中录入拉丁字母、希腊字母、汉字偏旁部首的一些键盘上没有的特殊符号,可以将光标定位到录入位置;选择"插入"→"符号"选项,打开"符号"对话框,从中选择需要插入的符号。也可通过在输入法状态条的软键盘上右击,在弹出的快捷菜单中选择相应的选项。

(3) 日期和时间的录入。在 Word 2010 中,当前系统的日期和时间可以利用"插入/日期时间"来快速地输入,操作方法和"插入/符号"类似。如果在"日期和时间"对话框中选中"自动更新"复选框,通过将插入点置于"日期和时间"中,再按 F9 键,可更新日期和时间,则日期和时间可随系统的日期和时间的变化而更新。

4．编辑文档

编辑文档应遵循先选定后操作的原则。
1) 删除文本
(1) 删除单个字符,将插入点移到欲删除字符的左边或右边,按 Backspace 键删除光标左边的字符,按 Delete 键删除光标右边的字符。
(2) 删除一段文本,按 Backspace 键和 Delete 键将选定的文本删除。
2) 移动和复制文本
(1) 剪切移动文本。选定要移动的文本,选择"编辑"→"剪切"选项,将此时选择的文本存放到剪贴板中。将光标定位在欲插入的位置,选择"编辑"菜单中的"粘贴"选项或单击"粘贴"按钮,即完成移动。
(2) 拖动移动文本。将鼠标指针置于已选定的文本上,鼠标指针变为指向左上方的箭头,按住鼠标左键,箭头处出现一个小虚线框和指示插入点的虚线,拖动鼠标指针,直到插入点虚线到达目标位置上时松开鼠标,则选中的文本被移动到该位置。
(3) 与键盘结合移动文本。选定欲移动的文本,按住 Ctrl 键并在目标位置上右击,则选定的文本移动到目标位置。
3) 撤销与恢复

操作过程中,如果对先前所做的工作感到不满意或误操作,可单击工具栏中的"撤销"按钮,撤销刚刚做过的操作,使文档还原为操作之前的状态。单击"重复"按钮,可还原刚才被撤销的操作。
4) 查找与替换

查找和替换功能可以一次完成批量修改字或词,便于快速修改文档。例如,在输入文本时对于一些复杂且重复出现的词,可以用简单字母代替,在最后定稿时进行替换即可。

(1) 查找。查找命令能快速确定给定文本出现的位置。选择"开始"→"查找"选项,打开"查找和替换"对话框。在"查找内容"文本框中输入欲查找的文本内容,单击"查找下一处"按钮,这时 Word 开始查找,将找到的内容移动到当前文档窗口,并以反白形式显示,若找不到,则显示相关的提示信息。单击"高级"按钮,出现如图 15-2 所示的"高级查找"对话框,可以查找某些特定的格式或符号等。

(2) 替换。替换功能与查找功能非常相似,所不同的是在找到指定的文本后,替换功能可以用新文本内容取代找到的内容。选择"开始"→"替换"选项,在弹出对话框中选择"替换"选项卡,如图 15-3 所示。

在"查找内容"文本框中输入欲查找的文本内容,如"Word 2000",在"替换为"文本框中输入替换的新文本内容,如"Word 2010"。若希望替换,则单击"替换"按钮;否则单击"查找下一处"按钮。如果要进行全部替换,单击"全部替换"按钮。

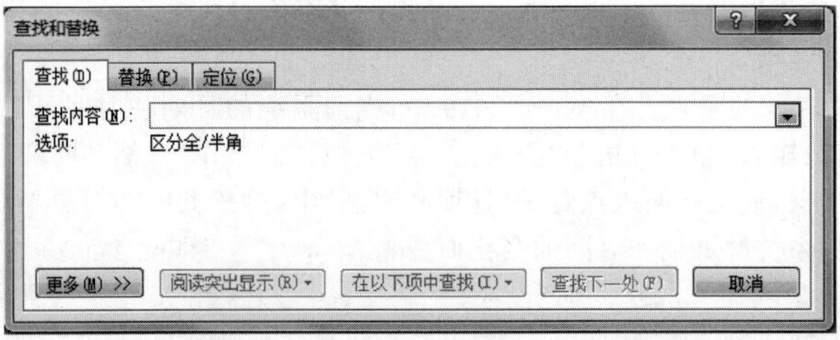

图 15-2　高级查找

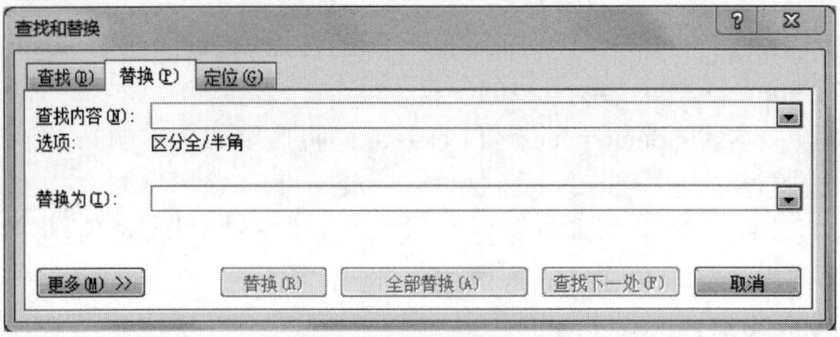

图 15-3　"替换"选项卡

5. 自动更正与拼写检查

1) 自动更正

Word 2010 提供的自动更正功能,可以帮助用户在输入文字的过程中自动检查英文拼写错误、语法错误和汉语成语的输入错误,对英文还可以自动纠正错误。自动更正功能的强弱依赖于 Word 的自动更正词库,即词库中的错误词条搜集得越多,自动更正能力也就越强。利用 Word 2010 中的自动更正功能,将容易混淆的错别字设置成自动更正词条,添加到自动更正词库,一旦输入错误就会自动更正。为自动更正词库添加新词条的方法如下。

(1) 选择要建立为自动更正词条的文本(如"想象")。

(2) 选择"文件"→"选项"→"校对"选项,在弹出对话框中选择"自动更正"选项卡,如图 15-4 所示,选中的文本出现在"替换为"框中。

(3) 在"替换"框中输入错误的词条名(如"想向"),单击"添加"按钮。

(4) 该词条添加到自动更正的列表框,单击"关闭"按钮。

(5) 当输入词条名"想向"时,Word 就用相应的词条"想象"来代替它。

2) 拼写检查

在 Word 2010 中,用户可以在输入文本时自动检查拼写错误。选择"文件"→"选项"→"校对"选项,可在其中进行更新拼写和语法检查设置,如图 15-5 所示。拼写检查的操作步骤如下。

(1) 将光标定位于需要检查的文字部分的开头,或选取要校对的文本。

(2) 选择"拼写和语法"(按 F7 键)选项。这时,Word 将自动对光标后的内容进行检查校对。

图 15-4 "自动更正"对话框

图 15-5 拼写检查

6. 保存和关闭文档

1) 保存文档

在文档中输入数据后,要将其保存在磁盘上以备后用。在文档的输入和编辑过程中要随时保存文档,以免出现意外而丢失数据。可以用不同的名称、不同的文件格式在不同的位置保存文档。可保存正在编辑的活动文档,也可以同时保存选择的所有文档。

(1) 保存未命名的文档。选择"文件"→"另存为"选项,或单击工具栏上的"保存"按钮,打开"另存为"对话框,如图 15-6 所示。单击"保存位置"下拉列表框箭头,选择目标盘符和文件夹,如果要把文档保存在磁盘上的某一个文件夹中,双击打开选定的文件夹。Word 保存文档的默认文件夹是 My Documents。单击"新建文件夹"按钮 ,可以在一个新的文件夹中保存文档,单击对话框左边框中的图标,可以在相应的文件夹中保存文档。在"文件名"文本框中输入要保存的文件名,如"计算机基础",默认的保存类型是 Word 文档,系统自动添加 .doc 扩展名。若用户要保存为其他类型的文档(如纯文本、文档模板),单击该列表框右侧的向下箭头,在下拉列表框中用鼠标选择所需的文件类型,再单击"保存"按钮。

图 15-6 "另存为"对话框

(2) 保存一份已命名的文档。有 3 种方法:选择"文件"→"保存"选项;按 Ctrl+S 组合键;单击"常用"工具栏中的 按钮。

(3) 设置定时自动保存。Word 具有定时自动保存功能,每隔一定的时间可以自动保存一次文档内容,这样可以减少因停电、死机等意外事件导致信息丢失造成的损失。选择"文件"→"选项"选项,打开"Word 选项"对话框,如图 15-7 所示。选择"保存"选项卡和"保存自动恢复信息时间间隔"复选框,在微调框中输入时间间隔,单击"确定"按钮。这样每隔一定时间(如 10 分钟),Word 就自动对当前文档保存一次。值得一提的是,这种定时自动保存与前面的几种保存方法所做的保存不是一回事。前面的几种保存是真正意义的文件存盘,而定时自动保存只是为已选择的文档保存了一个供 Word 使用的临时备份文件,以便在遇到意外情况用户来不及存盘时,Word 可以根据临时备份文件来恢复用户文档。因此,它不能代替用户所做的存盘。

图 15-7 "Word 选项"对话框

(4) 同时保存所有已选择的文档。按住 Shift 键,选择"文件"→"全部保存"选项,便可以逐个自动保存所有已选择的文档。

2) 关闭文档

关闭文档的常用方法是单击文档窗口右上角的"关闭"按钮 ✕ 或选择"文件"→"关闭"选项。按住 Shift 键,选择"文件"→"全部关闭"选项,便可逐个自动关闭所有已选择的文档。如果被关闭的文档尚未命名,Word 将弹出"另存为"对话框,让用户保存之后再关闭。

15.1.2 文档排版

在文档录入工作完成后,一般都需要对文档格式进行编排,达到理想的视觉效果。Word 2010 具有强大的排版功能,可以对文档进行字符格式化、段落格式化、页面设计等。

1. 字符的格式化

字符的格式化包括字体种类、字符大小、字形、字间距、颜色和各种修饰效果等多种形式,通过改变字符格式可以产生许多特殊的效果。

(1) 使用格式工具栏设置字符格式。Word 文档输入的文字默认为宋体五号字,利用"字体"工具栏(图 15-8)可以对比较常用的字符格式进行快速设置,如改变字体、字形、字号、颜色等。"字体"工具栏中显示的是当前插入点字符的格式设置。如果不做新的定义,显示的字体和字号将用于下一个输入的文字。若所做的选择包含多种字体和字号,那么字体和字号的显示将为空。"样式"框定义了文本的样式。例如,文章中的章、

图 15-8 "字体"工具栏

节、小节等各级标题及正文,可分别采用"样式"框中的各级标题和正文的设置,这样可在"大纲模式"观看文章时从各标题级纵览全文。

(2) 使用菜单方式设置字符格式。菜单方式不但可以完成"格式"工具栏中所有字体设置功能,还能增设一些特殊格式。打开"字体"对话框,如图 15-9 所示。定义后的参数将作用于新输入字符的格式或修改选定部分的字符设置。"预览"框实时显示出选样效果。单击"确定"按钮。设置边框和底纹:选择"页面布局"→"页面设置"→"版式"选项,打开"边框和底纹"对话框,通过选择"边框"或"底纹"选项卡,可以为选中的区域设置丰富多彩的边框和底纹,如图 15-10 所示。

图 15-9　"字体"选项卡

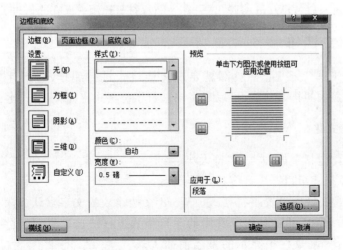

图 15-10　"边框"选项卡

(3) 复制字符格式。利用工具栏上的"格式刷"按钮,可以将一个文本的格式复制到另一个文本上,操作如下。

① 选定需要这种格式的文本或将插入点定位在此文本上。

② 单击工具栏上的"格式刷"按钮。

③ 移动鼠标,使鼠标指针指向欲排版的文本头,此时鼠标指针的形状变为一个格式刷,单击鼠标,拖曳到文本尾,此时欲排版的文本被加亮,然后放开鼠标,完成复制格式工作。若要复制格式到多个文本上,则双击"格式刷"按钮;完成复制格式化后,再单击"格式刷"按钮,复制结束。

2. 段落的格式化

Word 中"段落"是指以段落标记 ↵ 作为结束符的文本、图形或其他对象的集合。一个段落可以只是一个回车符,也可以是一行或若干行。如果对一个段落操作,只需在操作前将插入点置于段落中即可。倘若是对几个段操作,首先应该选定这几个段落,再进行各种段落排版操作。

(1) 文本的对齐。在 Word 中,段落格式主要是指段落对齐方式、段落缩进、段内行间距和段间距等。选择"开始"→"段落"选项,在对话框中选择"缩进和间距"选项卡,如图 15-11 所示。单击"对齐方式"下拉列表框按钮,选择所需的对齐方式,通过"预览"框观看,确认后单击"确定"按钮。

(2) 设置段落缩进。段落的缩进是指段落两侧与左、右页边距的距离,主要有首行缩进、悬挂缩进、左缩进和右缩进 4 种形式。可用菜单方式和标尺方式进行设定。

(3) 设置行间距和段间距。间距的设置主要是指文档行间距与段间距的设置,计算机默认的是单倍行距。行间距设置步骤如下。

① 如果只设置某一段文本的行间距,把光标定位在该段的任意位置;如果要设置整篇文档的行间距,则选中整篇文档。

② 选择"开始"→"段落"选项,打开"段落"对话框。

③ 在对话框的"行距"下拉列表框中选择行距倍数,或者直接在"设置值"框中输入行距的准确数值。

④ 观看"预览"框显示的设置效果。认可后,单击"确定"按钮。设置段间距是调整

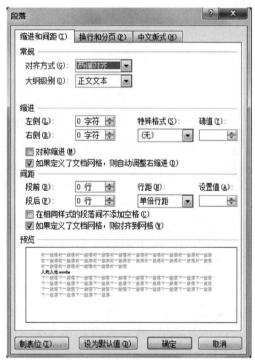

图 15-11 "段落"对话框

段落与段落间的距离,设置方法与前类似。注意:在"间距"区域中调整"段前"和"段后"间距的单位是行数。

(4) 分栏。分栏是将文本分成若干个条块的排版方式,操作步骤如下。

① 选中要分栏的段落。

② 选择"页面布局"→"分栏"选项,打开"分栏"对话框,如图 15-12 所示。

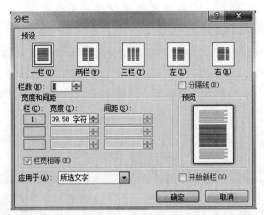

图 15-12 "分栏"对话框

③ 在"预设"框里设置栏数,在"宽度和间距"框里设置栏的宽度和间距,在"分隔线"复选框里选择是否设置分隔线。

④ 在"预览"框中观察设置效果,单击"确定"按钮。

(5) 文档视图。Word 2010 提供了 5 种视图方式,即普通视图、Web 版式视图、页面视图、大纲视图和阅读版式。

15.1.3 表格处理

1. 创建表格

Word 2010 提供了强大的表格处理功能,可以方便地在文档中插入表格。主要有 4 种方式:使用工具栏按钮创建表格;利用"插入表格"命令插入表格;将文本转换为表格;手工绘制表格等。以下以利用"插入表格"命令插入表格为例进行介绍。

(1) 把光标定位在要插入表格的位置,选择"插入"→"表格"选项,弹出"插入表格"对话框,如图 15-13 所示。

(2) 在"列数"和"行数"框中输入表格的列数和行数值,在"'自动调整'操作"选项组中选择操作内容,确定表格的样式。

(3) 单击"自动套用格式"按钮,可以按照 Word 已经定义的格式创建表格。

(4) 单击"确定"按钮完成制作。选中"为新表格记忆此尺寸"复选框,可以把"插入表格"对话框中的设置变成以后创建新表格时的默认值。

图 15-13 "插入表格"对话框

2. 编辑表格

(1) 插入单元格。将光标定位在要插入单元格的位置,选择"表格"→"插入"→"单元格"选项,打开"插入单元格"对话框。单击"确定"按钮,完成插入。

(2) 删除单元格。选中要删除的一个或多个单元格并右击,选择快捷菜单中的"删除"→"单元格"选项,打开"删除单元格"对话框,选中一个选项后,单击"确定"按钮即可。

(3) 插入整行或整列。把光标放在要插入点上一行的结束符上(即表格外面的回车符),按 Enter 键,每按一次 Enter 键便插入一行。单击最后一行的最后一个单元格,按 Tab 键,可在表格末添加一行。如果要一次性插入多行、多列,可以选择"布局"→"行和列"选项操作。

(4) 删除整行或整列。选定要删除的一行或多行,选择"布局"→"删除"选项,再单击"行/列",完成删除行/列。

(5) 合并和拆分单元格。选定所有要合并或要拆分的单元格,选择"布局"→"合并单元格"或"拆分单元格"选项,该选项使所选定的单元格合并成一个;或在对话框内输入要拆分的单元格数即可。

(6) 绘制斜线表头。将光标定位于表头位置(第一行第一列),选择"设计"→"边框"选项,弹出下拉菜单,选择"斜下框线",如图 15-14 所示。

3. 表格样式

(1) 表格自动套用格式。将光标置于表格中的任何位置,选择"设计",用户可以从列表框中预定义的多种样式中挑选出自己需要的格式。

(2) 边框和框线。选定需要添加边框和框线的单元格或整个表格,单击"设计"工具栏的绘图边框,从"样式"下拉列表框中选择框线线形。从"宽度"下拉列表框中选择框线的宽度。单击"颜色"按钮,出现一调色板,从中选择框线颜色。

(3) 表格中文本排列方式。单击需要进行文本排列操作的表格单元格或表格单元格区域并右击,在弹出的快捷键菜单中选择"文字方向"选项,打开"文字方向-表格单元格"对话框,如图 15-15 所示。从中选择所需的排列方式,单击"确定"按钮。

图 15-14 插入斜下框线

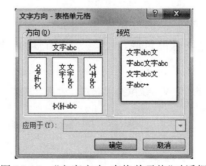

图 15-15 "文字方向-表格单元格"对话框

15.1.4 图片编辑

Word 2010 具有实用、灵活的图形处理功能,用户可以在文档中插入图片对象,并且可以随意安排它们在文档中的位置、改变大小、进行组合等操作,轻而易举实现图文混排,使文档图文并茂。

1. 插入图片

在文档中可以插入来自其他文件的图片,也可以从"剪辑库"中插入剪贴画或图片。以从其他文件插入为例介绍,步骤如下。

(1) 将光标定位于需要插入图片的位置,选择"插入"→"图片"→"来自文件"选项,打开"插入图片"对话框,如图 15-16 所示。

图 15-16 "插入图片"对话框

(2) 在"查找范围"下面的列表框中选择图形文件所在的文件夹,打开文件夹选择所需的图形文件。

(3) 单击"插入"按钮,将图形插入当前位置,单击"插入"按钮右侧的下拉按钮可以选择插入图片文件的方式,如是否以链接方式插入。

2. 编辑图片

利用"格式"工具栏(图 15-17)和"设置图片格式"对话框,对插入的图片做进一步的修饰,可以调整图片的色调、亮度、对比度、大小,还可以对图片进行裁剪、设置图片的边框、版式等操作。

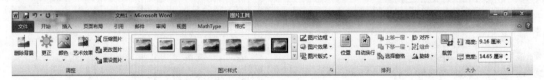

图 15-17 "格式"工具栏

1) 缩放和剪裁图片步骤

(1) 单击选定图形对象,在其对角和沿着选定矩形的边界会出现 8 个尺寸控制点(黑色方形点),可拖动尺寸控制点来调整对象的大小。

(2) 选中图片并右击,在弹出的快捷菜单中选择"设置图片格式"选项,弹出"设置图片格式"对话框。

(3) 选择"大小"选项卡,在对话框中列出图片的原始尺寸、现在尺寸和缩放比例;可以按对象指定的长、宽百分比来精确地调整其大小;如果选中"锁定纵横比"复选框,那么在调整对象大小时要保持其高与宽的比例;如果选中"相对于图片的原始尺寸"复选框,那么每次调整缩放比例时都是相对于图片的原始尺寸调整比例;否则改变比例是相对于当前的图片大小。

(4) 如果对象是图片、照片、位图或者是剪贴画,可对其进行裁剪。单击"图片"工具栏中的"裁剪"按钮 ,在尺寸控制点上拖动定位裁剪工具,当放开鼠标左键后,可实现对图片的裁剪。

2) 设置图片的版式

通过设置图片的版式可以调整图片在文档中的位置以及文字的环绕方式。

(1) 选中图片,单击格式工具栏中的"位置"按钮,指向"文字环绕"选项,弹出文字环绕菜单。

(2) 选择一种环绕方式,单击该选项,如四周型环绕,图片就放置在文字的中间。

(3) 将光标移动到图片上,这时光标变成一个十字形箭头,按住鼠标拖动图片,调整图片位置,选择合适的位置后松开鼠标,显示所选的文字环绕图片的形式。

(4) 也可以通过"布局"来准确设置版式。右击图片,在弹出的快捷菜单中选择"布局"选项,打开的对话框如图 15-18 所示。在其中选择"文字环绕"选项卡,可以选择不同的图文环绕方式和水平对齐方式。Word 2010 中默认的环绕方式为"嵌入型"。

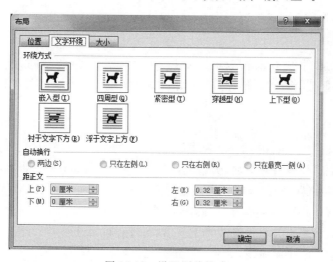

图 15-18　设置图片格式

15.1.5　文档打印

选择"文件"→"打印"选项,打开"打印"对话框,如图 15-19 所示。在该对话框中用户可以设置打印选项,如选择打印机并设置属性、页面范围、份数等。当有关参数设置完毕后,单击"确定"按钮,即可按设置要求打印文档。

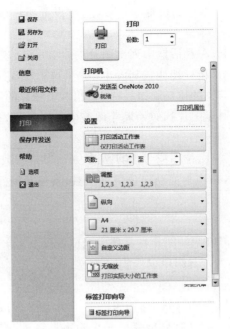

图 15-19 "打印"对话框

15.2 实验 Word 基本操作

1. 实验目的

熟练掌握 Word 中基本的排版功能(如设置字体、字号、段落缩进、行对齐方式、表格及图片插入等);掌握分栏设置的操作过程;熟练掌握页面设置及文档打印技术。

2. 实验内容

(1) 将新建文件以"word1.docx"为文件名存入 D 盘"word 练习"文件夹。

(2) 设置页面。设置文本页面,页边距:上下、左右均为 3cm;纸张大小为 A4 竖放。

(3) 设置分栏格式:把第 2 段文本设置为两栏格式,不加分隔线。

(4) 字体设置。将正文设置为楷书、4 号、蓝色。

(5) 段落设置。将正文行距设置为 1.5 倍,各段首行缩进两个字符。

(6) 设置底纹。正文第一段,底纹:填充红色;图案式样:20%。

(7) 插入图片。从文件中选择一个合适的图片文件,以宽 4.5cm、高 3.5cm 的大小插入正文第二段中合适的位置,设置为"紧密型"图文环绕方式。

(8) 插入表格。利用"表格"菜单插入表格,设置行数、列数分别为 10、5。设置表格中文本对齐方式为"居中"。

第16章 Excel 操作与实验

16.1 Excel 操作

16.1.1 Excel 基本操作

1. 打开 Excel

（1）创建新文档。将光标移动到计算机屏幕左下角的"开始"按钮，单击"开始"按钮。在"程序"中找到 Microsoft Office→Microsoft Excel 2010，再单击，就可以打开 Excel 2010，如图 16-1 所示。

（2）打开已有文档。在应用程序窗口中单击 按钮，或者选择"文件"→"打开"选项，打开"打开"对话框，选择文件所在路径，单击"打开"按钮，如图 16-2 所示。

2. 认识 Excel

Excel 2010 操作界面除了包括标题栏、快速访问工具栏、功能区、文件按钮、滚动条、状态栏、视图切换区以及比例缩放以外，还包括名称框、编辑栏、工作表区、工作表列表区等组成部分，见图 16-3。

（1）名称框和编辑栏。在左侧的名称框中，用户可以给一个或一组单元格定义一个名称，也可以从名称框中直接选取定义过的名称来选中相应的单元格。选中单元格后可以在右侧的编辑栏中输入单元格的内容，如公式或文字及数据等。

（2）工作表区。工作表区就是一张很大的表，其中包括工作簿名称、行号、列号、滚动条、工作表标签、工作表标签切换按钮、窗口水平分割线、窗口垂直分割线以及当前工作表的一部分。工作表有 16 384 行（1～16 384）、256 列（A～Z、AA～IV）。

图 16-1 选择 Microsoft Excel 2010 命令

（3）状态栏。状态栏的功能是显示当前工作状态，或提示进行适当的操作。它分为两

图 16-2 "打开"对话框

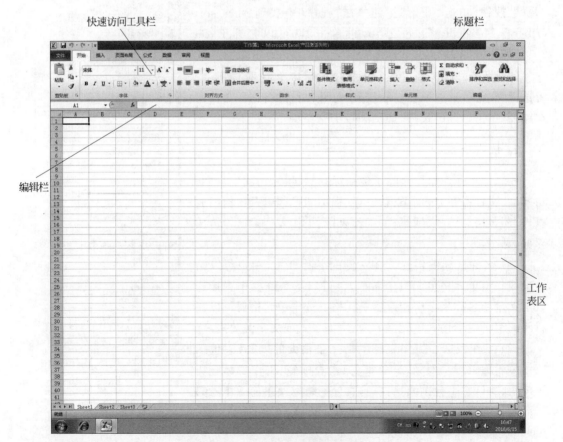

图 16-3 Excel 2010 操作界面

部分:前一部分显示工作状态(如"就绪"表示可以进行各种可能的操作,Excel 已准备就绪);后一部分显示设置状态(如"NUM"表示小键盘处于数字输入状态)。

3. 输入符号

(1) 字符的输入。单击需要输入的单元格,使之成为活动单元格,在单元格中输入"姓名"文本,输入文字的方法与 Word 中相同。按 Enter 键后确认输入。有些特殊的字符,如某职工的编号是"001",称其为数字型字符串。数字型字符串虽然由数字组成,但它不表示大小,并不是一个数字,如果直接输入"001",Excel 2010 会按数字处理,自动省略前面两个"0",造成输入错误。在输入时,数字型字符前面要加一个英文状态下的单引号"'",而且单引号要在英文输入状态下输入。输入"'001",按 Enter 键确认,在单元格内单引号不会显示出来,但编辑栏中还是可以看到。光标会移动到下一行同列单元格。用鼠标或键盘的方向键选定另外的单元格,输入也会确认。例如,按键盘的右方向键,输入也会被确认,B2 单元格将成为活动单元格,见图 16-4。

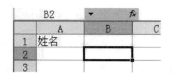

图 16-4　活动单元格

(2) 数字的输入。数字可以直接输入单元格,若数字位数太多,会自动以科学记数法显示。例如,输入"6560000000",显示如图 16-5 的 B3 单元格所示。输入分数时,整数与分数之间应有一个空格,分数分隔符用斜杠"/"表示。例如,输入 $4\frac{7}{8}$,应该输入"4+空格+7/8",如图 16-5 的 B4 单元格所示。对纯分数,如应该输入"0+空格+7/8",如图 16-5 的 B6 单元格所示(0 没有显示)。如果直接输入"7/8",就会被当作日期看待,结果如图 16-5 的 B5 单元格所示。

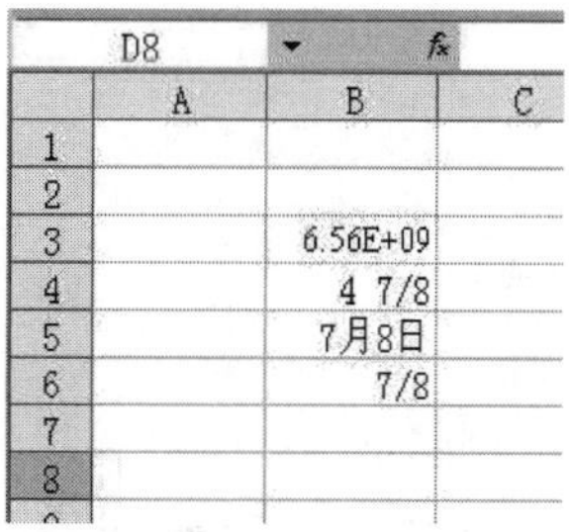

图 16-5　数字的输入

(3) 日期和时间的输入。输入日期和时间要用 Excel 能识别的格式,如图 16-5 所示。如果需要输入当前的系统日期和系统时间,只需要分别用组合键 Ctrl+;和 Ctrl+Shift+;即可完成输入。

4. 数据的输入和修改

(1) 填充文本和时间。不同类型的数据,填充的方式是不同的。输入如图 16-6 所示的内容,选中要填充的数据所在单元格,如这里的 A1 单元格。单元格右下角有个黑色实心的正方形,称为"填充柄"。将光标放在填充柄上,鼠标指针将由空心十字变为实心十字,见图 16-6。按住鼠标左键,拖动鼠标到需要的位置,行方向或列方向都可以。放开左键,填充就完成了,如法炮制,把图中 A3 和 A5 单元格的内容也进行填充,结果如图 16-7 所示。从这个例子可以看出,有一些填充是复制,有些不是简单的复制。Excel 2010 预设了很多有规律排列的数据,如时间型数据,还有"甲、乙、丙、……"。如果填充的内容正好符合这些,系统就会按规定的内容填充。对于数字，Excel 需要 3 项或以上的数据决定是按规律填充还是复制。对于固定内容的序列，Excel 可按顺序填写。

图 16-6　将光标放在填充柄上

图 16-7　填充单元格

（2）删除单元格里面的内容。首先选中将要删除的单元格或多个单元格，按 Delete 键，单元格里的内容就被删除了。Delete 键只能删除单元格内容，而单元格的格式等都保留下来。如果想清除它们，可以使用"开始"菜单中的"清除"命令，见图 16-8。无论是 Delete 键还是菜单中的"清除"命令，都不会删除单元格本身，如果要把单元格本身删除，应该使用"开始"菜单中的"删除"命令，见图 16-9。

图 16-8　选择"清除"命令　　　　图 16-9　删除单元格本身

删除单元格后，它的位置需要其他单元格填补，在"删除"对话框中可以选择填补的方式。由于删除单元格会影响到其他单元格的位置，所以要慎用，一般删除内容就可以了。

5. 保存和关闭 Excel

（1）保存 Excel 文件。单击左上角的"文件"菜单中的"保存"命令，打开"另存为"对话框。在"保存位置"下拉列表框中选择合适的文件夹，在"文件名"输入框中输入文件名。设置完成后，单击"确定"按钮。如果工作簿已经保存过，又不想改变保存的位置和保存的名字，选择保存命令就不会有"另存为"对话框，也可以直接使用工具栏上的"保存"按钮来保存，见图 16-10。Excel 保存文档的默认文件夹是"我的文档"，单击对话框左边框中的图标，可以在相应的文件夹中保存文档。在"文件名"文本框中输入要保存的文件名，如"Book1"，默认的"保存类型"是 Excel 文档，系统自动添加.xls 扩展名。若用户要保存为其他类型的文档，单击该列表框右侧的向下箭头，在下拉列表框中单击所需的文件类型，再单击"保存"按钮即可。

（2）关闭 Excel。关闭文档的方法是单击文档窗口右上角的"关闭"按钮，或选择"文件"→"关闭"选项。如果被关闭的文档尚未保存或命名，会出现提示对话框，让用户保存后

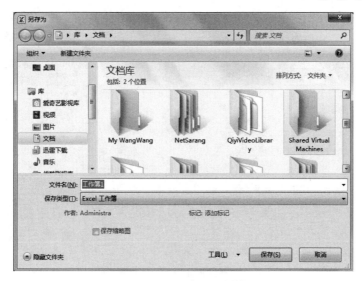

图 16-10 "另存为"对话框

再关闭。

16.1.2 工作表的编辑

1．工作表的插入

在首行给表格加一个标题。通常，标题应该在第一行，而第一行已经有内容了，所以首要的操作是插入一行。在行号"1"上单击，选中此行。由于新行插入的位置在当前选中行的上边，所以这一操作是给插入的行定位。选择"开始"选项卡，单击"插入"按钮，选择"插入单元格"选项，如图 16-11 所示。操作完成后在表格中就新插入了一行，而原来的第一行变成第二行。插入列的方法与插入行的方法一样。

2．合并单元格

现在准备输入标题，为了整齐和美观，将标题放在哪一个单元格内都不合适，它的宽度应该和下面内容的总宽度相同，所以首先合并单元格。合并单元格是把多个单元格合并成一个单元格，选中 A1～D1，单击格式栏中的"合并单元格"命令，如图 16-12 所示。

完成这一步操作后，A1～D1 单元格就合并成一个大的单元格了，在这个单元格中输入标题就可以了，如图 16-13 所示。

3．工作表的格式

（1）设置字体、字号。选中要改变字体的单元格，单击"格式"工具栏中"字体"下拉按钮↗，拖动列表框右边缘的滚动条，在下拉列表框中选择需要的字体，如选择"黑体"。单击"格式"工具栏中的"字号"下拉按钮，在弹出的下拉列表框中选择 10 磅，见图 16-14。

（2）设置颜色。

① 文字颜色的设置：选中将要设置的文字，单击工具栏中的"字体颜色"下拉按钮，在弹出的对话框中选择"红色"，如图 16-15 所示。

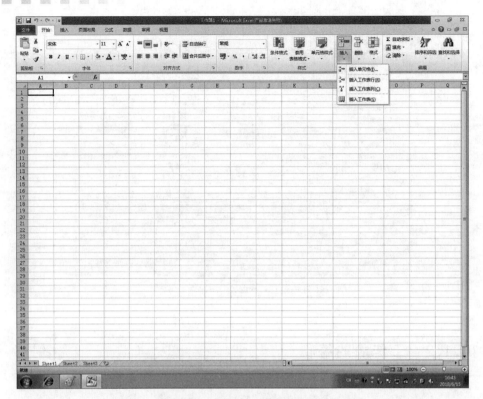

图 16-11　选择"插入单元格"选项

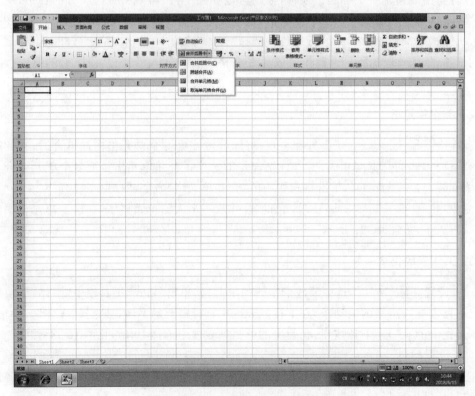

图 16-12　单击"合并单元格"命令

第16章 Excel操作与实验

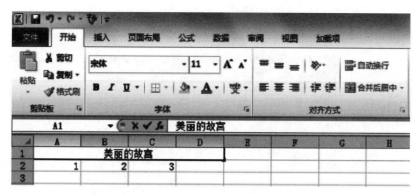

图16-13 输入标题

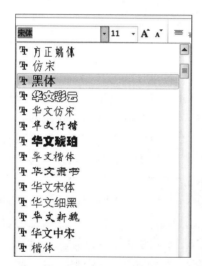
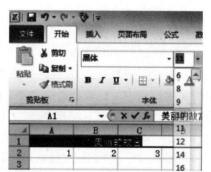

图16-14 设置字体和字号

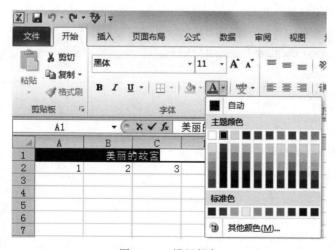

图16-15 设置颜色

② 表格背景颜色的设置：和字体颜色一样，首先选中要设置背景的单元格。单击工具栏中的"填充颜色"下拉按钮，选择合适的颜色，如"黄色"。填充后的效果如图 16-16 所示。

图 16-16　填充颜色效果

4．单元格的格式

（1）单元格对齐方式。单元格是 Excel 的基本单位，它的格式设置就显得非常重要。用"格式"工具栏上的命令可以进行部分格式设置，不过，"开始"选项卡中的"对齐方式"组中更为全面。"对齐方式"组中有使用频率很高的命令。首先是"文本对齐方式"常设置为"居中"，让各列的栏目名与内容对齐，阅读时不易出错，而且更加整齐美观。现在把单元格的内容设置为居中显示。选中工作表的所有内容，单击"格式"菜单中的"单元格"命令，打开"设置单元格格式"对话框。在"文本对齐方式"区域中，分别单击"水平对齐"和"垂直对齐"下拉按钮，在弹出的下拉列表框中选择"居中"，如图 16-17 所示，然后单击"确定"按钮。在"文本控制"部分，也可以合并单元格，方法是选中需要合并的单元格，再选中这里的"合并单元格"复选框。不过，与使用工具栏上的"合并及居中"按钮相比较，步骤要多一些。但如果想要把已经合并了的单元格重新分开，就要在这里去掉该复选框。选中"自动换行"复选框可以在单元格内容较多时分行显示，避免把列的宽度设得过大。单元格文本一般都水平排列，

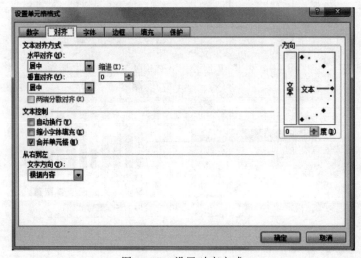

图 16-17　设置对齐方式

有些情况需要竖直排列。例如,在列方向上合并了多个单元格,想把这个单元格的内容也竖直排列,在"方向"区域可以调节。

(2) 边框格式设置。现在的单元格虽然看上去有淡淡的边框线,但打印时不会打印输出,需要加上真正的边框线。而 Excel 2010 为单元格准备了多种边框线条,加边框也更自由准确,不仅可以把内部和外边框分别设置,甚至可以控制每一线条。下面给表格加边框。选中所有包含内容的单元格,打开"开始"选项卡,选中"格式"命令,弹出"设置单元格格式"对话框,选择"边框"选项卡,如图 16-18 所示。加边框时原则上先选择线条加框。现在先加上外边框,在"线条"列表框中,在双线条上单击选中它,然后在"预置"区域单击"外边框",外边框就加好了。在单线条上单击选中它,然后在"预置"区域单击"内部",就给内部加了单线,在对话框的"边框"选项卡中可以预览加框的效果。在"边框"预览框周围有 8 个小框,在它们上面单击,可以控制局部的线条。例如,在最左上方的小框上单击,在预览框中可以看到外边框的上部都去掉了。如果需要还可以在"颜色"下拉列表框中给边框加上颜色,单击"确定"按钮即可,见图 16-19。

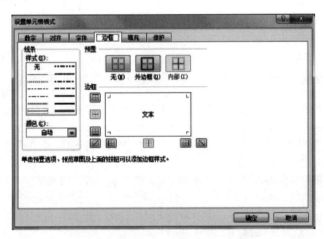

图 16-18 "设置单元格格式"对话框

图 16-19 设置效果

(3) 图案格式设置。有时给自己的表格加上底纹是个好主意,可以让表格看上去更漂亮。先进入"图案"选项卡,在"颜色"列表框中选择一种喜欢的颜色,单击"确定"按钮。

5. 格式化工作表

选择"开始"选项卡,单击"套用表格格式"按钮,打开"自动套用格式"列表框,如图 16-20 所示。在列表中包括近二十种样式,选择自己喜欢的,然后单击"确定"按钮就可以了。还有一种方法是利用工具栏上的"格式刷"改变格式。选择一种样式,然后单击工具栏上的 图标按钮,此时光标的符号不再是箭头了,取而代之的是在光标的前面有一个"刷子"一样的图标。选择将要设置格式样式的单元格(有几个选几个),直到满意为止。最后再次单击工具栏上的 按钮就可以了。

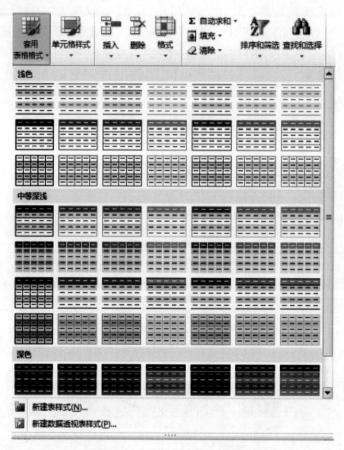

图 16-20 "自动套用格式"列表框

16.1.3 数据图表

1. Excel 中使用的函数

Excel 函数共有 11 类,分别是数据库函数、日期与时间函数、工程函数、财务函数、信息函数、逻辑函数、查询和引用函数、数学和三角函数、统计函数、文本函数及用户自定义函数。

(1) 数据库函数。当需要分析数据清单中的数值是否符合特定条件时,可以使用数据库工作表函数。例如,在一个包含销售信息的数据清单中,可以计算出所有销售数值大于

1000 且小于 2500 的行或记录的总数。Microsoft Excel 共有 12 个工作表函数用于对存储在数据清单或数据库中的数据进行分析,这些函数的统一名称为 Dfunctions,也称为 D 函数,每个函数均有 3 个相同的参数,即 database、field 和 criteria。这些参数指向数据库函数所使用的工作表区域。其中,参数 database 为工作表上包含数据清单的区域,参数 field 为需要汇总的列的标志,参数 criteria 为工作表上包含指定条件的区域。

(2) 日期与时间函数。通过日期与时间函数,可以在公式中分析和处理日期值和时间值。

(3) 工程函数。工程工作表函数用于工程分析。这类函数中的大多数可分为 3 种类型,即对复数进行处理的函数、在不同的数字系统(如十进制系统、十六进制系统、八进制系统和二进制系统)间进行数值转换的函数和在不同的度量系统中进行数值转换的函数。

(4) 财务函数。财务函数可以进行一般的财务计算,如确定贷款的支付额、投资的未来值或净现值以及债券或息票的价值。财务函数中常见的参数如下。

① 未来值(fv):在所有付款发生后的投资或贷款的价值。

② 期间数(nper):投资的总支付期间数。

③ 付款(pmt):对于一项投资或贷款的定期支付数额。

④ 现值(pv):在投资期初的投资或贷款的价值,如贷款的现值为所借入的本金数额。

⑤ 利率(rate):投资或贷款的利率或贴现率。

⑥ 类型(type):付款期间内进行支付的间隔,如在月初或月末。

(5) 信息函数。可以使用信息工作表函数确定存储在单元格中的数据类型。信息函数包含一组以 IS 开头的工作表函数,在单元格满足条件时返回 TRUE。例如,如果单元格包含一个偶数值,ISEVEN 工作表函数返回 TRUE。如果需要确定某个单元格区域中是否存在空白单元格,可以使用 COUNTBLANK 工作表函数对单元格区域中的空白单元格进行计数,或者使用 ISBLANK 工作表函数确定区域中的某个单元格是否为空。

(6) 逻辑函数。使用逻辑函数可以进行真假值判断或者进行复合检验。例如,可以使用 IF 函数确定条件为真还是假,并由此返回不同的数值。

(7) 查询和引用函数。当需要在数据清单或表格中查找特定数值或者需要查找某一单元格的引用时,可以使用查询和引用工作表函数。例如,如果需要在表格中查找与某一列中的值相匹配的数值,可以使用 VLOOKUP 工作表函数。如果需要确定数据清单中数值的位置,可以使用 MATCH 工作表函数。

(8) 数学和三角函数。通过数学和三角函数可以处理简单的计算(如对数字取整、计算单元格区域中的数值总和)或复杂计算。

(9) 统计函数。统计工作表函数用于对数据区域进行统计分析。例如,统计工作表函数可以提供由一组给定值绘制出的直线的相关信息,如直线的斜率和 y 轴截距,或构成直线的实际点数值。

(10) 文本函数。通过文本函数,可以在公式中处理文字串。例如,可以改变大小写或确定文字串的长度。可以将日期插入文字串或连接在文字串上。

(11) 用户自定义函数。如果要在公式或计算中使用特别复杂的计算,而工作表函数又无法满足需要,则需要创建用户自定义函数。这些函数称为用户自定义函数,可以通过使用 Visual Basic for Applications 来创建。

2. 绘制图表

(1) 产生一个表。创建一个数据表,选中需要产生图表数据的区域 A1:D4。选择菜单中的"插入"→"图表"选项,打开"插入图表"对话框,见图 16-21。默认"图表类型"为"柱形图"和"子图表类型",单击下方的"按下不放可查看示例"按钮,可以看到将要得到的图表外观预览。直接单击"完成"按钮,将在目前工作表中得到产生的图表,见图 16-22。如果想要更新表中的数据,可以在表格中直接修改,图表会自动对于修改做出变动。

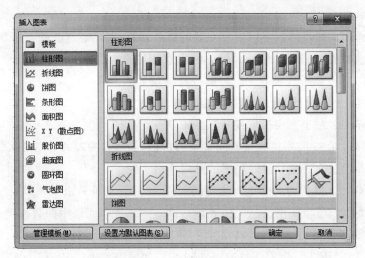

图 16-21 "插入图表"对话框

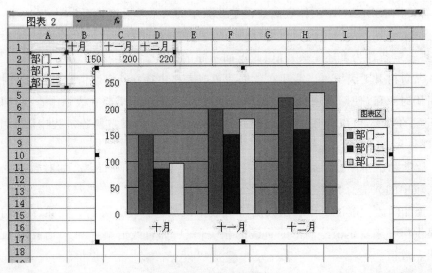

图 16-22 产生的图表

（2）更换表的类型。选中图表,然后选择菜单中的"图表"→"图表类型"命令,打开"图表类型"对话框。修改图表类型为"条形图",子类型保持默认,一直按住"按下不放可查看示例"按钮,即可以预览该图表类型得到的效果图。如果满意可单击"确定"按钮。接着,尝试其他图表类型。将图表类型改为"折线图",一直按住"按下不放可查看示例"按钮,预览该图表类型得到的效果图,见图 16-23。

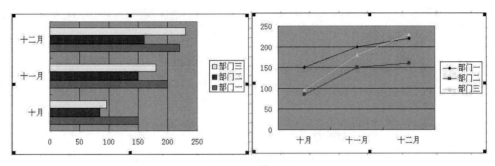

图 16-23　效果图

（3）图表选项。标题:选择"布局"选项卡,单击"图表标题"按钮,插入图表标题,见图 16-24。在"图表标题"框中输入"公司广告部业务","分类(X)轴"输入"第四季度业绩","数值(Y)轴"输入"业绩额(万元)",具体效果出现在预览框中。

图 16-24　插入图表标题

① 网络线。单击"网格线",选择"网格线"选项卡。在"数值(Y)轴"下,选择"主要横网格线"选项。在预览框中查看图表效果,如图 16-25 所示。

② 图例。单击"图例选项",选择"图例选项"选项卡。选中"靠上"单选钮,将图例的位置定到上方。选中"底部"单选钮,将图例的位置定位到底部。实际操作时根据自己的需要将图例定位到恰当的位置即可,见图 16-26。单击数据表,选择"显示数据表",在预览框中可以看到图表底部添加了相应的数据表。

图 16-25　选择"主要横网格线"选项

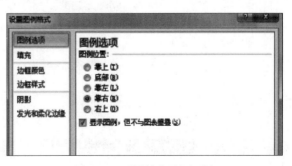

图 16-26　"图例选项"选项卡

16.1.4 页面设置和打印

1. 页面设置

"页面设置"对话框包括"页面""页边距""页眉/页脚"和"工作表"4个选项卡,现在分别介绍如何来设置它们。

(1)"页面"选项卡。在这里以课程表为例,在"页面"选项卡中,主要完成以下设置。在"方向"区域选中"横向"单选钮,使页面的安排更合理。在"缩放比例"微调框中调节到130%,打印时把课程表放大一些。在"纸张大小"下拉列表框中选择"A4",如图16-27所示。所有的设置完成以后,单击"确定"按钮,回到打印预览视图,效果如图16-28所示。从预览视图中可以看出,课程表已经变为横向,而且尺寸也加大了,使页面的利用更为合理。

(2)"页边距"选项卡。"页边距"选项卡的设置内容比较少,主要是调节上、下、左、右页边距,如果有页眉或页脚,还可以设置其位置,如图16-29所示。把左、右边距设置为2.4,其他可以不做改动。其实,在打印预览视图的预览框中,页边距用虚线表示,把光标放在虚线上可以直接拖动调节页边距。这种方法更

图 16-27 "页面"选项卡

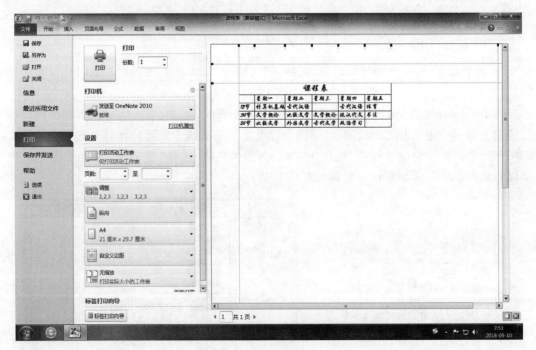

图 16-28 预览效果

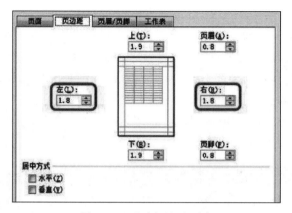

图 16-29 "页边距"选项卡

为直观,而且可以直接看到调整以后的效果。

(3)"页眉/页脚"选项卡。"页眉/页脚"选项卡的界面如图 16-30 所示。如果要设置页眉,可以单击"页眉"下拉按钮,在下拉列表框中选择 Excel 2010 提供的页眉。如果这些页眉并不是自己需要的,可单击"自定义页眉"按钮,打开"页眉"对话框,如图 16-31 所示。在"左""中""右"3 个文本框中输入自己的页眉,单击"确定"按钮,完成页眉的设置。对页脚的设置与页眉的设置基本相同,以此类推。

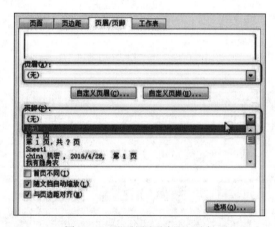

图 16-30 "页眉/页脚"选项卡

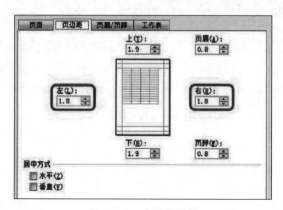

图 16-31 自定义页眉

（4）"工作表"选项卡。在"工作表"选项卡中可以准确地设置打印区域、打印内容、打印顺序等，"工作表"选项卡如图 16-32 所示。下面介绍设置打印区域的方法：单击"打印区域"部分的选定区域按钮，出现"页面设置-打印区域"对话框，如图 16-33 所示。选定打印区域，框中会自动加入选定区域的单元格地址，单击"输入"按钮。设置完成后将会只打印选中的部分。单击"确定"按钮，回到打印预览视图，单击"打印"按钮，打开"打印内容"对话框，如图 16-34 所示。在这个对话框中主要设置"打印范围"和"打印份数"两个选项，设置完成后就可以单击"确定"按钮开始打印。

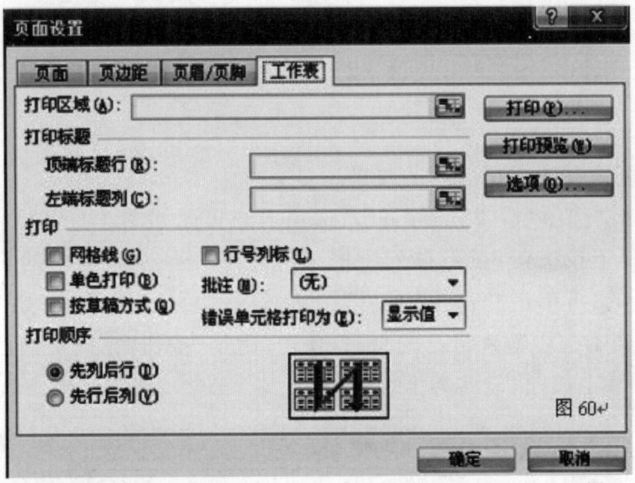

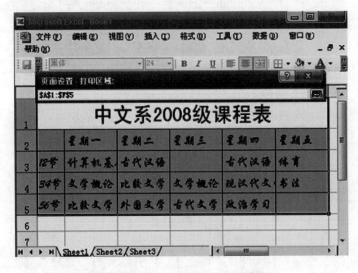

图 16-32 "工作表"选项卡

图 16-33 "页面设置-打印区域"对话框

2．工作表的打印

完成工作表的制作之后，后期工作就是打印工作表了。打印工作表首要的工作就是连接打印机，然后把它打印出来。在打印工作表之前应该通过打印预览来观察打印的效果，如

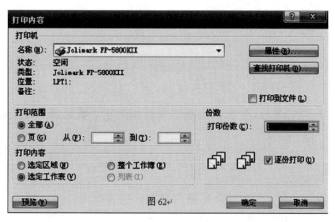

图 16-34 "打印内容"对话框

果不满意,可以及时修改。这样既节约了纸张,也节约了打印等待的时间。需要说明的是,Excel 和 Word 不同,就算计算机没有安装打印机,Word 文档也可以进行页面设置和打印预览,但 Excel 就不可以。所以,只有计算机安装了打印机才能进行下面的操作。单击工具栏上的"打印预览"按钮(或者选择"文件"→"打印预览"选项),进入打印预览视图,如图 16-35 所示。单击"设置"按钮,进入"页面设置"对话框。如果单击"文件"菜单中的"页面设置"命令,也会打开"页面设置"对话框。

图 16-35 打印预览视图

16.2 实验 Excel 基本操作

1. 实验目的

通过基本操作实验的学习,要求学生熟练掌握如何建立数据表格,掌握数据管理和制作图表的方法。

2. 实验内容

(1) 创建工作簿和工作表,进行单元格的设置和内容编辑。
(2) 常见公式和函数的使用,如求和、求平均值等。
(3) 数据管理,包括数据排序、筛选、分类、汇总等。
(4) 制作图表,包括创建、修改、修饰等,见表 16-1 和图 16-36。

表 16-1 数据表

科目 姓名	语文	数学	英语	平均分
张三	80	60	90	76.67
李四	70	50	60	60.00
王五	90	80	90	86.67
平均分	80.00	63.33	80.00	

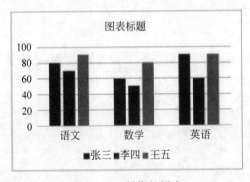

图 16-36 制作的图表

第17章 PowerPoint演示文稿制作

17.1 PowerPoint 操作

17.1.1 PowerPoint 启动和退出

1. 启动 PowerPoint 2010

方法一：选择"开始"→"所有程序"→Microsoft Office→Microsoft Office PowerPoint 2010 选项。

方法二：双击桌面上的 Microsoft Office PowerPoint 2010 快捷方式图标。

方法三：通过资源管理器找到 PowerPoint 2010 系统执行文件，双击即可。

2. 退出 PowerPoint 2010

方法一：选择"文件"→"退出"选项。

方法二：单击应用程序窗口的"关闭"按钮。

17.1.2 PowerPoint 窗口界面

当打开一个已有的演示文稿时，窗口界面的组成主要包括标题栏、菜单栏、工具栏、工作区、任务窗格、视图切换区、状态栏、帮助搜索栏等。

(1) 标题栏。标题栏位于窗口的最上方，用于显示当前正在编辑演示文稿的文件名等相关信息。

(2) 菜单栏。菜单栏包含"文件""编辑""视图""插入""格式""工具""幻灯片放映""窗口""帮助"等菜单。

(3) 工具栏。工具栏中包含许多由图标表示的命令按钮。

(4) 任务窗格。任务窗格像个浮动面板，提供 PowerPoint 应用程序的常用命令及剪贴板的操作，利用它可以方便地实现很多功能。任务窗格通过选择"视图"→"任务窗格"选项显示，一般在窗口右边，还可以通过按住 Ctrl 或 Alt 键再拖动来调整位置。

(5) 视图切换区。在 PowerPoint 2010 系统中提供 3 种视图，即普通视图、幻灯片浏览视图和幻灯片放映视图。用户可以通过视图切换区实现对不同视图方式的切换。

(6) 工作区。工作区是 PowerPoint 的主要操作界面，在这里用户可以对幻灯片和演示文稿进行编辑或者应用各种效果进行操作。在不同的视图方式下,工作区界面有所不同。在普通视图方式下,工作区包括 3 个部分,即大纲与幻灯片缩略图区、幻灯片编辑区和备注区。在幻灯片浏览视图方式下,工作区只显示幻灯片缩略图。

① 大纲与幻灯片缩略图区:显示幻灯片的标题、大纲信息和缩略图,在这里可以方便用户对不同幻灯片之间进行快速选择和显示。

② 幻灯片编辑区:对幻灯片的信息对象进行编辑和设置的区域。

③ 备注区:在这里实现对幻灯片备注信息的添加、修改及管理。

(7) 状态栏。显示 PowerPoint 当前的各种状态信息。

(8) 帮助搜索栏。用于搜索引擎,查询有关 PowerPoint 操作的使用帮助。

17.1.3　演示文稿的组成

一个演示文稿由若干张幻灯片组成,一张幻灯片通常又包含多个信息对象。幻灯片的信息对象有不同的类型,常见的有标题、文本、图形、表格、声音等。由于幻灯片中各信息对象的布局不同,每张幻灯片都采用了某种排版格式,称为幻灯片版式。

PowerPoint 2010 系统提供了文字版式、内容版式、文字和内容版式、其他版式等四大类共 31 种版式。常用的版式有标题幻灯片、只有标题、标题与文本、标题和两栏文本、空白、内容、标题和内容、标题文本与内容、标题文本与文本、文本与图表等。

演示文稿的每一张幻灯片可以看成有两层:一是信息对象层;二是背景层。不同层的编辑和设置分别在不同的操作环境中进行。

幻灯片外观是整个幻灯片的外观,一个演示文稿中各张幻灯片可以设置统一的外观格式,也可以设置不同风格的外观。幻灯片的外观格式的设置一般通过使用母版、幻灯片背景、使用配色方案、应用设计模板以及设置页眉和页脚、编号、页码来实现。

17.1.4　演示文稿视图

PowerPoint 2010 有 3 种主要视图,即普通视图、幻灯片浏览视图和幻灯片放映视图。选用不同的视图可以使文档的浏览或编辑更加方便。

1. 普通视图

普通视图是主要的幻灯片编辑视图,可用于插入新幻灯片、插入和编辑信息对象、设置信息对象的格式、设置幻灯片外观、设置幻灯片动画、设置超级链接等操作。普通视图是 PowerPoint 2010 默认的视图方式,在普通视图方式下的 PowerPoint 2010 窗口,工作区由大纲与幻灯片缩略图区、幻灯片编辑区和备注区 3 个部分组成。大纲与幻灯片缩略图区又包括两个选项卡,即"幻灯片"和"大纲"。

(1) "幻灯片"选项卡用于查看幻灯片的缩略图,可看到一列缩小了的幻灯片,使用鼠标拖动中间的分界线可以调整"幻灯片"缩略图区的大小,同时使幻灯片以最大限度自动缩放。

(2) "大纲"选项卡中并不显示幻灯片图形,而是显示每张幻灯片的大纲信息,包括幻灯片的标题与文本内容,其他内容不显示。在这里便于对幻灯片标题和文本信息的修改以及对幻灯片顺序的调整。

2. 幻灯片浏览视图

幻灯片浏览视图是缩略图形式的幻灯片的专有视图,幻灯片浏览视图用于将幻灯片缩小、多页并列显示,便于对幻灯片进行移动、复制、删除和调整顺序等操作。

在结束创建或编辑演示文稿后,幻灯片浏览视图给出演示文稿的整个图片,使重新排列、添加或删除幻灯片以及预览切换和动画效果都变得很容易。

3. 幻灯片放映视图

幻灯片放映视图占据整个计算机显示屏幕,就像一个实际的幻灯片全屏幕放映。在这种全屏幕视图中,用户所看到的演示文稿就是将来观众所看到的,如用户可以看到图形、时间、影片、动画元素以及将在实际放映中看到的切换效果。

PowerPoint 2010 的 3 种视图方式的切换可通过视图切换按钮进行,也可以通过选择"视图"→"普通"(或"幻灯片浏览"→"幻灯片放映")选项来实现。

17.2 文稿制作

创建演示文稿一般步骤如下。

(1)创建.pptx 文件,包括演示文件的创建和保存,幻灯片的插入、编辑和设置等。

(2)设置幻灯片的外观格式,一般通过使用母版、幻灯片背景、使用配色方案、应用设计模板以及设置页眉和页脚、编号、页码等实现。

(3)设置幻灯片的动画和超级链接。幻灯片的动画包括幻灯片中各信息对象显示的动画和演示文稿放映时幻灯片切换的动画。演示文稿的超级链接包括使用超级链接命令和设置动作按钮。

(4)演示文稿的放映、打印和打包等处理。

17.2.1 演示文稿创建方式

1. 创建空演示文稿

在"新建演示文稿"任务窗格中选择"空演示文稿"将会产生空白的文档窗口。这种方式建立的幻灯片不包含任何背景图案、格式和内容,但包含 31 种自动版式供用户选择。用户可以从"幻灯片版式"任务窗格中任意选择某种版式,然后在窗口中根据信息对象占位符的提示,插入文本、内容或其他的信息对象,并进行格式设置。如果要插入新的幻灯片,通过选择"插入"→"新幻灯片"选项,或单击常用工具栏中的"插入新幻灯片"按钮即可。

2. 根据设计模板创建演示文稿

在"新建演示文稿"任务窗格中选择"根据设计模板创建",该任务窗格将会切换到"幻灯片设计"任务窗格。在"幻灯片设计"任务窗格中单击一种设计模板,此时所选的模板格式将会应用到幻灯片上，此幻灯片已有了相应的背景图案和格式。

3．根据内容提示向导创建演示文稿

在"新建演示文稿"任务窗格中，如果用户选择"根据内容提示向导"选项，就可以按照向导提示，经过5个步骤创建出新演示文稿。在"根据内容提示向导"创建演示文稿时，用户可以根据PowerPoint的每个提示对话框逐步进行设置。完成5个步骤后，单击"完成"按钮，将弹出"保存"对话框，输入保存文件的文件名。这样系统将自动生成一个已包括多张幻灯片的新的演示文稿，演示文稿的幻灯片不仅包括基本的信息内容，还包括背景图案和格式。这种方式比较方便、直观，用户操作起来十分简便。

4．根据现有演示文稿创建新演示文稿

如果用户想在以前编辑的演示文稿的基础上创建新的演示文稿，可以在"新建演示文稿"任务窗格中选择"根据现有演示文稿"选项，就会弹出"根据现有演示文稿新建"对话框，在此选择根据现有演示基础上新建或修改幻灯片，实现创建新的演示文稿。这样新的演示文稿将包括现有演示文稿的全部内容和格式。

注意：这与打开一个已有的演示文稿是不同的。

5．根据相册创建演示文稿

除了上面所讲的演示文稿创建方式外，利用PowerPoint还可以以相册的方式创建演示文稿。在"新建演示文稿"任务窗格中，选择"相册"选项，将会弹出"相册"对话框，从该对话框中选择一个图片，单击"插入"按钮即可完成图片插入，此时在"相册版式"选项组中用户可以对"图片版式""相册形状"和"设计模板"进行设置。

17.2.2 演示文稿创建步骤

下面说明演示文稿创建的一般过程。

（1）启动PowerPoint 2010系统。

（2）选择"文件"→"新建"选项，弹出"新建演示文稿"任务窗格，在该任务窗格中选择"空演示文稿"，弹出"幻灯片版式"任务窗格。

（3）在"幻灯片版式"任务窗格中选择版式，此处选择"标题,文本与内容"版式，此时创建了空幻灯片。

（4）根据新幻灯片版式中各占位符的提示，输入幻灯片对象的内容、标题、文本和图片，这样就完成了第1张幻灯片的制作。

17.2.3 演示文稿编辑

1．插入新幻灯片

在演示文稿中插入一新的幻灯片，可以在普通视图和幻灯片浏览视图中进行。一般是在普通视图窗口左边的"幻灯片"窗格中进行。具体操作：①选取一张幻灯片；②选择"开始"选项卡，单击"新建幻灯片"按钮，或在工具栏中单击"插入新命令"按钮；③从窗口右边

的"幻灯片版式"窗格中选择需要的版式。这样就在选取幻灯片之后插入了一张新幻灯片，原选取的幻灯片往后移动一张。另外，选取一张幻灯片并右击，在弹出的快捷菜单中选择"新幻灯片"选项，也可以在选择的幻灯片之后插入一张新幻灯片。直接按 Ctrl＋M 组合键也能实现新幻灯片的插入操作。如果需要在两张幻灯片之间插入一张新幻灯片，可以使用鼠标在两张幻灯片之间的区域单击，待提示线出现后，再选择"插入"选项卡，单击"新幻灯片"按钮即可。

2．选取幻灯片

在选择幻灯片时按住 Ctrl 键，可以选中不连续的多张幻灯片；单击选取一张幻灯片后，按住 Shift 键再选中另一张幻灯片，将同时选取多张连续的幻灯片；全部选取幻灯片可以使用"编辑"→"全选"或按 Ctrl＋A 组合键。

3．删除、移动和复制幻灯片

在普通视图的"幻灯片"窗格中，先选取要操作的幻灯片，右击，在弹出的快捷菜单中选择剪切、复制、粘贴和幻灯片删除选项，可实现幻灯片移动、复制、删除等操作。如果选择"插入"→"幻灯片副本"选项，将在选取幻灯片后插入其幻灯片副本。幻灯片副本与选定幻灯片完全相同，包括版式、文字及图形等所有对象及属性。

4．隐藏幻灯片

设置幻灯片的隐藏，一般在普通视图窗口左边的"幻灯片"窗格中进行。具体操作如下。
（1）选取一张或多张幻灯片。
（2）右击，在弹出的快捷菜单中选择"隐藏幻灯片"选项。被"隐藏"的幻灯片在"幻灯片"窗格中仍可看到其缩略图，但是在幻灯片播放时 PowerPoint 将跳过这些被隐藏的幻灯片。

17.2.4　幻灯片编辑

1．通过占位符插入信息对象

用户制作幻灯片时，通过选择"幻灯片版式"为新幻灯片提供了插入信息对象的占位符，供插入所需的标题、图片、表格等对象使用。

2．在幻灯片中添加对象

在幻灯片中除了通过选择"幻灯片版式"所提供的占位符插入信息对象外，PowerPoint 还提供了用户自由插入图片、图示、文本框、影片和声音、对象、书签等信息对象的方法。一般通过"插入"→"…"插入对象。

3．插入影片和声音

为了使演示文稿更加生动、形象，更能吸引观看者的注意力，经常会在 PowerPoint 幻灯片中插入影片。为了在幻灯片放映的同时播放解说词或音乐，可在幻灯片中插入事先准备好的声音文件等。

(1) 插入声音文件。选择"插入"→"音频"→"文件中的声音"选项,打开"插入声音"对话框。在选择插入声音文件后,在播放中设置播放的效果,若选择"自动",则在放映幻灯片时自动播放该声音,若选择"单击时",则在放映幻灯片时需要单击幻灯片上的插入标记才会播放。成功插入声音文件后,在幻灯片中央位置上以一个插入标记图标显示。

(2) 插入影片文件。选择"插入"→"视频"→"文件中的影片"选项,打开"插入影片"对话框。以下的操作与插入文件中的声音类似。

4. 文本格式设置

PowerPoint 幻灯片中的标题、副标题、各类文本框等信息对象均为文本对象,对其设置与 Word 中文本设置类似。

(1) 字符格式。幻灯片中字符格式包括中西文字体、字形、字号、颜色、阴影、上下标等格式。具体操作:选取字符内容或文本对象;选择"开始"→"字体"选项,或者右击文本框的边框,在弹出的快捷菜单中选择"字体"选项,打开"字体"对话框。

(2) 段落格式。幻灯片中段落格式包括段落对齐、段落缩进、行距、段间距(包括段前距和段后距)、项目符号和编号等格式。段落格式的设置一般从"格式"菜单中进入,选择"开始"→"..."选项,包括项目符号和编号、对齐方式、字体对齐方式、行距等选项。还可以通过窗口中标尺的操作来实现。

(3) 项目符号和编号。在 PowerPoint 幻灯片中,项目符号和编号是比较常见的段落格式,使用它可使文本信息的表示层次更分明,更具有可读性。具体操作:选择"开始"→"项目符号和编号"选项,打开"项目符号和编号"对话框,从中选择符号和编号。

5. 对象格式设置

对象需要设置基本的格式,包括填充颜色、线条颜色、字体颜色、边框线型、阴影、三维效果等格式。操作一:在"绘图"工具栏使用相应的按钮。操作二:选择占位符,右击,在弹出的快捷菜单中选择"设置占位符格式",弹出对话框。操作三:选择要设置格式的对象,如文本框、图片、表格等。右击,在弹出的快捷菜单中选择相应的格式设置选项,如设置文本框格式、设置图片格式、设置对象格式等。这里选择的对象不同弹出的对话框也不同。

17.3 实验 演示文稿制作

1. 实验目的

掌握 PowerPoint 的基本编辑技术。熟悉向幻灯片中添加对象的方法。掌握给幻灯片添加动画、设置动作按钮的方法。掌握幻灯片放映效果的设置。

2. 实验内容

要求:制作如图 17-1 所示的演示文稿。

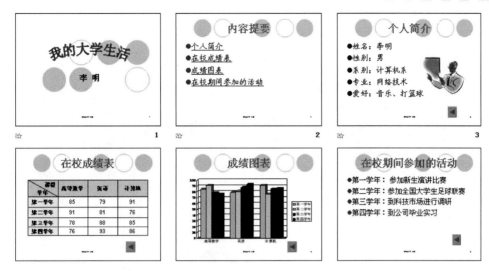

图 17-1 "我的大学生活"演示文稿

(1) 启动 PowerPoint 程序。选择"开始"→"程序"→Microsoft Office→Microsoft PowerPoint 2010 选项,即可打开 PowerPoint 编辑窗口。

(2) 新建演示文稿。

① 选择"文件"→"新建"选项,在窗口右侧的任务窗格中选择"根据设计模板"选项,在列表中选择名称为 Watermark.pot 的模板。

② 在窗口左侧的"大纲"窗格选中第一张幻灯片后,按 Enter 键可以依次产生 5 张新的幻灯片。

(3) 编辑第 1 张幻灯片(包含艺术字、页脚、幻灯片编号)。

① 选择"插入"→"图片"→"艺术字"选项,选择一种艺术字样式,并编辑"我的大学生活"文本。

② 在副标题占位符中输入姓名"李明"。

③ 选择"插入"→"幻灯片编号"选项,在打开对话框(图 17-2)中设置幻灯片编号和页脚信息。

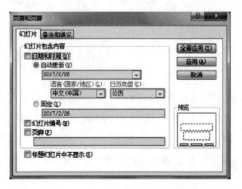

图 17-2 "页眉和页脚"对话框

(4) 编辑第 2 张幻灯片(包含项目符号、超级链接)。

① 输入标题,字体设置为宋体、54 号字、加粗、红色,在下方占位符中选定项目符号,在

菜单中选择"项目符号和编号"选项,在打开对话框中可以设置项目符号的颜色等。

② 输入项目内容,字体设置为楷体、40号。

③ 选定第一个项目内容,在菜单中选择"超链接"选项,打开如图17-3所示对话框。

图 17-3　"插入超链接"对话框

④ 单击"书签"按钮,打开如图17-4所示对话框,选择"幻灯片3",即创建了一个由"个人简介"到第3张幻灯片的超级链接。

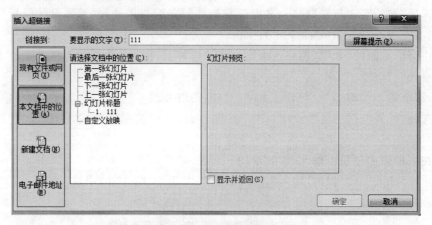

图 17-4　选择链接位置

⑤ 参照上述步骤,依次创建第2张幻灯片中其余几个项目到第4~6张幻灯片的超级链接。

(5) 编辑第3张幻灯片(包括标题、项目符号、剪贴画、动作按钮)。

① 输入标题和项目内容,并设置字体格式(同第2张幻灯片)。

② 选择"插入"→"剪贴画"选项,打开如图17-5所示窗口,选择一张剪贴画,选择"复制"选项,再到幻灯片中,选择快捷菜单中的"粘贴"选项,即出现了图片,将其移动到合适的位置。

③ 选择"开始"→"动作按钮"选项,在按钮列表中选择"后退"类型,然后在幻灯片的合适位置拖动鼠标即出现了一个动作按钮,同时弹出如图17-6所示对话框,设置动作为超级链接到第2张"内容提要"幻灯片。

图 17-5　剪辑管理器

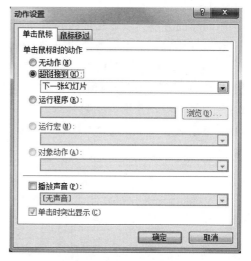

图 17-6　按钮动作设置

④ 双击"动作"按钮,打开"设置自选图形格式"对话框,可以设置按钮的颜色等。

(6) 编辑第 4 张幻灯片(包括表格、动画)。

① 选择"格式"→"幻灯片版式"选项,在任务窗格中选择"标题和表格"版式。

② 输入标题"在校成绩表",并设置字体格式。

③ 双击表格占位符,在弹出的对话框中设置为 5 行、4 列,创建表格。

④ 在"表格和边框"工具栏中单击"绘制表格"按钮 ,然后在表格左上角的单元格内画斜线,输入表头和其他单元格的内容。

⑤ 选定整个表格,单击"表格和边框"工具栏中的"垂直居中"按钮 ,使单元格居中对齐。

⑥ 分别选定表格的第一行和第一列,单击"表格和边框"工具栏中的"填充颜色"按钮 ,为单元格选定一种背景色。

⑦ 选择表格占位符,在快捷菜单中选择"自定义动画"选项,然后在任务窗格中选择"添加效果"→"进入"→"向内溶解"选项,即为表格的出现设置了一个动画形式。

⑧ 参照第 3 张幻灯片中动作按钮的操作方法,为此张幻灯片添加一个同样的按钮。也可以直接将第 3 张幻灯片中的动作按钮复制过来。

(7) 编辑第 5 张幻灯片(包括标题、图表、动作按钮)。

① 选择"格式"→"幻灯片版式"选项,在打开的任务窗格中选择"标题和图表"版式。

② 输入标题"成绩图表",并设置字体格式。

③ 双击图表占位符,出现一个图表模板和数据表,更改数据表中的数据,使其与第 4 张幻灯片表格中的数据一致,然后关闭数据表。

④ 参照以前的方法为此张幻灯片添加动作按钮。

(8) 编辑第 6 张幻灯片(包括标题、项目清单、动画、动作按钮)。

① 输入标题和项目内容,并设置字体的格式。

② 选定第一项内容,在菜单中选择"自定义动画"选项,在任务窗格中选择"百叶窗"的进入动画效果。

③ 用同样的方法为以下几项内容设置百叶窗的动画效果。

④ 在幻灯片右下角添加动作按钮,使其能链接返回到第 2 张幻灯片。

(9) 为演示文稿中的幻灯片设置水平百叶窗的切换方式。选择"幻灯片放映"→"幻灯片切换"选项,在打开的任务窗格中选择"水平百叶窗"效果,设置速度为"慢速",声音为"打字机"效果,单击"应用于所有幻灯片"按钮。

(10) 保存演示文稿。选择"文件"→"保存"选项,将演示文稿命名为 my.pptx 并保存到磁盘。

参考文献

[1] 王志强,等.计算机导论[M].北京:电子工业出版社,2007.
[2] 王志强,等.计算机导论实验指导书[M].北京:电子工业出版社,2007.
[3] 王玉龙,等.计算机导论[M].2版.北京:电子工业出版社,2005.
[4] 陈明.计算机导论[M].北京:清华大学出版社,2009.
[5] 田原.计算机导论[M].北京:中国水利水电出版社,2007.
[6] 朱景福,等.计算机导论[M].哈尔滨:哈尔滨工业大学出版社,2008.
[7] 吕云翔,等.计算机导论实践教程[M].北京:人民邮电出版社,2008.
[8] 朱勇,等.计算机导论[M].北京:中国铁道出版社,2008.
[9] 朱战立,等.计算机导论[M].北京:电子工业出版社,2005.
[10] 张彦铎.计算机导论[M].北京:清华大学出版社,2004.
[11] 丁跃潮.计算机导论[M].北京:高等教育出版社,2010.
[12] 龚鸣敏,等.计算机导论[M].武汉:武汉大学出版社,2007.
[13] 董荣胜.计算机科学导论——思想与方法[M].北京:高等教育出版社,2007.
[14] Brookshear J G.计算机科学概论[M].刘艺,等译.北京:人民邮电出版社,2009.
[15] 瞿中,等.计算机科学导论[M].3版.北京:清华大学出版社,2010.
[16] 陶树平.计算机科学技术导论[M].2版.北京:高等教育出版社,2004.
[17] 冯博琴.大学计算机基础[M].北京:高等教育出版社,2004.
[18] 黄国兴.计算机导论[M].北京:清华大学出版社,2004.
[19] 王昆仑.计算机科学与技术导论[M].北京:中国林业出版社,2011.
[20] 张凯.计算机科学技术前沿技术[M].北京:清华大学出版社,2010.
[21] 张凯.软件过程演化与进化论[M].北京:清华大学出版社,2009.
[22] 张凯.计算机导论[M].北京:清华大学出版社,2012.
[23] 张凯.电子商务系统分析与设计[M].北京:清华大学出版社,2014.
[24] 张凯.物联网软件工程[M].北京:清华大学出版社,2014.
[25] 张凯.物联网安全教程[M].北京:清华大学出版社,2014.
[26] 张凯.管理信息系统教程[M].北京:清华大学出版社,2011.
[27] 张凯.大数据导论[M].北京:清华大学出版社,2020.

图书资源支持

感谢您一直以来对清华版图书的支持和爱护。为了配合本书的使用,本书提供配套的资源,有需求的读者请扫描下方的"书圈"微信公众号二维码,在图书专区下载,也可以拨打电话或发送电子邮件咨询。

如果您在使用本书的过程中遇到了什么问题,或者有相关图书出版计划,也请您发邮件告诉我们,以便我们更好地为您服务。

我们的联系方式:

地　　址:北京市海淀区双清路学研大厦 A 座 701

邮　　编:100084

电　　话:010-83470236　010-83470237

资源下载:http://www.tup.com.cn

客服邮箱:2301891038@qq.com

QQ:2301891038(请写明您的单位和姓名)

资源下载、样书申请

书圈

扫一扫,获取最新目录

课程直播

用微信扫一扫右边的二维码,即可关注清华大学出版社公众号"书圈"。